Die Maschinenlehre der elektrischen Zugförderung

Eine Einführung
für Studierende und Ingenieure

von

Dr. W. Kummer
Ingenieur, Professor an der Eidg. Techn. Hochschule in Zürich

Mit 108 Abbildungen im Text

Springer-Verlag Berlin Heidelberg GmbH 1915

ISBN 978-3-662-42861-0 ISBN 978-3-662-43145-0 (eBook)
DOI 10.1007/978-3-662-43145-0

Ursprünglich erschienen bei Julius Springer in Berlin 1915

Vorwort.

Das vorliegende Buch ist aus den Vorlesungen entstanden, die der Verfasser seit 1908, zunächst als Privatdozent und dann als Professor, an der Eidg. Technischen Hochschule in Zürich über „Ausgewählte Kapitel aus dem Gebiete der elektrischen Traktion“ alljährlich im Winter-Semester vorgetragen hat. Die, eine Einführung in die Maschinenlehre der elektrischen Zugförderung bildenden Kapitel jener Vorlesungen werden hiermit in geordneter Zusammenfassung einer weitern Oeffentlichkeit übergeben. Der Verfasser glaubt nämlich, dass die Herausgabe einer „Maschinenlehre der elektrischen Zugförderung“ deswegen von den Fachgenossen mit Wohlwollen aufgenommen werden dürfte, weil das Gebiet der elektrischen Zugförderung bisher mehr nur in beschreibender Darstellung literarisch bearbeitet wurde, wenigstens insoweit, als grössere Werke in deutscher Sprache vorliegen. Seine durchaus selbständigen Anschauungen und theoretischen Erörterungen auf diesem Gebiete hat der Verfasser vor der Herausgabe des vorliegenden Werkes zu einem guten Teil seit 1904 in Aufsätzen niedergelegt, die hauptsächlich in der „Schweiz. Bauzeitung“ erschienen und teilweise im vorliegenden Werke, nach vorgenommener Neubearbeitung, benutzt werden konnten. Besonders die sehr sorgfältig ausgeführten Abbildungen jener Aufsätze wurden in weitgehendem Masse wiederum verwertet; für die Ueberlassung der betreffenden Bildstöcke und für die Herstellung der zu dem vorliegenden Buche weiterhin benötigten Bildstöcke sei der Redaktion der „Schweiz. Bauzeitung“ auch an dieser Stelle der Dank des Verfassers ausgesprochen.

Zürich, im September 1915.

W. Kummer.

Inhaltsverzeichnis.

Erstes Kapitel.

Der Kraftbedarf am Radumfang.

Zweites Kapitel.

Die Kraftübertragung zwischen Motor und Triebachse.

Drittes Kapitel.

Die elektrischen Bahnmotoren.

Viertes Kapitel.

Lauffähigkeit und Gewichtsverhältnisse der Lokomotiven und Motorwagen.

1. Kapitel.

Der Kraftbedarf am Radumfang.

1. Die Zugkraft am Radumfang.

Die Bewegung der Fahrzeuge oder Züge von Adhäsionsbahnen durch Triebkräfte, die auf Fahrzeugen selbst entwickelt werden, beruht auf den Eigenschaften der sog. Rolltriebwerke, d. h. auf der Art Kraftübertragung, wie sie beim Abwälzen ohne Gleiten der zylindrischen Räder auf der Bahn besteht. Die Triebkräfte am Radumfang, die erforderlich sind, einerseits um treibende Fahrzeugsachsen zu betätigen, anderseits um getriebene Fahrzeugsachsen mitzunehmen, sind von grundsätzlich verschiedener Grösse, zufolge der Unterschiede in der auftretenden Formänderung an den Rädern treibender und getriebener Achsen. Um aber die Untersuchungen über den Eisenbahn-Kraftbedarf am Radumfang nicht allzu verwickelt zu gestalten, empfiehlt es sich, die Bewegungswiderstände treibender und getriebener Achsen zunächst als übereinstimmend zu behandeln und erforderliche Korrekturen nachträglich durch entsprechende Bemessung des Wirkungsgrades der antreibenden Teile zu berücksichtigen. Auf Grund dieser Festsetzung ist es nun zulässig, den Kraftbedarf am Radumfang auf die Einheit des Zugsgewichts zu beziehen und damit von vornherein mit mittleren Werten zu rechnen.

Die Zugsbewegung auf einer Bahn mit gleichmässigen Steigungs- und Richtungsverhältnissen bei konstanter Geschwindigkeit, die sog. stationäre Zugsbewegung, ist abhängig von den bestehenden Widerständen, die im wesentlichen, falls es sich um eine gerade und horizontale Bahn handelt, in der rollenden Reibung der Radkränze an den Schienen, der gleitenden Reibung in den Achslagern und der Reibung des Zuges an der umgebenden Luft bestehen; bei Steigungen und Krümmungen kommt je ein zusätzlicher Widerstand hinzu. Betrachten wir zunächst den Widerstand auf gerader und horizontaler Bahn, so ist zu konstatieren, dass alle in Betracht fallenden Komponenten des Widerstandes sich bei Aenderung der Fahrgeschwindigkeit mitändern: Die rollende Reibung der Räder nimmt ab, die gleitende Reibung der

Lager nimmt zu und die Luftreibung ebenfalls, bei einer Zunahme der Fahrgeschwindigkeit. Während sich die verhältnismässig kleinere Abnahme der rollenden Reibung und die Zunahme der Lagerreibung ungefähr ausgleichen, tritt bei wachsender Fahrgeschwindigkeit die Zunahme der Luftreibung sehr ausgeprägt auf. Für rollende Reibung und Achslagerreibung zusammen kann man bei Normalspurbahnen für Geschwindigkeiten von 0 bis etwa 100 *km/h* mit Mittelwerten der Widerstandskraft von etwa 2,2 bis 2,5 *kg* pro Tonne Zugsgewicht (*kg/t*) rechnen; die Luftreibung ist dagegen als quadratische Funktion der Fahrgeschwindigkeit v einzuführen und pro Tonne mit einer in *kg* ausgedrückten Kraft von etwa $\frac{1}{1000} \cdot v^2$ zu berücksichtigen, wobei v in *km/h* zu messen ist.

Für die Gesamtreibung der stationären Zugsbewegung ergibt sich somit, bezogen auf die Tonne (t) als Gewichtseinheit, eine Widerstandskraft w in *kg/t*, die als Funktion der Geschwindigkeit v den Ausdruck hat:

$$w = w_1 + w_2 \cdot v^2$$

Für horizontale und gerade Bahn ist im Mittel:

$$\begin{cases} w_1 = w_o = 2{,}3 \; kg/t \\ w_2 = \frac{1}{1000} \end{cases}$$

Kommt auf der Strecke eine Krümmung vom Krümmungsradius R, in *m* gemessen, vor, dann gilt für den gekrümmten Teil:

$$w_1 = w_o + w_c$$

wobei für Normalspur nach *Röckl*:

$$w_c = \frac{650}{R - 55}$$

gesetzt werden darf.

Für eine gerade Strecke in Steigung, die durch den Neigungswinkel α gegen die Horizontale gekennzeichnet ist, gilt:

$$w_1 = w_o \cdot \cos \alpha + w_s = w_o \cdot \cos \alpha + \sin \alpha.$$

Bei kleinen Winkeln α kann gesetzt werden:

$$\cos \alpha = \sim 1 \quad ; \quad \sin \alpha = \sim \operatorname{tg} \alpha = \sim s$$

wo s dann die in $^0/_{00}$ ausgedrückte sog. Steigung bedeutet. Da bei einem Fehler von maximal $1^0/_0$ die Gleichsetzungen:

$$\cos \alpha = 1 \quad ; \quad \sin \alpha = s$$

für Winkel α bis auf $11\,^1/_2{}^0$, bezw. bis auf $7\,^1/_2{}^0$ zulässig sind, so kann für Adhäsionsbahnen immer gesetzt werden:

$$w_1 = w_o + s$$

bezw. im Falle gleichzeitiger Krümmung:

$$w_1 = w_o + w_c + s.$$

Es ist aber ausdrücklich zu betonen, dass die vollständige Gleichung:

$$w = w_1 + w_2 \cdot V^2$$

nur angenähert gültig ist. Die wirkliche Widerstandskraft, in Abhängigkeit von der Fahrgeschwindigkeit, entspricht einer quadratischen Funktion am ehesten im Bereich mittlerer Geschwindigkeiten, nämlich zwischen etwa 15 und 75 *km/h.* Für die ganz kleinen Geschwindigkeiten ergeben Versuche mit fahrenden Zügen (Auslaufversuche) ein ausgesprochenes Minimum der Widerstandsfunktion bei einem Ge-

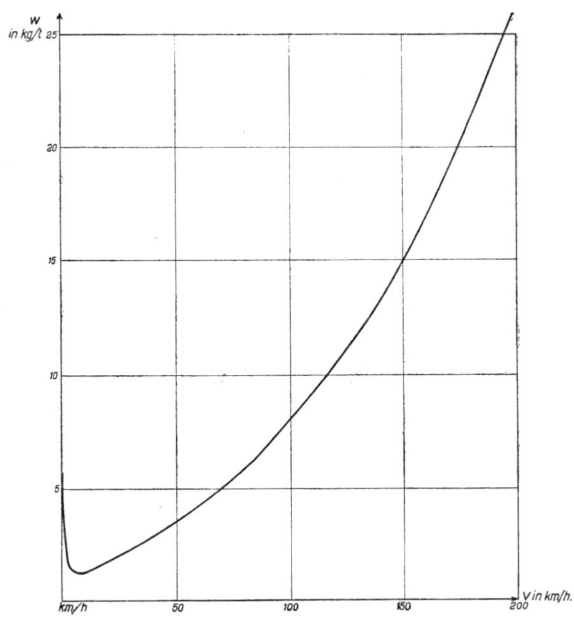

Abb. 1. Widerstandskurve nach den Ergebnissen von Versuchsfahrten, besonders denen von Berlin-Zossen.

schwindigkeitswert zwischen etwa 5 und 10 *km/h* (vergl. Abbildung 1); eine Erklärung dieses Verhaltens ergibt ohne weiteres eine Berücksichtigung des Unterschiedes in den Reibungskoeffizienten für Ruhe und für Bewegung. Neuere Untersuchungen haben weiter ergeben, dass der Widerstand der Reibung der Ruhe in hohem Masse davon abhängig ist, ob die einer Fahrt vorangehende Ruhepause von nur ganz kurzer oder von längerer Dauer war.

Für den Zustand stationärer Zugsbewegung ist die Widerstandskraft w identisch mit der Zugkraft z in kg/t am Radumfang. Hat man es jedoch mit Zuständen der Fahrbewegung zu tun, bei denen infolge von Geschwindigkeitsänderungen Beschleunigungskräfte, bezw. Verzögerungskräfte auftreten, dann wird die Zugkraft am Radumfang nicht mehr mit dem Bewegungswiderstande w übereinstimmen. Vielmehr wird dann, nach den Gesetzen der Mechanik, die Zugkraft am Radumfang als algebraische Summe von Widerstandskraft und sogen. Trägheitskraft darzustellen sein. Um die Trägheitskraft am Radumfang, in kg/t ausgedrückt, richtig zu ermitteln, ist streng genommen zu berücksichtigen, dass die Einheit des mittleren Zugsgewichts nicht ohne weiteres durch Division durch die Beschleunigung der Erdschwere die Einheit der mittleren bewegten Masse ergibt, indem ja neben geradlinig bewegten Massenteilen auch kreisförmig bewegte vorkommen. Auch ist mit der Veränderlichkeit der Masse bei dynamischen Vorgängen zu rechnen. Wiederum in dem Bestreben, die Untersuchungen über den Eisenbahnkraftbedarf am Radumfang nicht allzu verwickelt zu gestalten, soll zunächst die Vereinfachung zugelassen werden, die in der Vernachlässigung des Widerstandes der rotierenden Massen liegt; über die Anbringung einer bezüglichen Korrekturgrösse soll nachträglich noch entschieden werden. Als den, das Auftreten von Trägheitskräften berücksichtigenden Ausdruck der Zugkraft am Radumfang, in kg pro t ausgedrückt, folgt dann:

$$z = w + \frac{1000}{g} \cdot \frac{dv}{dt} \cdot \frac{1000}{60 \cdot 60}$$

wobei g die Beschleunigung der Erdschwere in m/sec^2, und dv die Aenderung der Geschwindigkeit in der in sec gemessenen Zeit dt bedeuten; der Zahlenfaktor $\frac{1000}{60 \cdot 60}$ ist notwendig, um das zunächst in km/h ausgedrückte Geschwindigkeitsdifferential in Einheiten m/sec zu erhalten.

Unsere Gleichung für z, in der wir mit:

$$\gamma = \frac{1}{3,6} \cdot \frac{dv}{dt}$$

die Beschleunigung, in m/sec^2 verstanden, ausdrücken können, liefert nun für eine beliebige Zugsfahrt, von Moment zu Moment, die sog. *momentane Zugkraft* am Radumfang, sobald, ebenfalls von Moment zu Moment, auch die sowohl positiv, wie negativ oder null sein könnende Beschleunigung γ als gegeben betrachtet werden kann. Es ist somit

$$z = w + \frac{1000}{g} \cdot \gamma$$

der analytische Ausdruck der in *kg/t* ausgedrückten momentanen Zugkraft am Radumfang.

Neben dem Momentanwert der Zugkraft am Radumfang, insbesondere neben dem für die Ausrüstung der Triebfahrzeuge so bedeutungsvollen Maximum der momentanen Zugkraft während der Anfahrperiode, spielt nun auch der während einer bestimmten Fahrzeit bei einem Zuge auftretende *Mittelwert der Zugkraft* am Radumfang eine wichtige Rolle. Dieser Mittelwert sei derart definiert, dass er bei Multiplikation mit der Weglänge, die in der betreffenden Fahrzeit zurückgelegt wird, ohne weiteres den Arbeitsaufwand des Bahnbetriebes am Radumfang richtig darzustellen vermag. Dann ergibt sich die Möglichkeit, für den mit $\overline{z}$ bezeichneten, ebenfalls in *kg/t* ausgedrückten Zugkraftsmittelwert den Reibungsanteil und den Trägheitsanteil auszudrücken durch:

$$\overline{z} = \overline{w} + n \cdot \frac{1000}{g} \cdot \frac{1}{2} \cdot \frac{\overline{v^2}}{(3{,}6)^2} \cdot \frac{1}{l} \cdot 1000$$

wenn n die Anzahl Anfahrten, $\overline{v}$ die mittlere Anfahr-Endgeschwindigkeit, und l die in *km* gemessene Weglänge bedeuten. Es ist der Reibungsanteil $\overline{w}$ weiter zerlegbar in:

$$\overline{w} = \overline{w}_o + \overline{w}_c + \overline{w}_s = (\overline{w}_o + \overline{w}_c) + 1000 \frac{h}{2} \cdot \frac{1}{l} \cdot \frac{1}{1000}$$

wo h die in *m* gemessene Summe aller bei Hin- und Herfahrt im Anstieg überwundenen Höhendifferenzen bezeichnet. Es folgt dann:

$$\overline{z} = (\overline{w}_o + \overline{w}_c) + \left(\frac{h}{2} \cdot \frac{1}{l}\right) + \left(\frac{n}{l} \cdot \frac{\overline{v^2}}{2 \cdot g \cdot (3{,}6)^2}\right)$$

Die durch Klammern zusammengefassten Summanden betreffen die respektiven Anteile der Zugkraft für Reibung, Hebung und Beschleunigung. In dieser Form enthält $\overline{z}$ Beträge an Zugkraft, die zufolge Erreichung von Höhen und Erreichung von Geschwindigkeitszuständen überschüssig werden und bei Talfahrt, bezw. beim Auslauf entweder nutzlos abgebremst, bezw. zur Verminderung von Reibungsanteilen, bezw. zur Energierückgabe dienen können. Je nach dem in Betracht fallenden Betriebsverfahren sind demnach entsprechende Korrekturen von $\overline{w}_o$ anzubringen, die sich auf dem Wege einer genauen Ueberlegung der Vorgänge des Arbeitsaufwandes ohne Schwierigkeit von Fall zu Fall ermitteln lassen.

Beachtet man, dass durch das Produkt:

$$\overline{z} \cdot l = A_1$$

der ebenfalls auf die Tonne bezogene mechanische Arbeitsaufwand in der betreffenden Fahrzeit in Tausenden *mkg* dargestellt ist, und dass durch Division von A_1 durch l der Arbeitsaufwand in Tausenden *mkg* statt auf die Tonne nunmehr auf das Tonnenkilometer (*tkm*), die Einheit der sog. Verkehrsarbeit, bezogen wird, so folgt für den Ausdruck $a_l = \frac{A_1}{l}$:

$$a_l = \frac{A_1}{l} = \overline{z} \cdot \frac{l}{l} = \overline{z}$$

d. h. es ist der in Tausenden *mkg* pro *tkm* ausgedrückte mittlere Arbeitsaufwand der Einheit der Verkehrsarbeit durch denselben Zahlenwert gegeben, wie die in *kg* pro *t* ausgedrückte mittlere Zugkraft.

Wenn daher *beispielsweise*, nach Berechnungen des Verfassers für die „Schweiz. Studienkommission für elektrischen Bahnbetrieb", zum Betriebe der Gotthardbahn, für alle Zugsarten zusammengerechnet, gefunden wurde[1]):

$$(\overline{w}_c + \overline{w}_o) = 5.6\ kg/t;\ \left(\frac{h}{2} \cdot \frac{1}{l}\right) = 4{,}5\,kg/t;\ \frac{n}{l} \cdot \frac{\overline{v^2}}{2 \cdot g \cdot (3{,}6)^2} = 0{,}9\ kg/t$$

$$\text{bezw. } \overline{z} = 5{,}6 + 4{,}5 + 0{,}9 = 11{,}0\ kg/t \text{ am Radumfang,}$$

so folgt auch:

$$a_l = 11{,}0 \text{ Tausend } mkg/tkm \text{ am Radumfang.}$$

Mit Benutzung der Arbeitseinheit „Wattstunden" (*Wh*) an Stelle der Einheit „Tausend *mkg*" ergibt sich:

$$a_l = 11 \cdot \frac{1000 \cdot 9{,}81}{60 \cdot 60} = \sim 30\ Wh/tkm.$$

Aus der Beziehung:

$$\overline{z} = (\overline{w}_o + \overline{w}_c) + \left(\frac{h}{2} \cdot \frac{1}{l}\right) + \frac{n}{l} \cdot \frac{\overline{v^2}}{2 \cdot g \cdot (3{,}6)^2}$$

ergibt sich ohne weiteres, dass für das Durchfahren langer ebener und gerader Strecken ohne Zwischenhalt gesetzt werden kann:

$$\overline{z} = \sim \overline{w}_o$$

Für die betreffenden Triebfahrzeuge ist dann die mittlere Zugkraft ohne weiteres gleich der „Dauerzugkraft" oder der „Normalzugkraft".

---

[1]) Vergl. die bezügliche, vom Verfasser 1912 auf Seite 127 und 146 von Band LIX der „Schweiz. Bauzeitung" veröffentlichte Arbeit „Der Kraftbedarf der Gotthardbahn mit Rücksicht auf die Neuanlagen für deren elektrischen Betrieb", sowie den zugehörigen Nachtrag auf Seite 115 von Band LX derselben Zeitschrift.

2. Eigenart der Zugkraft verschiedener Bahnmotoren.

Für die auf die Gewichtseinheit bezogene momentane Zugkraft am Radumfang hatten wir den Ausdruck:

$$z = w + \frac{1000}{g} \cdot \frac{1}{3{,}6} \cdot \frac{dv}{dt}.$$

Die wirksame momentane Zugkraft z ist offenbar die vom Traktionsmotor am Radumfang ausgeübte Antriebskraft, die je nach der Art des verwendeten Bahnmotors auch eine bestimmte Eigenart aufweisen wird. Analytisch ist die Eigenart dieser Antriebskraft ohne weiteres gegeben durch eine Funktion:

$$z = f(v)$$

die man als „Zugkraft-Geschwindigkeits-Kurve", bezw. als sog. „mechanische Charakteristik" ganz allgemein bei der Beurteilung des Antriebs von Triebwerken in Betracht zu ziehen hat, und die experimentell durch Veranstaltung einer Motorbremsung bei verschiedenen Belastungen und normalen Verhältnissen der Energiezufuhr aufgenommen werden kann.

Die Zugkraft-Geschwindigkeits-Kurven:

$$z = f(v)$$

die man beim Abbremsen von Bahnmotoren unter Einschaltung aller Zwischengetriebe bis zum Radumfang und für einen Bremsort am Radumfang erhält, sind zunächst keine analytisch einfachen Funktionen. Man kann jedoch, ohne erhebliche Fehler zu begehen, an Stelle der wirklichen Kurven ideelle, vereinfachte Kurven zugrunde legen und diese für die Beurteilung des Einflusses der Eigenart der Zugkraft verschiedener Bahnmotoren benutzen. Als normale Verhältnisse der Energiezufuhr bei Elektromotoren hat man deren Speisung bei konstanter Spannung zu betrachten. Unter dieser Voraussetzung gibt es zwei grundverschiedene Arten von elektrischen Bahnmotoren, nämlich einerseits Bahnmotoren mit sog. Reihenschlusscharakteristik der Zugkraft und anderseits Bahnmotoren mit sog. Nebenschlusscharakteristik der Zugkraft (Abbildungen 2 und 3). Die Reihenschlusscharakteristik, die zuerst an dem sog. Gleichstrom-Reihenschlussmotor (Seriemotor) festgestellt wurde, jedoch auch von andern Motorarten erhalten werden kann, ist prinzipiell gekennzeichnet durch eine mit zunehmender Zugkraft abnehmende Geschwindigkeit; anderseits ist die Nebenschlusscharakteristik, die zuerst an dem mit konstantem magnetischen Feld betriebenen sog. Gleichstrom-Nebenschlussmotor festgestellt werden konnte, jedoch ebenfalls auch von andern Motorarten geliefert wird, prinzipiell gekennzeichnet durch eine bei zunehmender Zugkraft im wesentlichen gleich bleibende Geschwindigkeit. Wenn also ein Motor der ersten Art, den wir nunmehr stets als Reihenschlussmotor bezeichnen, bei Speisung mit konstanter Spannung zum Bahnbetrieb verwendet werden soll, so steht dem prinzipiell nichts im Wege, da der Motor den erforderlichen Spielraum der Geschwindigkeit von null bis zum gewollten Maximalwert ohne weiteres besitzt, wobei

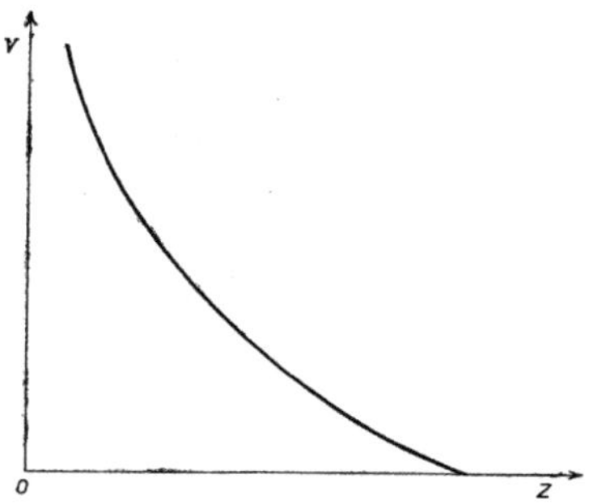

Abb. 2.
Die Reihenschlusscharakteristik als Zugkraft-Geschwindigkeitskurve von Bahnmotoren.

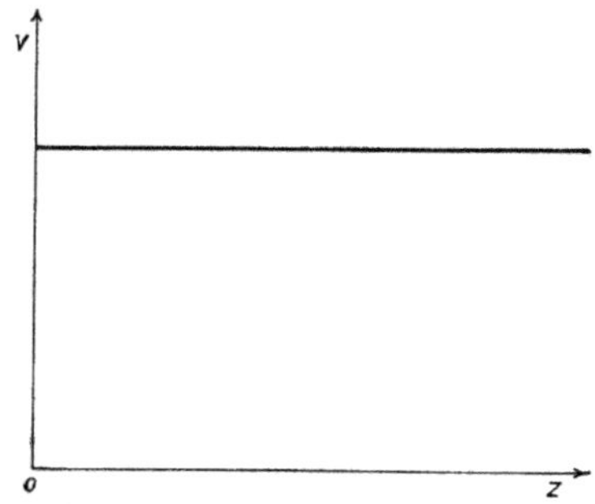

Abb. 3.
Die Nebenschlusscharakteristik als Zugkraft-Geschwindigkeitskurve von Bahnmotoren.

indessen jeder Geschwindigkeit (nach Massgabe von Abbildung 2) eine bestimmte Zugkraft zugeordnet ist. Anderseits besitzt der Motor zweiter Art, nunmehr stets als Nebenschlussmotor bezeichnet, den erforderlichen Geschwindigkeits-Spielraum nicht und ist somit zunächst unverwendbar. Bei Gebrauch einer Anordnung, die eine Spannungsänderung vom Nullwert bis zum Normalwert gestattet, kann er aber verwendbar gemacht werden; die einfachste Anordnung dieser Art bildet ein sog. Anlassapparat oder Anlasser, der bei günstigster Ausnutzung eine Zugkraft-Geschwindigkeits-Kurve liefert, die durch eine im wesentlichen gleichbleibende Zugkraft bei Geschwindigkeiten zwischen null und dem Normalwerte der Geschwindigkeit beim eigentlichen Nebenschlussbetriebe gegeben ist (Abbildung 4). Bei Einführung des Anlassers kann nun auch die Kurve des Reihenschlussmotors abgeändert werden, und zwar derart, dass für ein erstes Geschwindigkeitsintervall mit niedrigeren Geschwindigkeiten die Anlasser-Charakteristik mit konstanter Zugkraft auftritt, während für ein zweites Geschwindigkeitsintervall mit grösseren Geschwindigkeiten die Reihenschlusscharakteristik beibehalten bleibt (Abbildung 5). Damit ergeben sich nun drei technisch in Betracht fallende Varianten der für den Bahnbetrieb geeigneten einfachen elektrischen Motorarten, die durch die Bezeichnungen: Reihenschlussmotor ohne Anlasser, Nebenschlussmotor mit Anlasser und Reihenschlussmotor mit Anlasser gekennzeichnet sein sollen, für zugehörige Zugkraft-Geschwindigkeits-Kurven gemäss den Abbildungen 2, 4, 5.

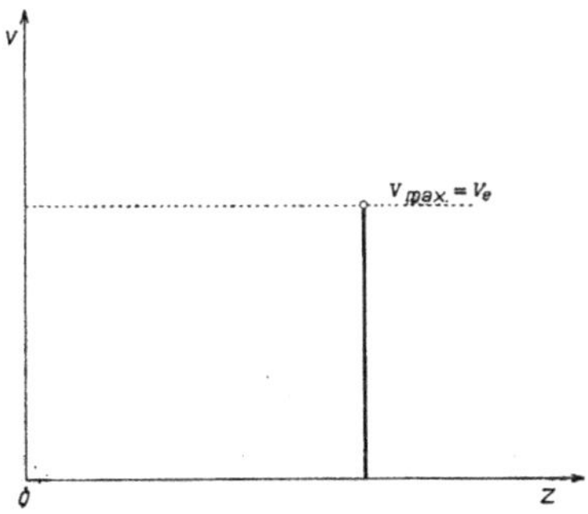

Abb. 4.
Die Charakteristik des Anfahrvorganges bei Nebenschlussmotoren.

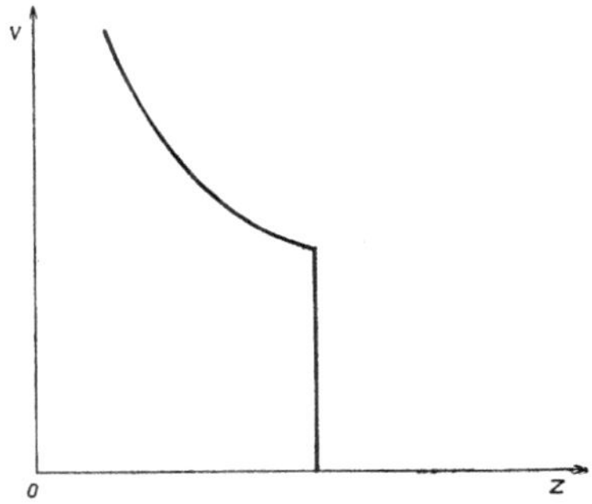

Abb. 5.
Die Charakteristik des Anfahrvorganges bei Reihenschlussmotoren.

Wenn wir nun den Einfluss der Eigenart dieser Bahnmotoren auf die Zugkraftsbeziehung:

$$z = w + \frac{1000}{g} \cdot \frac{1}{3,6} \cdot \frac{dv}{dt}$$

rechnerisch untersuchen wollen, dann haben wir für die entsprechenden Funktionen:

$$z = f(v)$$

einfache Ausdrücke zu wählen, um unübersichtliche und schwer diskutierbare Endresultate zu vermeiden. Für die in den Abbildungen 4 und 5 gegebenen Anlassercharakteristiken, gilt ohne weiteres:

$$z = c$$

wo c eine Konstante bedeutet. Anderseits sollen die in den Abbildungen 2 und 5 vorkommenden krummlinigen Reihenschlusscharakteristiken durch geneigte gerade Linien von der Gleichung:

$$z = a - b \cdot v$$

ersetzt werden, in der mit a und b ebenfalls Konstante bezeichnet sind. Es sind a und b die Motorkonstanten eines Reihenschlussmotors; c ist eine Anlasserkonstante, bezw. gleichzeitig auch die Motorkonstante eines Nebenschlussmotors. Bei dieser Vereinfachung können wir nun die drei zu untersuchenden Fälle bei Aenderung ihrer Reihenfolge und Umstellung der Koordinatenachsen durch die schematische Uebersichtsskizze nach Abbildung 6 kennzeichnen und die entsprechenden Rechnungen durchführen. Um letztere tunlichst zu vereinfachen, soll gerechnet werden mit:

$$w = \text{konstant},$$

d. h. es soll beispielsweise eine Bahn mit einem grösseren Widerstandswert w_0 oder mit einer grösseren konstanten Steigung, bei nicht zu hohen Geschwindigkeiten, vorausgesetzt werden, derart, dass in der

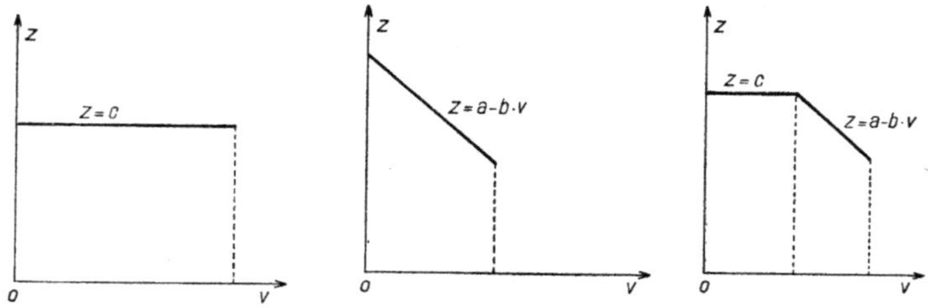

Abb. 6. Darstellung der drei massgebenden Fälle verschiedener Zugkraft-Geschwindigkeits-Charakteristiken.

Widerstandsfunktion das Glied $w_2 \cdot v^2$ neben dem Gliede w_1 nicht berücksichtigt zu werden braucht, ohne dass damit die Ungenauigkeit in der analytischen Formulierung der Widerstandsfunktion wesentlich grösser wird, als diejenige, die der zu Grunde gelegten Formel schon von vornherein anhaftet.

Die Untersuchung betrifft daher zunächst eine Integration der Gleichung:

$$f(v) = w + \frac{1}{3,6} \cdot \frac{1000}{g} \cdot \frac{dv}{dt}$$

für die in Betracht fallenden Ausdrücke $f(v)$. Es ist ohne weiteres ersichtlich, dass bei Trennung der Variabeln und bei Auswertung:

$$t = \frac{1}{3,6} \cdot \frac{1000}{g} \int \frac{dv}{f(v) - w}$$

ein Zusammenhang:

$$\varphi(v,t) = o$$

sich ergeben muss, d. h. eine sog. Zeit-Geschwindigkeits-Kurve. Es lässt sich meist ohne Schwierigkeit auch ein Zusammenhang:

$$\psi(\gamma, t) = o$$

errechnen, d. h. eine sog. Zeit-Beschleunigungs-Kurve. Man nennt solche Kurven auch „Fahrlinien“. Die Fahrlinien über einem bestimmten Werte T der Fahrzeit in *sec* führen zu Ausdrücken für den zurückgelegten Weg S in m:

$$S = \int_0^T \frac{1}{3,6} v \cdot dt$$

und für die aufgewendete Arbeit A in *mkg* pro t:

$$A = \int_0^T z \cdot ds$$

Unsere Betrachtungen sind von besonderer Bedeutung für den Vorgang der Anfahrt, d. h. für Geschwindigkeiten zwischen $v = o$ und $v = v_e$, wo mit v_e die sog. „Anfahr-Endgeschwindigkeit" bezeichnet ist. Während der Anfahrt treten nämlich die Maxima der Zugkraft und des mechanischen Effektes auf. Es ist T dann offenbar gleichbedeutend mit der Anfahrzeit, S mit dem Anfahrweg. Um verschieden verlaufende Anfahrgeschwindigkeitslinien miteinander zu vergleichen, muss der Mittelwert der Anfahrbeschleunigung $\overline{\gamma}$ definiert werden. Zunächst folgt der Geschwindigkeitsmittelwert $\overline{v}$ aus:

$$\overline{v} = 3,6 \cdot \frac{S}{T}$$

Alsdann folgt für $\overline{\gamma}$:

$$\overline{\gamma} = \frac{\overline{v}}{3,6 \cdot \frac{T}{2}} = \frac{2\,\overline{v}}{3,6\,T} = 2 \cdot \frac{S}{T^2}$$

Für verschiedene Motorcharakteristiken sind die Anfahrvorgänge offenbar vergleichbar, sobald bei gleichem Widerstand w mittels gleicher Beschleunigungen $\overline{\gamma}$ dieselben Endwerte v_e erzeugt werden. Als beste Motorart muss dann diejenige erscheinen, deren Eigenart den betreffenden Motor in Bezug auf Entwicklung von Zugkraft und Effekt am wenigsten beansprucht. Um einen möglichst deutlichen Vergleich zu erhalten, möge ein Zahlenbeispiel zu Grunde gelegt werden, und zwar für die Voraussetzungen:

$$w = w_1 = 12 \; kg/t$$
$$v_e = 44 \; km/h$$
$$\overline{\gamma} = 0,375 \; m/sec^2$$

Für die drei Motorarten sollen zunächst die Fahrlinien aufgestellt werden.

Fahrlinien des Nebenschlussmotors mit Anlasser. Der mit konstantem magnetischem Feld betriebene und mit Anlasser für konstante Zugkraft gesteuerte Nebenschlussmotor hat infolge der Charakteristik:

$$f(v) = c$$

und für w = konstant eine Zeit-Geschwindigkeits-Kurve von der Gleichung:

$$t = \frac{1}{3{,}6} \cdot \frac{1000}{g} \cdot \frac{v}{c - w}$$

d. h. eine mit wachsender Zeit proportional steigende Geschwindigkeit. Unter den Annahmen des Zahlenbeispiels ist dann die Motorkonstante gegeben durch:

$$c = w + \frac{1000}{g} \cdot \bar{\gamma} = \sim 50\ kg/t.$$

Geschwindigkeitslinie und Beschleunigungslinie für den Nebenschlussmotor mit Anlasser sind in Abbildung 7 dargestellt.

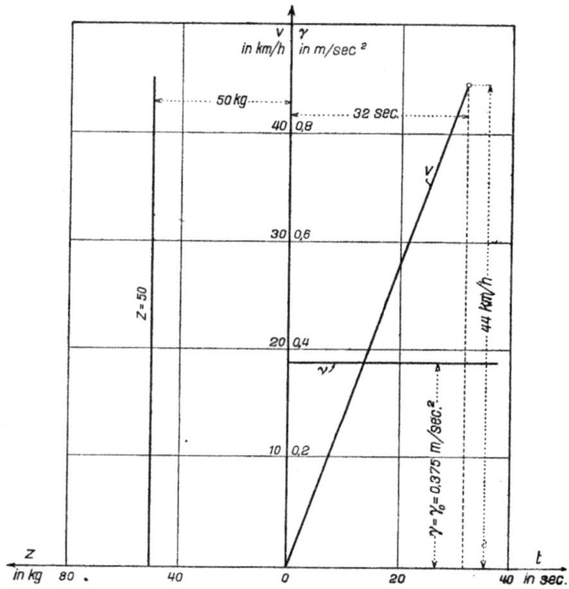

Abb. 7. Fahrlinien des Nebenschlussmotors mit Anlasser.

Fahrlinien des Reihenschlussmotors ohne Anlasser. Infolge der angenommenen Charakteristik:

$$f(v) = a - b \cdot v$$

und für w = konstant erhält der Reihenschlussmotor ohne Anlasser eine Zeit-Geschwindigkeits-Kurve von der Gleichung:

$$t = \frac{1}{3{,}6} \cdot \frac{1000}{g} \cdot \frac{1}{b}\, lg \frac{a - w}{a - w - b \cdot v}$$

Mit wachsender Zeit wächst v nach einer Exponential-Kurve und nähert sich dem Grenzwerte:

$$v_{max} = \frac{a - w}{b}$$

durch den eine Beziehung zwischen den Motorkonstanten a und b festgelegt wird, wobei weiter:

$$v_{max} = \sim v_e$$

sei, um den Anfahrvorgang nicht während unnötig langer Zeit zu betrachten.

Eine weitere Beziehung zur Bestimmung von a und b ergibt sich aus der mittleren Beschleunigung:

$$\bar{\gamma} = \frac{g}{1000}(\bar{z} - w) = \sim \frac{g}{1000}\left(\frac{a}{2} - w\right)$$

Unter den Annahmen des Zahlenbeispiels ergeben sich aus:

$$\bar{\gamma} = \sim \frac{g}{1000}\left(\frac{a}{2} - w\right) \quad ; \quad v_e = \sim \frac{a - w}{b}$$

die Motorkonstanten wie folgt:

$$a = \sim 100; \qquad b = \sim 2{,}0$$

Die Fahrlinien des Reihenschlussmotors ohne Anlasser sind unter diesen Voraussetzungen in Abbildung 8 dargestellt.

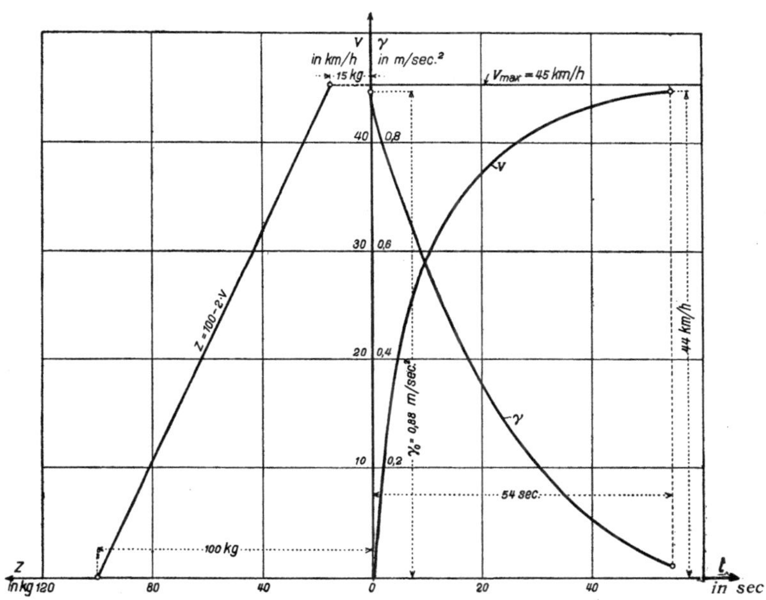

Abb. 8. Fahrlinien des Reihenschlussmotors ohne Anlasser.

Fahrlinien des Reihenschlussmotors mit Anlasser. Hier handelt es sich um eine Kombination der beiden bisher behandelten Charakteristiken. Im Intervalle $v = o$ bis $v = v_1$ gilt:

$$t = \frac{1}{3{,}6} \cdot \frac{1000}{g} \cdot \frac{v}{c - w}$$

während im Intervalle $v = v_1$ bis $v = v_2 = v_e$ gilt:

$$t = \frac{1}{3{,}6} \frac{1000}{g} \cdot \frac{1}{b} lg \frac{a - w - b \cdot v_1}{a - w - b \cdot v}$$

Es gilt hier weiter auch:

$$v_{max} = \frac{a - w}{b} = \sim v_e$$

Weiter ist im Uebergangspunkt von der einen Charakteristik zur andern:

$$c = a - b \cdot v_1$$

Durch Annahme von v_1 wird daher sowohl c als auch die zweite Beziehung zwischen a und b beeinflusst. Eine weitere Beziehung kann etwa durch:

$$c = \sim 2 \cdot \left(\frac{1000}{g} \cdot \gamma\right)$$

gebildet werden, wodurch alsdann a, b und c bestimmt sind.

Unter den Annahmen des Zahlenbeispiels und für

$$v_1 = 22\ km/h$$

ergeben sich die Motorkonstanten:

$$a = \sim 135; \qquad b = \sim 2{,}8; \qquad c = \sim 75$$

Abbildung 9 zeigt dann die diesen Voraussetzungen entsprechenden Fahrlinien.

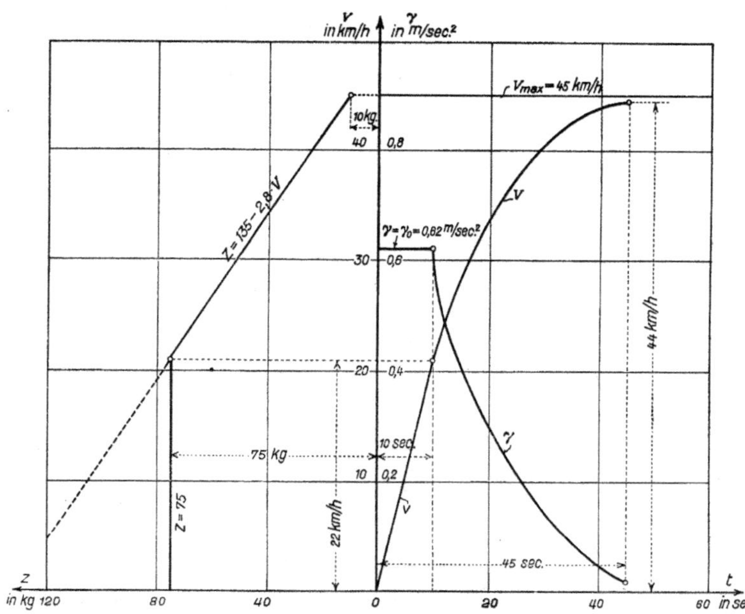

Abb. 9. Fahrlinien des Reihenschlussmotors mit Anlasser.

Zusammenstellung der Ergebnisse des Vergleichs. Aus den Fahrlinien lassen sich ohne weiteres die auf Grund unserer Annahmen resultierenden allgemeinen Daten zusammenstellen. Die folgende Uebersicht bringt diese Daten in abgerundeten Zahlenwerten samt den zugehörigen Motor-Konstanten.

Motorarten		Nebenschluss-motor mit Anlasser	Reihenschluss-motor ohne Anlasser	Reihenschluss-motor mit Anlasser
Motor-Konstante		$c = 50$	$a = 100$, $b = 2{,}0$	$a = 135$, $b = 2{,}8$, $c = 75$
Fahrlinien-Daten	$\bar{\gamma}$ in m/sec^2	0,375	0,375	0,375
	γ_0 bei $t = o$	0,375	0,88	0,62
	T in sec	32	54	45
	S in m	200	550	400
Beanspruchungs-Daten	z_{max} in kg/t	50	100	75
	$\bar{z}$ in kg/t	50	27	31
	e_{max} in PS/t	8,2	4,6	6,0
	$\bar{e}$ in PS/t	4,1	3,4	3,7

Vergleicht man nun die maximalen und mittleren Beanspruchungsdaten, so zeigt sich, dass der Nebenschlussmotor von vornherein durch besonders hohes e_{max}, der Reihenschlussmotor ohne Anlasser von vornherein durch besonders hohes z_{max} nachteilig hervortreten. Der Reihenschlussmotor mit Anlasser stellt demgegenüber einen günstigen Kompromiss dar. Sowohl beim Reihenschlussmotor ohne, als auch beim Reihenschlussmotor mit Anlasser fallen die niedrigen Mittelwerte $\bar{z}$ und $\bar{e}$ vorteilhaft auf.

Unsere Untersuchung über die Art der günstigsten Motorcharakteristik für den Anfahrbetrieb elektrischer Fahrzeuge hat daher ergeben, dass die Motorcharakteristik zu bestehen hat aus der Kombination einer zunächst, innerhalb eines Geschwindigkeits-Intervalls mit den niedrigen Werten der Anfahrgeschwindigkeit, gleichbleibenden Zugkraft und einer alsdann, innerhalb eines Geschwindigkeits-Intervalls mit den höhern Werten der Anfahrgeschwindigkeit, variablen, und zwar mit steigender Geschwindigkeit abnehmenden Zugkraft. Der Motor, der diesen Anforderungen entspricht, ist der Reihenschlussmotor mit Anlasser[1]).

Wir kehren nun zurück zu unsern allgemeinen Betrachtungen über die Eigenart der Zugkraft verschiedener Bahnmotoren und erinnern uns, dass wir die massgebende Gleichung:

$$f(v) = w + \frac{1000}{g} \cdot \frac{1}{3{,}6} \cdot \frac{dv}{dt}$$

vorerst nur für den Spezialfall:

$$w = \text{konstant}$$

betrachtet haben. Indem wir nunmehr diese Beschränkung fallen lassen, wollen wir durchaus nicht etwa noch untersuchen, ob bei Berücksichtigung einer genaueren Widerstandsfunktion wesentlich andere Eigenschaften der Bahnmotoren beim Anfahrvorgang auftreten; es ist dies nicht der Fall, wie leicht ohne lange Rechnung beurteilt werden kann. Dagegen soll nun die Fahrt über ein Längenprofil mit variabler Steigung und Krümmung etwas näher ins Auge gefasst werden, und zwar die sog. freie Fahrt bei Ausschluss von Beschleunigungskräften. Es wird uns daher die Beziehung:

$$f(v) = w_o + w_s + w_c = w$$

bei variablem Steigungsgrad und auch variablem Krümmungsgrad zu beschäftigen haben. Da bei normalspurigen Bahnen der Krümmungsradius im Minimum etwa 250 *m* beträgt, so kann w_c im Maximum einen Wert von etwa 4,5 *kg/t* einnehmen. Anderseits kommen bei normalspurigen Bahnen, und zwar Adhäsionsbahnen, Höchststeigungen von 30 $^0/_{00}$ verhältnismässig oft vor, so dass w_s im Maximum auf 30 *kg/t* wachsen kann. Der Einfluss der Steigung kann daher den Gesamtwiderstand sehr erheblich beeinflussen und die Entwicklung eventuell sehr hoher Zugkräfte bedingen. Findet nun eine Fahrt über ein Längenprofil mit abwechslungsweise hohen und niedrigen Steigungsgraden statt, so erfolgt dieselbe bei Benutzung eines Nebenschlussmotors bei sozusagen gleichbleibender Geschwindigkeit, während bei Benutzung eines Reihenschlussmotors die hohen Steigungen langsamer,

---

[1]) Diese Untersuchungen sind vom Verfasser erstmals 1904 auf Seite 14 und 28 von Band XLIV der „Schweiz. Bauzeitung“ veröffentlicht worden; in einem auf Seite 287 von Band XLIV derselben Zeitschrift mitgeteilten Nachtrag hat der Verfasser diese Untersuchungen auch auf die Widerstandscharakteristik:

$$w = w_1 + w_2 \cdot v^2$$

ausgedehnt.

die niedrigen Steigungen rascher befahren werden. Die Entwicklung der grössten Zugkraft trifft daher beim Nebenschlussmotor immer zusammen mit der Entwicklung der grössten Leistung, was beim Reihenschlussmotor nicht der Fall zu sein braucht. Vielmehr kann die letztere Motorart unter Umständen geradezu zur Entwicklung einer konstanten Leistung auf einem dazu günstig abgestuften Längenprofil führen. Auf alle Fälle werden aber beim Reihenschlussmotor kleinere Leistungsmaxima auftreten, wie das auch schon beim Anfahrvorgang festzustellen war. Daraus kann ohne weiteres geschlossen werden, dass für einen Fahrbetrieb über ein Längenprofil mit veränderlicher Steigung der Reihenschlussmotor sich wiederum als zweckmässiger erweist.

Nun haben wir aber unsere Untersuchungen über die Eigenart der Zugkraft verschiedener Bahnmotoren bisher ausschliesslich auf Grund der auf die Gewichtseinheit bezogenen momentanen Zugkraft durchgeführt. Die bisherigen Resultate, die natürlich für irgend ein Zugsgegewicht Gültigkeit haben müssen, sind daher vorläufig erst bewiesen für konstante Zugsgewichte. Im Eisenbahnverkehr haben jedoch die Betriebsmittel gelegentlich auch recht verschiedene Zugsgewichte zu bewältigen, so dass wir nun auch noch den Fall der Veränderlichkeit des Zugsgewichtes zu berücksichtigen haben. Bei freier Fahrt auf einer Bahn mit pro t konstantem Widerstand, aber veränderlichem Zugsgewicht wird der Nebenschlussmotor mit praktisch gleichbleibender Geschwindigkeit arbeiten und demgemäss auch gleiche Fahrzeiten für alle möglichen Zugsgewichte bedingen. Anderseits wird der Reihenschlussmotor in diesem Falle für verschiedene Zugsgewichte verschiedene Geschwindigkeiten und Fahrzeiten, d. h. einen weniger regelmässigen Verkehr ergeben. Der Nebenschlussmotor zeigt sich demnach unter diesem Gesichtspunkt als besser geeignet. Indessen ist dieser Gesichtspunkt nicht ausschlaggebend und bestehen zudem einfache Mittel der Regulierung, um aus dem Reihenschlussmotor nicht nur eine, sondern mehrere, ungefähr parallel verlaufende Reihenschlusscharakteristiken zu erhalten, mit denen dann die praktisch wünschenswerte Unabhängigkeit der Fahrzeit vom Zugsgewicht erzielt werden kann. Anderseits bestehen für den Nebenschlussmotor keine ähnlich einfachen Regulierungsmittel, um ihm seine Inferiorität hinsichtlich des Anfahrens und des Befahrens von ungleichmässigen Längenprofilen zu nehmen.

Wir haben damit feststellen können, dass unsere Untersuchungen über die Eigenart der Zugkraft verschiedener Bahnmotoren dazu führen mussten, dass wir für eine bestimmte Motorart, nämlich den Reihenschlussmotor mit Anlasser, geradezu eine überragend grössere Eignung für den Traktionsdienst erkennen konnten. Dieses Ergebnis, das wir hier gewissermassen a priori ableiteten, befindet sich in vollem Einklang mit den Erfahrungen im praktischen Betriebe.

3. Beschleunigungslinien und maximale Anfahreffekte.

Für die Beurteilung des Anfahrvermögens eines Fahrzeugs ist massgebend die bereits erläuterte mittlere Beschleunigung $\overline{\gamma}$. Wie weiter gezeigt wurde, wird indessen, je nach der Art des benutzten Motors, dieser Mittelwert in sehr verschiedener Weise erzeugt. Beim Nebenschlussmotor ist, bei der Annahme $w =$ konstant, die Beschleunigung γ während der Anfahrt überhaupt konstant, während sie beim Reihenschlussmotor mit oder ohne Anlassapparat je gegen Ende der Anfahrt stark abnimmt. In das Ende der Anfahrperiode fällt indessen stets das Maximum des aufzuwendenden Effektes, unsere Grösse e_{max}.

Für die Annahme:

$$w = \text{konstant}$$

fanden wir beim Nebenschlussmotor, in PS/t ausgedrückt:

$$e_{max} = \frac{c \cdot v_{max}}{270}$$

und beim Reihenschlussmotor ist e_{max} zu bestimmen aus:

$$e = (a - b \cdot v) \cdot v \cdot \frac{1}{270} \cdot$$

Es folgt hier:

$$\frac{de}{dv} = o \quad ; \quad o = a - 2\,b\,v$$

$$v_{e\,max} = \frac{a}{2 \cdot b}$$

$$e_{max} = \frac{1}{270}\left(a - b \cdot \frac{a}{2 \cdot b}\right)\frac{a}{2 \cdot b} = \frac{1}{270} \cdot \frac{a^2}{4\,b} \quad \text{in } PS/t$$

Es ist naheliegend, dass diese Resultate auch für den Fall, dass:

$$w = w_1 + w_2 \cdot v^2$$

gesetzt wird, richtig bleiben, wie vom Verfasser übrigens an anderer Stelle gezeigt wurde[1]).

Für den Fall, dass also die Betriebskurven eines Nebenschlussmotors oder eines Reihenschlussmotors gegeben sind, folgt der Wert von e_{max} in einfachster Weise, ergibt jedoch, auch für gleiche Werte $\overline{\gamma}$, durchaus andere Beträge, wie dem früher für die Annahme $w =$ konstant durchgerechneten Zahlenbeispiele entnommen werden kann.

[1]) Schweiz. Bauzeitung 1904, Band XLIV, Seite 287.

Bei der Aufstellung von Projekten sind die schliesslich zu grunde zu legenden Motorkurven noch nicht endgültig festgelegt, während man doch schon die bei den Anfahrten auftretenden Maximaleffekte berechnen muss. Es handelt sich dann darum, die für die Annahme einer gewissen Anfahr-Endgeschwindigkeit v_e und eines Beschleunigungsmittelwertes $\overline{\gamma}$ auftretenden Maximaleffekte zu bestimmen, wozu offenbar auch noch eine Annahme über die Fahrlinien selbst, zum mindesten über die Zeit-Beschleunigungslinie zu machen ist. Da in der heutigen Praxis vornehmlich Reihenschlussmotoren oder doch Motoren mit einer gegen Ende der Anfahrt für ungefähr konstante Leistung regulierenden Zugkraft-Geschwindigkeits-Kurve angestrebt werden, so ist bei Projekten ganz allgemein die Annahme zulässig, es nehme die Anfahrbeschleunigung gegen das Ende der Anfahrt zu ab und dürfe in der Zeit, in der der Maximaleffekt zu erwarten ist, einfach durch eine, gegen die Zeit-Abszissenaxe zu, geneigt verlaufende Gerade von der Gleichung

$$\gamma = \gamma_0 - n \cdot t$$

ersetzt werden. Wie der diese Gleichung veranschaulichenden Abbildung 10 entnommen werden kann, stellt γ_0 den der Linie ent-

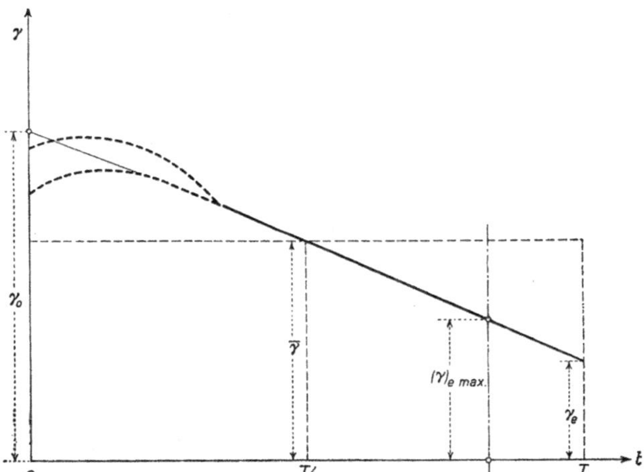

Abb. 10. Beschleunigungslinien über der Anfahrzeit.

sprechenden Beschleunigungs-Anfangswert dar, während n die die Neigung der Beschleunigungslinie charakterisierende Konstante ist. Es ist für die Zulässigkeit der nachfolgenden Rechnung durchaus nicht notwendig, dass γ_0 die tatsächliche Anfangsbeschleunigung sei; es ist nur notwendig, dass in der Gegend des Effektmaximums die Ersatzlinie mit der wirklichen Zeit-Beschleunigungslinie übereinstimmt. Würde man weiter die Annahme machen, es sei zulässig, den Mittelwert $\overline{\gamma}$ der angenommenen Ersatzlinie mit dem Mittelwert $\overline{\gamma}$ der wirklichen, einer Anfahrzeit T entsprechenden Beschleunigungslinie zu identifizieren, dann gilt einerseits nach früherem:

$$T = \frac{1}{3{,}6} \cdot \frac{2\,\overline{v}}{\overline{\gamma}}$$

und anderseits nach Abbildung 10:

$$\overline{\gamma} = \gamma_o - n \cdot \frac{T}{2}$$

Würden weiter noch die für mittlere Verhältnisse praktisch zulässigen Annahmen getroffen:

$$\gamma_o = \frac{3}{2} \cdot \overline{\gamma} \qquad ; \qquad \overline{v} = \sim 0{,}72\; v_e$$

dann würde folgen:

$$n = 2\,\frac{\gamma_o - \overline{\gamma}}{T} = \frac{3\,\overline{\gamma} - 2\,\overline{\gamma}}{\frac{1}{3{,}6} \cdot \frac{2\,\overline{v}}{\overline{\gamma}}} = 3{,}6\,\frac{\overline{\gamma}^2}{1{,}44 \cdot v_e} = \sim 2{,}5\,\frac{\overline{\gamma}^2}{v_e}.$$

Die Gleichung der Ersatzlinie:

$$\gamma = \gamma_o - n \cdot t$$

könnte daher in Abhängigkeit von angenommenen Werten der Anfahr-Endgeschwindigkeit v_e und des Beschleunigungsmittelwertes $\overline{\gamma}$ auch geschrieben werden wie folgt:

$$\gamma = \frac{3}{2}\,\overline{\gamma} - \frac{5}{2}\,\frac{\overline{\gamma}^2}{v_e} \cdot t = \frac{\overline{\gamma}}{2}\left(3 - \frac{5\,\overline{\gamma}}{v_e} \cdot t\right)$$

Zur Wahrung der Allgemeinheit soll indessen mit der ursprünglichen Beziehung:

$$\gamma = \gamma_o - n \cdot t$$

weiter gerechnet werden. Unter Benützung der Widerstandsfunktion:

$$w = w_1 + w_2 \cdot v^2$$

haben wir für die Zugkraft:

$$z = w_1 + w_2 \cdot v^2 + \frac{1000}{g} \cdot \frac{1}{3{,}6}\,\frac{dv}{dt}$$

und für den momentanen Anfahreffekt:

$$e = \left(w_1 + w_2 \cdot v^2 + \frac{1000}{g} \cdot \frac{1}{3{,}6}\,\frac{dv}{dt}\right)\frac{v}{270}.$$

Indem wir nun die Annäherung zulassen, dass anstelle des mit v variablen Widerstandes der beim Maximaleffekte zu erwartende Widerstandswert w_m:

$$w_m = w_1 + w_2 \cdot (v)^2_{e\,max}$$

als Konstante eingesetzt werden dürfe, wobei dann $v_{e\,max}$ schätzungsweise anzunehmen ist, folgt:

$$e = \frac{1}{270}\left(w_m \cdot v + \frac{1000}{g} \cdot \frac{v}{3{,}6} \cdot \frac{dv}{dt}\right)$$

$$e = \frac{1}{270}\left(w_m + \frac{1000}{g} \cdot \gamma\right) v$$

Aus der Gleichung der Ersatz-Beschleunigungslinie

$$\gamma = \gamma_o - n \cdot t = \frac{1}{3{,}6} \cdot \frac{dv}{dt}$$

folgt durch Integration:

$$v = \left(\gamma_o \cdot t - \frac{n}{2} \cdot t^2\right) 3{,}6$$

sodass gesetzt werden kann:

$$e = \frac{3{,}6}{270}\left(\gamma_o\, t - \frac{n}{2}\, t^2\right) \cdot \left[w_m + \frac{1000}{g}(\gamma_o - n\, t)\right]$$

Das Maximum von e tritt ein für:

$$\frac{de}{dt} = \frac{1}{270}\left[w_m \cdot 3{,}6 \cdot \gamma + \frac{1000}{g}\, 3{,}6 \cdot \gamma^2 + \frac{1000}{g}\, v \cdot \frac{d\gamma}{dt}\right] = o$$

also für:

$$w_m(\gamma_o - n\, t) + \frac{1000}{g}(\gamma - n\, t)^2 + \frac{1000}{g}\left(\gamma_o\, t - \frac{n}{2}\, t^2\right)(-n) = o$$

woraus folgt:

$$(t)_{e\,max} = \frac{3\,\gamma_o + \frac{g}{1000} \cdot w_m \pm \sqrt{3\,\gamma_o^2 + \left(\frac{g}{1000} \cdot w_m\right)^2}}{3\,n}$$

Vor der Wurzel ist einzig das negative Vorzeichen zu nehmen, damit:

$$(\gamma)_{e\,max} = \gamma_o - n \cdot (t)_{e\,max}$$

einen positiven Wert erhalte. Es wird dann:

$$(t)_{e\,max} = \frac{1}{3\,n}\left(3\,\gamma_o + \frac{g}{1000}\, w_m - \sqrt{3\,\gamma_o^2 + \left(\frac{g}{1000}\, w_m\right)^2}\right)$$

und:

$$(\gamma)_{e\,max} = \frac{1}{3}\left[\sqrt{3\,\gamma_o^2 + \left(\frac{g}{1000}\, w_m\right)^2} - \frac{g}{1000}\, w_m\right]$$

Das Einsetzen des expliziten Wertes von $(t)_{e\,max}$ in den Ausdruck für e gibt e_{max} zu:

$$e_{max} = \frac{1}{75}\left[\gamma_o\,(t)_{e\,max} - \frac{n}{2}(t)^2_{e\,max}\right]\cdot\left[w_m + \frac{1000}{g}\left(\gamma_o - n\,(t)_{e\,max}\right)\right]$$

Einen besonders einfachen Ausdruck erhält man im Sonderfall:

$$n = o \quad ; \quad \gamma_o = \overline{\gamma} \quad ; \quad w_m = w_{v\,e}$$

bezw. für das Anfahren mit konstanter Beschleunigung:

$$\gamma = \gamma_o = \text{konstant.}$$

Dabei wird nämlich:

$$e = \frac{1}{75}\left(\overline{\gamma}\cdot t\right)\cdot\left(w_{v\,e} + \frac{1000}{g}\,\overline{\gamma}\right)$$

und:

$$e_{max} = \frac{v_e}{270}\left(w_{v\,e} + \frac{1000}{g}\,\overline{\gamma}\right)$$

Um nun für verschiedene Anfahr-Endgeschwindigkeiten v_e und eine beispielsweise konstant angenommene mittlere Beschleunigung $\overline{\gamma}$ die

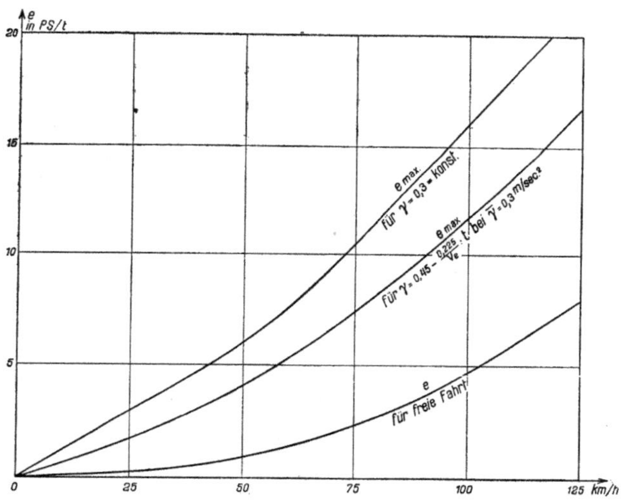

Abb. 11. Effekte in PS/t für freie Fahrt und Anfahrt auf ebener und gerader Bahn, bei verschiedenen Beschleunigungslinien und für verschiedene Fahrgeschwindigkeiten, bezw. Anfahr-Endgeschwindigkeiten in km/h.

entsprechenden Werte von e_{max} rasch entnehmen zu können, wird man sich zweckmässig Kurvenblätter anlegen, wie wir ein solches in Abbildung 11 für die Annahme:

$$\overline{\gamma} = 0{,}3\ m/sec^2$$

beispielsweise wiedergeben. Nach unsern frühern Festsetzungen ergibt sich dabei:

$$\gamma_o = 0{,}45\ m/sec^2 \quad ; \quad n = 2{,}5 \cdot \frac{0{,}09}{v_e}$$

wodurch für jede beliebige Anfahr-Endgeschwindigkeit die zugehörige Ersatz-Beschleunigungslinie:

$$\gamma = \gamma_o - n \cdot t = 0{,}45 - \frac{0{,}225}{v_e} \cdot t$$

festgelegt ist. Auf der Abbildung 11 sind zum Vergleiche auch noch die Effektkurve *e* für freie Fahrt bei v_e, sowie die Kurve der Anfahr-Effektmaxima für den Fall, dass stets mit der konstant bleibenden Beschleunigung $\gamma = 0{,}3\ m/sec^2$ angefahren werde, aufgetragen. Alle Kurven gelten nur für Anfahrten, bezw. Fahrten auf horizontaler und gerader Bahn, für welche eine Geschwindigkeitsfunktion:

$$w = 2{,}3 + \frac{1}{1000} v^2$$

angenommen wurde.

Es mag noch bemerkt werden, dass solche Kurven[1]) bei Projektierungen gute Dienste zu leisten vermögen, wobei dann jedoch zu beachten ist, dass man für verschiedene Zugsarten (Schnellzüge, Personenzüge, Güterzüge) auch mit verschiedenen mittleren Beschleunigungen rechnen wird, nämlich mit höheren Werten für die sehr oft anhaltenden Omnibus-Züge, während für Züge mit geringerer Zahl Haltestellen das Bedürfnis nach raschem Anfahren nicht besteht. Eine und dieselbe Zugsart wird weiter mit verschiedenen Geschwindigkeiten auf verschiedenen Steigungsgraden betrieben werden. Soll daher der Maximaleffekt beim Anfahren auf verschiedenen Steigungen rechnerisch kontrolliert werden, so ist natürlich zu berücksichtigen, dass dann für jede andere Steigung auch mit einem andern Ausdruck von w_m zu rechnen ist, bezw. dass für einen solchen Zweck eine Kurve nach Art der Abbildung 11 besonders zu entwerfen ist.

Wenn sich nun auf Grund von Berechnungen, wie wir sie entwickelt haben, für eine bestimmte Bahnlinie ein gewisser Maximal-Anfahreffekt als wahrscheinlich ergibt, dann handelt es sich darum, denselben zu vergleichen mit dem für die Erwärmung der Fahrzeugsmotoren massgebenden Effekte, dem sog. Normaleffekte. Dieser ist im

---

[1]) Solche Kurven, auf Grund der vorstehend mitgeteilten Beziehungen berechnet, sind vom Verfasser erstmals 1906 in der Arbeit „Ueber die Anfahrbeschleunigung bei elektrischen Bahnen", Seite 227 von Band XLVIII der „Schweiz. Bauzeitung" veröffentlicht worden.

allgemeinen durch die sog. massgebende Steigung bedingt, unter Umständen jedoch, nämlich bei Stadtbahnen mit vielen nahe aufeinanderfolgenden Haltestellen, auch direkt von den Anfahrverhältnissen selbst massgebend beeinflusst. Es kann nun bei elektrischen Bahnmotoren die Ueberlastbarkeit hinsichtlich des Effektes im allgemeinen erfahrungsgemäss zu etwa:

$$\frac{e_{max}}{e_{norm}} = 1{,}2 \text{ bis } 1{,}3$$

angenommen werden. Bei der Wahl eines Mittelwertes $\overline{\gamma}$ ist auf die zulässige Ueberlastbarkeit unbedingt Rücksicht zu nehmen.

4. Beschleunigungsmittelwerte und maximale Anfahrzugkräfte.

Neben der Grösse des maximalen Anfahreffektes haben wir für die Beurteilung der Anfahrverhältnisse auch noch die Grösse der maximalen Anfahrzugkraft als massgebend kennen gelernt.

Für die Annahme

$$w = \text{konstant}$$

ist beim Nebenschlussmotor und beim Reihenschlussmotor mit Anlasser

$$z_{max} = c$$

beim Reihenschlussmotor ohne Anlasser dagegen

$$z_{max} = a$$

gefunden worden. Auch besteht bei allen Motorarten ein unmittelbarer Zusammenhang von z_{max} mit $\overline{\gamma}$. Beim Nebenschlussmotor ist nämlich streng:

$$z_{max} = c = w + \frac{1000}{g} \cdot \overline{\gamma} \;.$$

Beim Reihenschlussmotor ohne Anlasser gilt als praktisch zulässige Annahme:

$$\overline{\gamma} = \sim \frac{g}{1000}\left(\frac{a}{2} - w\right) = \sim \frac{g}{1000}\left(\frac{z_{max}}{2} - w\right)$$

und beim Reihenschlussmotor mit Anlasser kann gesetzt werden:

$$z_{max} = c = \sim 2\left(\frac{1000}{g} \cdot \overline{\gamma}\right) \;.$$

Wenn jedoch bei Aufstellung von Projekten mit noch nicht endgültig vorliegenden Motorkurven gerechnet werden muss, dann handelt es sich auch hier, bei der Beurteilung des Einflusses des Beschleunigungsmittelwertes $\overline{\gamma}$ auf die zu erwartende Maximalzugkraft z_{max}, darum, ebenso wie vorhin bei Erörterung des Zusammenhanges von $\overline{\gamma}$ mit

e_{max}, gewisse zulässige Annahmen zu machen. Es ist nun ohne weiteres zulässig, vorauszusetzen, dass bei den heute normal in Betracht fallenden Bahnmotoren beim Beginn der Anfahrt auf ungefähr gleich bleibende Zugkraft reguliert werde. Somit ist ohne weiteres auch der Ansatz:

$$z_{max} = \sim 2 \left(\frac{1000}{g} \cdot \overline{\gamma}\right)$$

gegeben, womit bereits der Einfluss des Wertes $\overline{\gamma}$ auf z_{max} festgelegt ist.

Im vorigen Abschnitt haben wir e_{max} verglichen mit e_{norm}. Der Wert von e_{norm} ist ohne weiteres aus den Komponenten z_{norm} und v_{norm} gebildet, die sich gegebenen Falls leicht bestimmen lassen. Bei elektrischen Bahnmotoren kann man auch von einer Ueberlastbarkeit hinsichtlich der Zugkraft sprechen, die erfahrungsgemäss etwa zu:

$$\frac{z_{max}}{z_{norm}} = 1{,}4 \text{ bis } 1{,}6$$

angenommen werden kann. Bei der Wahl eines Beschleunigungsmittelwertes $\overline{\gamma}$ ist somit, neben der Rücksichtnahme auf den maximal zulässigen Effekt, auch noch die Grösse der maximal auftretenden Zugkraft nicht ausser Acht zu lassen. Da $\overline{\gamma}$ und z_{max} in so einfacher Weise zusammenhängen, so lässt sich bei Annahme eines gewissen Zahlenwertes für die Zugkrafts-Ueberlastbarkeit, z. B. für:

$$\frac{z_{max}}{z_{norm}} = 1{,}5$$

ohne weiteres auch derjenige Mittelwert $\overline{\gamma}$ hinschreiben, der bei Anfahrt auf demjenigen Steigungsgrad eintritt, welchem z_{norm}, bezw. e_{norm} entsprechen. Haben wir z. B. für die Steigungen von 10 ‰, 15 ‰ und 20 ‰ die respektiven Normalzugkräfte 15, 20 und 25 *kg/t*, beziehungsweise, mit einer Ueberlastbarkeit von 1,5, Maximalzugkräfte von 22,5, von 30 und 37,5 *kg/t*, dann folgen für die bei Anfahrt auf Steigungen von 10 ‰, 15 ‰ und 20 ‰ auftretenden mittleren Beschleunigungen, gemäss dem Ansatze:

$$z_{max} = \sim 2 \left(\frac{1000}{g} \cdot \overline{\gamma}\right)$$

Zahlenwerte von 0,11, von 0,15 und 0,19 m/sec^2. Auf kleineren Steigungen, als den angegebenen, würden die für solche Steigungen als normal bemessenen Fahrzeugsausrüstungen höhere Werte der Anfahrbeschleunigung ergeben können, während auf stärkeren Steigungen nur schwächere Anfahrbeschleunigungen erreichbar wären.

Wie oben schon erläutert, besteht aber für die verschiedenen Zugsarten nicht dasselbe Bedürfnis einer gewissen höheren Anfahrbeschleunigung, sodass, Motoren gleicher Konstruktionsdaten vorausgesetzt, unter Umständen von der ganzen Möglichkeit der Ueberlastbarkeit bei einzelnen Zugsarten gar kein Gebrauch gemacht wird.

5. Der Widerstand der rotierenden Massen.

Anlässlich der Aufstellung der Gleichung zur Bestimmung der momentanen Zugkraft am Radumfang bei, mit Geschwindigkeitsänderungen verknüpften Fahrbewegungen hatten wir zunächst stillschweigend angenommen, dass andere Bewegungen, als solche in Richtung der Fahrt nicht in Betracht zu ziehen seien. Da jedoch, neben der Bewegung der gesamten Masse eines Zuges in Richtung seiner Fahrt, stets auch Bewegungen einzelner Massenteile in andern Bewegungsrichtungen, insbesondere nämlich Rotationsbewegungen, vorkommen, so haben wir somit bisher stets mit kleineren Werten der momentanen Zugkraft gerechnet, als tatsächlich bei Geschwindigkeitserhöhungen aufgewendet werden müssen. Wir haben uns deswegen nunmehr damit zu befassen, den bei der bisherigen angenäherten Rechnungsweise gemachten Fehler richtig einzuschätzen, um ihn gegebenen Falls korrigieren zu können.

Zu diesem Zwecke haben wir also den Widerstand der Massenbeschleunigung bei fahrenden Zügen näher zu betrachten und uns insbesondere über die verschiedenen Bewegungsvorgänge, die hier vorkommen, klar zu werden. Zu dem pro *t* Zugsgewicht verstandenen Widerstand der Massenbeschleunigung:

$$\frac{1000}{g} \cdot \gamma$$

wobei γ aus:

$$\gamma = \frac{1}{3,6} \cdot \frac{dv}{dt}$$

bestimmt ist, tritt offenbar noch der weitere Widerstand hinzu, der denjenigen Massenbeschleunigungen entsprechen muss, die für alle weiteren Bewegungen bewegter Massenteile pro *t* Zugsgewicht hinzukommen; dabei handelt es sich insbesondere um die Rotation der Radsätze sämtlicher Fahrzeuge, sowie um die Rotation der Motoranker und sonstiger Triebwerksteile bei Triebfahrzeugen. Die Verhältnisse können übersichtlicher behandelt werden, wenn anstelle der pro *t* Zugsgewicht wirkenden Kräfte die für den ganzen Zug in Betracht fallenden Kräfte betrachtet werden. Demgemäss haben wir somit zu unterscheiden: den

Gesamtbeschleunigungswiderstand am Radumfang für ein Gesamtzugsgewicht G in t, infolge der Zugsbeschleunigung γ, vom Betrage:

$$G \cdot \frac{1000}{g} \cdot \gamma$$

und den Beschleunigungswiderstand der Rotation aller Radsätze vom Ausdruck:

$$M_r \cdot \gamma_r$$

sowie den Beschleunigungswiderstand der Rotation aller Motoranker samt Zubehör an rotierenden Triebwerksteilen vom Ausdruck:

$$M_a \cdot \gamma_a .$$

Die drei Widerstandsgrössen wirken im allgemeinen nicht am selben Angriffspunkte und betreffen übrigens Bewegungen, die nach verschiedenen geometrischen „Bahnen" erfolgen; sie sind jedoch im zwangsläufigen Zusammenhange eines Kraftübertragungs-Systemes, sodass jede Bewegung auf die andere bezogen werden kann. Für jede Art der Kraftübertragung lässt sich nämlich die an irgend einer Stelle wirkende Gesamtkraft aus allen Einzelkräften unter Berücksichtigung der Uebersetzung und der Wirkungsgrade ausdrücken. Offenbar bezieht man zweckmässig alle Kräfte auf den Radumfang, wobei als Uebersetzung für den Widerstand der Radsätze $\frac{\gamma_r}{\gamma}$, für den Widerstand der Motoranker samt Zubehör $\frac{\gamma_a}{\gamma}$ auftritt, während die bezüglichen Wirkungsgrade η_r und η_a sein mögen. Am Radumfang herrscht dann der Gesamtwiderstand der Massenbeschleunigung:

$$G \cdot \frac{1000}{g} \cdot \gamma + M_r \cdot \gamma_r \cdot \left(\frac{\gamma_r}{\gamma}\right) \cdot \frac{1}{\eta_r} + M_a \cdot \gamma_a \cdot \left(\frac{\gamma_a}{\gamma}\right) \cdot \frac{1}{\eta_a} =$$

$$= \gamma \cdot \left[G \frac{1000}{g} + M_r \cdot \left(\frac{\gamma_r}{\gamma}\right)^2 \cdot \frac{1}{\eta_r} + M_a \cdot \left(\frac{\gamma_a}{\gamma}\right)^2 \cdot \frac{1}{\eta_a} \right]$$

Bezeichnet man nun mit r den Radius der Räder des Zuges, mit ϱ_r deren Trägheitsradius, mit ϱ_a den Trägheitsradius der Motoranker und mit $\ddot{u}$ das Uebersetzungsverhältnis zwischen Motorwelle und Radachse, dann ist

$$\frac{\gamma_r}{\gamma} = \frac{\varrho_r}{r} \quad ; \quad \frac{\gamma_a}{\gamma} = \frac{\varrho_a}{r} \cdot \ddot{u}$$

und folgt für die meist gemachte Annahme:

$$\frac{1}{\eta_r} = \sim 1 \quad ; \quad \frac{1}{\eta_a} = \sim 1$$

als Ausdruck des Gesamtwiderstandes der Massenbeschleunigung:

$$\gamma \cdot \left[G \cdot \frac{1000}{g} + M_r \cdot \left(\frac{\varrho_r}{r} \right)^2 + M_a \cdot \left(\frac{\varrho_a}{r} \cdot \ddot{u} \right)^2 \right].$$

Dabei ist das Zugsgewicht G in t, die Massengrössen M_r und M_a dagegen direkt in Massenkilogrammen verstanden.

Pro t Zugsgewicht wäre dann zu schreiben:

$$\gamma \cdot \left[\frac{1000}{g} + \frac{1}{G} \cdot M_r \cdot \left(\frac{\varrho_r}{r} \right)^2 + \frac{1}{G} \cdot M_a \cdot \left(\frac{\varrho_a}{r} \cdot \ddot{u} \right)^2 \right] = \left(\frac{1000}{g} + c_m \right) \cdot \gamma$$

wobei also als Korrektionsgrösse für den Widerstand der rotierenden Massen:

$$c_m = \frac{1}{G} \left[M_r \cdot \left(\frac{\varrho_r}{r} \right)^2 + M_a \cdot \left(\frac{\varrho_a}{r} \cdot \ddot{u} \right)^2 \right]$$

auftritt.

Es mag bemerkt werden, dass bei den besonders rasch anfahrenden Stadtschnellbahnen, für die diese Korrektur von besonderer Bedeutung ist, die daselbst vorkommenden Motorwagen-Züge Korrektionsgrössen c_m von der Grössenordnung 10, d. h. also Korrekturen der Trägheitskraft von etwa 10 % bedingen.

6. Arbeitsverhältnisse der treibenden und der getriebenen Achsen.

Bei der Betrachtung der auf die Einheit des Zugsgewichtes bezogenen Zugkraft am Radumfang haben wir bereits aufmerksam gemacht auf das hinsichtlich ihres Rollwiderstandes verschiedene Verhalten treibender und getriebener Achsen. Es sollen nun die Arbeitsverhältnisse treibender und getriebener Achsen etwas genauer betrachtet werden [1]).

Bei der Bewegung treibender und getriebener Achsen handelt es sich um das Abrollen zylindrischer Walzen auf festen, meist ebenen Bahnen.

Bei den *treibenden Achsen* wird durch ein am Umfang der Triebräder eingeleitetes Drehmoment D eine Triebachsen-Zugkraft Z_α entwickelt und dabei eine Nutzlast mit der Geschwindigkeit v auf der Bahn fortgewälzt. Der Achsdruck oder die Achsbelastung sei G_α. Wir können uns nun vorstellen, das Abrollen der Räder vom Radius r erfolge in der Weise, dass am Umfang der Räder befindliche, unendlich

---

[1]) Nach *Dr. St. Löffler*, „Mechanische Triebwerke und Bremsen", München und Berlin 1912.

kleine Zähne in entsprechende Zahnlücken auf der Bahn eingreifen, wobei G_α der Normaldruck sei, mit dem die Zähne zum Eingriff gebracht werden; es muss dann die am Triebrade angreifende Zahnkraft Z' dem treibenden Moment D entgegenwirken. Durch den Normaldruck G_α wird nun aber auch beständig eine Formänderung, sowohl des Rädermaterials als auch des Bahnmaterials, bewirkt, da an der Berührungsstelle stets neue Zähne und neue Zahnlücken zum Eingriff kommen müssen; somit besteht fortwährend auch ein Formänderungsmoment $G_\alpha \cdot f$, das dem Momente D ebenfalls entgegenwirken muss. Für die aus Abbildung 12a ersichtlichen Kräfte und Momente müssen nun die Gleichgewichtsbedingungen gelten:

$$Z' = Z_\alpha$$

$$G_\alpha = G_\alpha$$

$$D - Z_\alpha \cdot r - G_\alpha \cdot f = o$$

woraus sich ergibt:

$$D = Z_\alpha \cdot r + G_\alpha \cdot f$$

Die der Zugkraft Z_α einer treibenden Achse entsprechende Leistung L_α ist somit nicht gleich der an der Welle der Triebräder eingeführten, in PS ausgedrückten, Leistung:

$$L_r = \frac{D}{r} \cdot v \cdot \frac{1}{270}$$

sondern sie ist um den Rollverlust L_f vom Betrage:

$$L_f = G_\alpha \cdot \frac{f}{r} \cdot v \cdot \frac{1}{270}$$

kleiner als diese. Ist keine Nutzlast zu bewegen, so ist:

$$Z_\alpha = o \quad , \quad D = G_\alpha \cdot f$$

und wird dann das eingeleitete Drehmoment nur zur Ueberwindung des Rollwiderstandsmomentes $G_\alpha \cdot f$ verwendet. Den Wirkungsgrad einer treibenden Achse kann man somit definieren durch:

$$\eta = \frac{Z_\alpha \cdot r}{D} = \frac{Z_\alpha \cdot r}{Z_\alpha \cdot r + G_\alpha \cdot f} = 1 - \frac{G_\alpha \cdot f}{Z_\alpha \cdot r + G_\alpha \cdot f} = 1 - \frac{G_\alpha \cdot f}{D}$$

Man erkennt, dass dieser Wirkungsgrad umso günstiger ausfällt, je kleiner der Achsdruck G_α und je grösser das übertragene Drehmoment D ist. Die Grösse von D ist aber dadurch begrenzt, dass mit wachsendem Zahndruck Z' auch die dadurch hervorgerufenen Formänderungen der kleinen Oberflächenzähne immer grösser werden, bis schliesslich mit dem Auftreten von Gleiten die Adhäsion und die gleichmässige Kraftübertragung aufhören.

Bei *getriebenen Achsen* wirkt nun eine Zugkraft Z_a ziehend auf Räder vom Radius r, wobei mittels einer nutzbaren Zugkraft Z_o eine Nutzlast mit der Geschwindigkeit v auf einer festen, meist ebenen Bahn fortgewälzt wird. An der Berührungsstelle der Räder der getriebenen Achse mit der Bahn entsteht auch wieder eine durch unendlich kleine

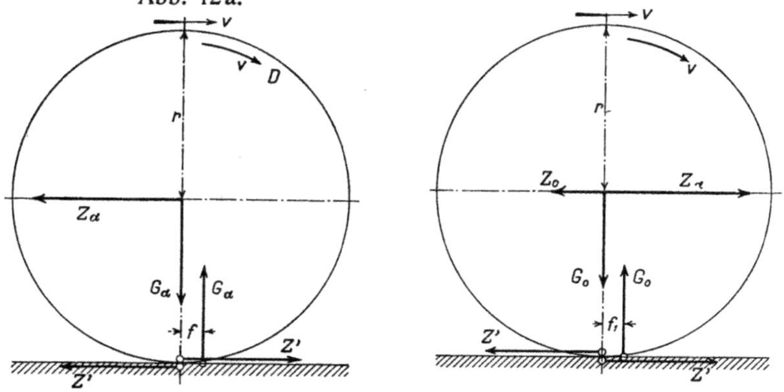

Abb. 12. Arbeitsverhältnisse bei treibenden (Abb. 12a) und bei getriebenen (Abb. 12b) Achsen.

Zahneingriffe erklärbare Zahnkraft Z', die der ziehenden Zugkraft Z_a entgegenwirkt; ebenso dreht das an der Berührungsstelle entstehende Formänderungsmoment $G_o \cdot f_1$ entgegen der Drehung des Rades. Für die aus Abbildung 12b ersichtlichen Kräfte und Momente bestehen nun folgende Gleichgewichtsbedingungen:

$$Z_a = Z_o + Z'$$
$$G_o = G_o$$
$$Z_a \cdot r - Z_o \cdot r - G_o \cdot f_1 = o$$

woraus sich ergibt:

$$Z_a = Z_o + G_o \cdot \frac{f_1}{r}$$

Multipliziert man diese Gleichung mit r, so erlangt sie dieselbe Form, wie sie im Falle der treibenden Achse der Ausdruck für D aufwies; während aber für die treibende Achse die Zahnkraft Z' gleich der nutzbaren Zugkraft Z_a war, ist sie im vorliegenden Fall nur gleich $G_o \cdot \frac{f_1}{r}$, weil Z_a hier sowohl $Z_o + Z'$, als auch $Z_o + G_o \cdot \frac{f_1}{r}$ gleich ist. Es müssen also für getriebene Achsen die durch die Zahnkraft Z' hervorgerufenen Formänderungsverluste und damit auch der Wälzarm f_1, wesentlich kleiner sein als für treibende Achsen.

Den Wirkungsgrad für getriebene Achsen kann man definieren:

$$\eta' = \frac{Z_0}{Z_a} = \frac{Z_a - Z'}{Z_a} = 1 - \frac{G_0 \cdot f_1}{Z_a \cdot r} \cdot$$

Es ist der Wirkungsgrad der getriebenen Achsen grösser als derjenige der treibenden Achsen. Auch wird die Fahrbahn durch die kleinern Zahnkräfte Z' der getriebenen Achsen weniger beansprucht und abgenutzt als durch diejenigen der treibenden Achsen.

Durch die Erfahrung ist bekannt, dass Lokomotiven, die dampflos, bezw. stromlos geschoben werden, mit weniger Effektaufwand bewegt werden können, als sie zu ihrem Eigenbetriebe unter Dampf oder unter Strom benötigen, wobei zudem die Unterschiede ganz bedeutende sind (bis 30 %) oder noch mehr). Der grössere Raddurchmesser der Lokomotiven gegenüber Anhängewagen dient neben seinem Nutzen zur Bewältigung des grossen Achsdrucks auch der Verkleinerung der Leistung L_f des Rollverlustes.

Die Nutzanwendung aus dem verschiedenen Wirkungsgrade treibender und getriebener Achsen muss zur Erkenntnis führen, dass es vorteilhaft sei, mit möglichst wenig Triebachsen auszukommen und dass die Verteilung der Antriebsleistung auf möglichst viele Achsen ein Fehler sei. Diese Nutzanwendung lässt sich jedoch nur insoweit verwirklichen, als die Entwicklung der Triebachsenzugkraft Z_a nicht durch die Bedingungen einer genügenden Adhäsion eingeschränkt wird, insbesondere bei Erfüllung des Postulates hoher Anfahrbeschleunigungen.

Was nun das verschiedene Verhalten treibender und getriebener Achsen hinsichtlich ihres Rollwiderstandes anbelangt, so ergibt sich aus unserer Untersuchung, dass man ohne weiteres zunächst mit einem übereinstimmenden Widerstandskoeffizienten rechnen darf, wenn man nachträglich die Mehrverluste bei treibenden Achsen in geeigneter Weise, z. B. bei Einbeziehung in den Gesamtwirkungsgrad eines Triebfahrzeuges, berücksichtigt.

7. Die Energierückgewinnung bei Talfahrt und Bremsung.

Gestützt auf die Umkehrbarkeit der Wirkungsweise aller Elektromotoren, die bei Einleitung eines äussern Drehmomentes als Stromerzeuger von hohem Wirkungsgrad arbeiten können, erlangt die Möglichkeit der Energierückgewinnung bei Talfahrt und Bremsung auf elektrischen Bahnen eine gewisse praktische Bedeutung.

Aus der vollständigen Beziehung für die pro t Zugsgewicht am Umfang der Räder eines Zuges bestehende Zugkraft z ist ersichtlich, dass der Momentanwert dieser Zugkraft:

$$z = w_o + w_c + s + w_2 \cdot v^2 + \frac{1000}{g} \cdot \gamma$$

statt des bisher stets als nur positiv vorausgesetzten Vorzeichens auch das negative Vorzeichen aufweisen kann, und zwar dann, wenn s und γ zusammen oder einzeln genügend grosse negative Werte besitzen. Die negative Zugkraft ist alsdann eine Bremszugkraft, die als antreibendes Drehmoment die Elektromotoren der Zugförderung in elektrische Generatoren zu verwandeln vermag. Es wird s negativ bei Talfahrt und wird γ negativ bei der Stillstellung, bezw. bei der eigentlichen Bremsung eines fahrenden Zuges. Die stets positiven Glieder der Zugkraftsgleichung sollen durch:

$$w_o + w_c + w_2 \cdot v^2 = r$$

zu *einer* Grösse zusammengefasst sein, die der Einfachheit halber als eine Konstante betrachtet werden möge, um die nachfolgenden Erörterungen übersichtlicher zu gestalten.

Es ist nun leicht nachzurechnen, dass die Energiebeträge, die bei Stillstellung fahrender Züge frei werden, nur unbedeutend sind neben den Energiemengen, die bei der Talfahrt auf Gefällen von grosser Streckenlänge frei werden, sodass also für eine praktische Ausnützung der frei werdenden Energien die Talfahrt weitaus wichtiger ist als die Stillstellung fahrender Züge.

Bei vorläufiger Beschränkung auf die *Talfahrt* lautet die Zugkraftsgleichung:

$$-z = r - s$$

wofür wir, im Sinne der Rückgewinnung (Rekuperation), setzen können:

$$z' = s - r.$$

Auf dem Anstieg oder der Bergfahrt auf einer geneigten Strecke wird am Radumfang von den Antriebsmotoren eine positive Zugkraft:

$$z = r + s$$

gefordert, während auf dem Abstieg oder der Talfahrt auf einer geneigten Strecke vom Radumfang aus an die als Generatoren wirkenden Antriebsmotoren abgegeben werden kann eine entgegengesetzt wirkende (also negative) Zugkraft:

$$z' = s - r$$

Streng genommen ist übrigens zu schreiben:

$$z' = s - r'$$

da aus noch zu erörternden Gründen der Widerstand der Fahrbewegung bergwärts und talwärts nicht übereinstimmt. In erster Annäherung ist indessen:

$$r = \sim r'$$

zulässig.

Nun kann man auf der Bergfahrt, für die Ueberwindung einer bestimmten Steigung, von einem Wirkungsgrade der Höhenerkletterung sprechen und denselben definieren zu:

$$\eta_h = \frac{s}{s + r}$$

Umgekehrt kann für die Talfahrt auf derselben Steigung ein entsprechender Wirkungsgrad:

$$\eta'_h = \frac{s - r'}{s} = \frac{s - r}{s}$$

aufgestellt werden. Es ist nun wichtig die Erkenntnis, dass η'_h wesentlich kleiner ausfallen muss, als η_h, beziehungsweise, dass die Energien, die auf einer Talfahrt frei werden, wesentlich kleiner sind, als die Energien, die zu einer Bergfahrt aufgewendet werden müssen. Durch Elimination von $r = r'$ aus den Gleichungen für η_h und η'_h ergibt sich:

$$\eta'_h = \frac{2\,\eta_h - 1}{\eta_h}$$

Abgesehen von dem für praktische Verhältnisse unmöglichen Falle $\eta_h = \eta'_h = 1$ muss stets $\eta'_h < \eta_h$ sein, wobei überdies η'_h sich mit abnehmendem η_h sehr rasch dem Werte null nähert, der für $\eta_h = 0{,}5$ erreicht wird, wie aus Abbildung 13 zu ersehen ist.

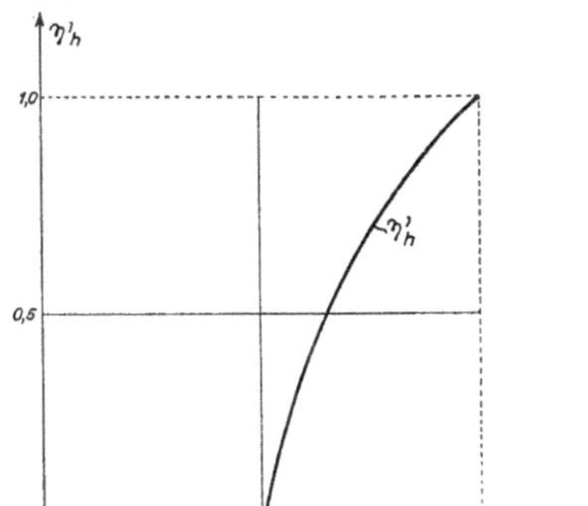

Abb. 13. Abhängigkeit des Wirkungsgrades der Senkung vom Wirkungsgrade der Hebung.

Es werden nun die Verhältnisse für die Rückgewinnung dadurch weiter verschlechtert, dass r' nicht gleich r, sondern dass:

$$r' > r$$

ist. Es hängt dies zusammen mit dem Unterschiede in den Arbeitsverhältnissen treibender und getriebener Achsen. Wie wir im vorhergehenden Abschnitt gesehen haben, ist der Rollwiderstand der treibenden Achsen grösser, als derjenige der getriebenen Achsen. Bei der Bergfahrt ist nun die Zahl treibender Achsen immer kleiner als bei der Talfahrt, da der Zug neben Triebachsen stets auch getriebene

Achsen enthält; bei der Talfahrt wirkt aber, wenn überhaupt eine grössere Wirkung der Rückgewinnung beabsichtigt ist, jede Achse als treibende Achse, so dass aus diesem Grunde $r' > r$ werden muss.

Indem wir nun auch noch die Verhältnisse der Rückgewinnung von Energie während der *Stillstellung* eines Zuges betrachten, den wir der Einfachheit der Betrachtung halber auf horizontaler Bahn voraussetzen, müssen wir die Zugkraftsgleichung:

$$z' = \gamma' \cdot \frac{1000}{g} - r'$$

als massgebend für die hier in Betracht fallende Rückgewinnung aufstellen, wobei γ' die Verzögerung und z' die abgebbare Zugkraft bedeuten. Demgegenüber wird bei einer Anfahrt mit der Beschleunigung γ eine aufzuwendende Zugkraft:

$$z = \gamma \cdot \frac{1000}{g} + r$$

von den Antriebsmotoren verlangt. Die zwei Gleichungen gelten jedoch nur unter der Annahme, dass lediglich eine Massenbeschleunigung, bezw. Massenverzögerung in Richtung der Fahrt auftrete. Genau genommen muss also noch die Korrektionsgrösse für den Widerstand der rotierenden Massen in Betracht gezogen werden. Dann lauten die zwei Gleichungen:

$$z' = \gamma' \cdot \left(\frac{1000}{g} + c'_m\right) - r'$$

und:

$$z = \gamma \cdot \left(\frac{1000}{g} + c_m\right) + r$$

Für die Korrektionsgrösse c_m können wir, nach unsern frühern Erörterungen, die genaue Formel aufstellen:

$$c_m = \frac{1}{G}\left[M_r \cdot \left(\frac{\gamma_r}{\gamma}\right)^2 \cdot \frac{1}{\eta_r} + M_a \cdot \left(\frac{\gamma_a}{\gamma}\right)^2 \cdot \frac{1}{\eta_a}\right].$$

Für die Korrektionsgrösse c_m' muss sinngemäss geschrieben werden:

$$c'_m = \frac{1}{G} \cdot \left[M_r \cdot \left(\frac{\gamma_r'}{\gamma'}\right)^2 \cdot \eta'_r + M_a \left(\frac{\gamma_a'}{\gamma'}\right)^2 \cdot \eta'_a\right].$$

Bei einer Vergleichung der Ausdrücke c_m und c'_m fällt namentlich auf, dass die Wirkungsgrade η_r und η_a des einen Ausdrucks im Nenner, die Wirkungsgrade η_r' und η_a' des andern Ausdrucks dagegen im Zähler auftreten. Es ist dies dadurch bedingt, dass im einen Falle die Beschleunigungsenergie vom Fahrzeug-Innern nach dem Radumfang, im andern Falle jedoch vom Radumfang nach dem Fahrzeug-Innern zu schreiten hat. Infolge der Tatsache, dass alle Wirkungsgrade immer kleiner als 1 sein müssen, sind somit die Werte der zu beschleunigenden Triebwerksmassen stets grösser, als diejenigen der zu verzögernden; es ist also auch:

$$c'_m < c_m.$$

Es lassen sich hier nun auch Wirkungsgrade des Beschleunigens und Verzögerns aufstellen, wie vorhin für die positive oder negative Höhenüberwindung. Für eine bestimmte Beschleunigung kann ein Wirkungsgrad des Beschleunigens η_b definiert werden mit:

$$\eta_b = \frac{\gamma \cdot \left(\frac{1000}{g} + c_m\right)}{\gamma \cdot \left(\frac{1000}{g} + c'_m\right) + r}.$$

Umgekehrt kann auch ein Wirkungsgrad des Verzögerens η'_b mit:

$$\eta'_b = \frac{\gamma' \cdot \left(\frac{1000}{g} + c'_m\right) - r'}{\gamma' \cdot \left(\frac{1000}{g} + c'_m\right)}$$

aufgestellt werden. Werden gleiche Beträge für die Beschleunigung und für die Verzögerung als zulässig festgesetzt, so ist leicht einzusehen, dass dann $\eta'_b < \eta_b$ ausfallen wird. Indessen hat man die Wahl der Beschleunigungen und Verzögerungen in der Hand, und kann, mit Rücksicht auf die kleinern Gesamtzugkräfte bei der Verzögerung, ohne weiteres $\gamma' > \gamma$ wählen, so dass man es bis zu einem gewissen Grade in der Hand hat, die Wirkungsgrade η_b und η'_b auf annähernd gleiche Höhe zu bringen. Es ist aber zu beachten, dass Anfahrten und Bremsungen für $\gamma' \geqq \gamma$ niemals gleiche Wege erfordern werden, sondern dass der Bremsweg dabei stets kleiner als der Anfahrweg sein wird, derart, dass die Wirkungsgrade η_b und η'_b dann nur als Verhältnisse von Kräften, nicht aber als Verhältnisse von Energien verglichen werden dürfen.

Unsere Betrachtungen über die Energierückgewinnung bei Talfahrt und bei Stillstellung fahrender Züge ergeben somit, dass man sich über die Grösse der allenfalls wiedergewinnbaren Energie am Radumfang keinen allzuhohen Erwartungen hingeben soll. Verschiedene Umstände wirken dahin zusammen, dass die bei Talfahrt und Bremsung allenfalls wiedergewinnbaren Energien bedeutend kleiner sind, als die für eine entsprechende Bergfahrt, bezw. eine entsprechende Anfahrt aufzuwendenden Energien. Nichtsdestoweniger bedeutet die Möglichkeit einer Energierückgewinnung in vielen Fällen einen schätzenswerten Vorzug der elektrischen Zugförderung gegenüber der Dampftraktion.

2. Kapitel.

Die Kraftübertragung zwischen Motor und Triebachse.

1. Bemessung der Triebachsenzugkraft.

Schon bei der Betrachtung der Arbeitsverhältnisse treibender und getriebener Achsen haben wir darauf hingewiesen, dass das zur Entwicklung einer Triebachsenzugkraft Z_a aufgewendete Drehmoment D dadurch begrenzt wird, dass schliesslich bei stets wachsendem D durch eintretendes Gleiten der auf der Bahn rollenden Räder die Kraftübertragung am Radumfang überhaupt aufhört. Damit also ein Gleiten ständig ausgeschlossen sei, muss nach der Theorie der Kraftübertragung durch Reibungsräder zwischen der entwickelten Zugkraft Z_a und dem Achsdruck oder der Achsbelastung G_a die Beziehung bestehen:

$$Z_a < \mu \cdot G_a$$

in der, bei Angabe von Z_a und G_a in *kg*, durch μ die Reibungszahl für gleitende Reibung zwischen Radumfang und Bahn dargestellt wird.

Nach Versuchen von *Poirée* (Hütte 1915) für stählerne Radreifen auf Stahlschienen ist μ bei verschiedenen Fahrgeschwindigkeiten unkonstant und variiert nach dem Zusammenhange:

Geschwindigkeit v in km/h .	16,56	26,28	31,68	51,48	72,00	79,20
Reibungszahl μ	0,209	0,206	0,171	0,145	0,136	0,112

Die Aenderung des Koeffizienten μ, den man im Eisenbahnwesen als „Adhäsionskoeffizienten“ bezeichnet, mit der Fahrgeschwindigkeit erfolgt in einer für die Technik günstigen Weise insofern, als μ auch gerade da die grössten Werte aufweist, wo man die grössten Triebachsenzugkräfte wünscht, nämlich zu Beginn der Anfahrt, bei den kleinen Geschwindigkeiten. Man kann für Anfahrt und Fahrt im Mittel mit den Werten rechnen:

$$\mu = \sim \frac{1}{5} \text{ für Anfahrt}$$

$$\mu = \sim \frac{1}{7{,}5} \text{ für Fahrt}$$

und erhält dann bei Zugrundelegung eines konstanten Achsdrucks G_a im Grenzfall mit Hülfe der Beziehung:

$$Z_a = \mu \cdot G_a$$

Werte der Zugkraft, die sich für Anfahrt und Fahrt etwa verhalten, wie 1,5 : 1,0. Dieser Zusammenhang deckt sich auch mit der normalen Ueberlastbarkeit der Bahnmotoren hinsichtlich der Entwicklung von Zugkraft, die wir früher durch die Beziehung:

$$\frac{Z_{max}}{Z_{norm}} = 1{,}4 \text{ bis } 1{,}6$$

festlegten.

Die Grösse von G_a ist für eine bestimmte Bahnanlage bedingt durch die Festigkeitsverhältnisse des Geleise-Oberbaus und -Unterbaus, und zwar in der Weise, dass z. B. für schweizerische Normalbahnen als Norm ein Wert von:

$$G_a = 15\,000 \text{ kg}$$

gelten kann. Es ergibt sich dann:

$$\text{für die Anfahrt:} \quad Z_a = \frac{15\,000}{5} = 3000 \, kg$$

$$\text{für die Fahrt:} \quad Z_a = \frac{15\,000}{7{,}5} = 2000 \, kg$$

Wenn nun ein elektrisches Triebfahrzeug, z. B. eine elektrische Lokomotive, aus verschiedenen Elementen derart gebildet ist, dass neben einer Anzahl Triebachsen auch etwelche getriebene Achsen vorkommen, dann ist die total ausübbare Triebachsenzugkraft Z_f in *kg* des Fahrzeuges mit dem gesamten Achsdruck aller Triebachsen, dem in *kg* ausgedrückten Reibungsgewicht oder Adhäsionsgewicht G_o des Fahrzeuges im Zusammenhang:

$$Z_f \leqq \mu \cdot G_o.$$

Bezeichnet nun r den Triebrad-Halbmesser in *m*, dann ist:

$$Z_f \cdot r = D_f$$

d. h. gleich dem Drehmoment in *mkg* des ganzen Fahrzeuges. Bezeichnet man mit G das Gesamtgewicht in *kg* des Fahrzeuges, also die Summe der Achsdrücke aller treibenden und aller getriebenen Achsen, dann heisst das Verhältnis $\left(\frac{G_o}{G}\right)$ das Adhäsionsverhältnis. Weiter ist:

$$\frac{G}{D_f} = \frac{G}{r \cdot Z_f} \geqq \left(\frac{G}{G_o}\right) \cdot \frac{1}{\mu} \cdot \frac{1}{r}$$

Das Verhältnis $\frac{G}{D_f}$ d. h. das Fahrzeugs-Gewicht pro Einheit des Fahrzeugs-Drehmomentes ist somit im Grenzfall gleich dem reziproken Adhäsionsverhältnis durch Triebrad-Halbmesser und Adhäsionskoeffizient. Es ist bemerkenswert, dass $\frac{G}{D_f}$ bei voller Ausnützung der Adhäsion und für Räder vom Halbmesser 1 im Grenzfall gleich dem reziproken Werte des Adhäsionskoeffizienten ist. Das Verhältnis $\frac{G}{D_f}$ bildet ein wertvolles Kriterium für die Beurteilung der Gewichtsausnützung elektrischer Triebfahrzeuge, insbesondere Lokomotiven[1]).

2. Triebachsenzugkraft, Fahrgeschwindigkeit und Motorgrösse.

Bei dem hohen Wirkungsgrade, den Elektromotoren für Vollast und Teilbelastungen fast unabhängig von ihrer Grösse, bezw. von ihrer normalen Leistungsfähigkeit aufweisen, scheint es ohne weiteres naheliegend, jeder Triebachse eines elektrischen Triebfahrzeuges ihren eigenen, besondern Motor zuzuweisen. Motorwagen und Lokomotiven von kleinerer Leistung werden auch ohne weiteres demgemäss ausgeführt. Dagegen ergeben sich für Lokomotiven von grosser oder sehr grosser Leistung im allgemeinen kleinere Gestehungskosten, wenn die Motorzahl kleiner als die Zahl der Triebachsen gewählt wird.

In dem einfachsten und den folgenden Rechnungen zunächst zu Grunde liegenden Falle, dass die Motorzahl und die Zahl der Triebachsen übereinstimmen, und dass die Motoren direkt auf die Triebachsen aufgebaut sind, wird die Triebachsenzugkraft Z_a in *kg* ohne weiteres festgelegt durch die Wahl eines bestimmten Motor-Drehmomentes D in *mkg* und durch die Wahl eines bestimmten, in *cm* gemessenen Triebrad-Durchmessers D_r mit:

$$D_r = 200\ r$$

wobei r in *m* gemessen ist. Es ist dann:

$$Z_a = D \cdot \frac{1}{r} = 200 \cdot D \cdot \frac{1}{D_r}$$

wenn vom Rollverluste, bezw. vom Moment der Formänderung am Radumfang abgesehen wird. Durch die Wahl einer bestimmten, pro Sekunde gemessenen Drehzahl n_{sec} für den Motor, die im Sinne bester Materialausnützung so hoch als nur möglich anzunehmen sein müsste, würde dann die Fahrgeschwindigkeit v, in *km/h*, auf:

---

[1]) Dieses Kriterium wurde vom Verfasser erstmals auf Seite 719 der „E. T. Z." von 1910 vorgeschlagen. Vergl. auch Seite 187 dieses Buches.

$$v = \frac{60 \cdot 60}{1000} \cdot n_{sec} \cdot \frac{\pi \cdot D_r}{100} = \frac{3,6}{100} \cdot n_{sec} \cdot \pi \cdot D_r$$

festgelegt.

Im allgemeinen sind jedoch Motorwelle und Triebachse nicht identisch, sondern es besteht zwischen denselben ein, bei der heutigen Praxis hauptsächlich durch Zahnräder (Stirnräder) hergestelltes Uebersetzungsverhältnis $ü$, derart, dass abgesehen von den Verlusten dieser Uebersetzung, bezw. für einen Wirkungsgrad dieser Uebersetzung vom Werte 1, gesetzt werden muss:

$$Z_a = 200 \cdot D \cdot \frac{ü}{D_r}$$

und:

$$v = \frac{3,6}{100} \cdot \frac{n_{sec}}{ü} \cdot \pi \cdot D_r$$

Nun ist wichtig die Tatsache, dass das von einem Motor abgegebene sog. „normale" Drehmoment direkt dessen Grösse, bezw. einer einfachen Funktion seiner Hauptdimensionen proportional ist. Es gilt nämlich der einfache Ansatz:

$$V = C \cdot D$$

wo V das Volumen des, aus dem Ankerdurchmesser D_a als Durchmesser und der Ankereisenbreite b_a als Höhe, gebildeten Zylinders und C eine sog. „Maschinenkonstante" darstellt, wobei C die magnetische Induktion im Ankereisen und die Ampèreleiter per cm Ankerumfang als physikalische Zahlenwerte enthält. Das normale Motordrehmoment D steht mit der, in PS ausgedrückten, normalen Motorleistung L und der dabei herrschenden Drehzahl, n_{sec} in der Sekunde, oder n_{min} in der Minute, in dem Zusammenhange:

$$D = 75 \cdot \frac{L}{2\,\pi\, n_{sec}} = 11,9 \frac{L}{n_{sec}} = 716,2 \frac{L}{n_{min}}$$

Für V gilt der Ansatz:

$$V = \frac{\pi}{4} D_a^2 \cdot b_a$$

Mit Rücksicht auf die in C enthaltenen physikalischen Grössen ist es zweckmässig, die Dimensionen D_a und b_a in cm zu messen; V erscheint dann in cm^3 und C in cm^3/mkg. Aus den Beziehungen:

$$V = C \cdot D \qquad \text{und} \qquad V = \frac{\pi}{4} \cdot D_a^2 \cdot b_a$$

folgt ohne weiteres:

$$D_a = \sqrt{\frac{4}{\pi} \cdot \frac{C}{b_a} \cdot D}$$

Es liegt auf der Hand, dass für den Motoreinbau in die Triebfahrzeuge im allgemeinen, insbesondere aber für den direkten Aufbau eines Motors auf eine Triebachse, das Durchmesserverhältnis $\frac{D_a}{D_r}$ von Bedeutung wird. Bei Einführung dieses Verhältnisses in die Beziehung:

$$Z_a = 200 \cdot D \cdot \frac{ü}{D_r}$$

und bei Benützung des oben hingeschriebenen Wurzel-Ausdrucks für D_a folgt die wichtige Formel:

$$\text{(I.)} \qquad Z_a = \left(\frac{D_a}{D_r}\right) \cdot 100 \cdot \frac{ü}{\sqrt{\frac{C}{\pi \cdot b_a}}} \cdot \sqrt{D}$$

die den Zusammenhang der Triebachsenzugkraft mit dem normalen Motordrehmoment und den die Motorgrösse festlegenden Dimensionen und Konstanten zum Ausdruck bringt.

Eine entsprechende Hauptformel lässt sich für den Zusammenhang der Fahrgeschwindigkeit mit den Motordimensionen und der Motordrehzahl vermuten. Offenbar hat dazu die maximal zulässige Umfangsgeschwindigkeit des Motorankers in irgend einer Weise allgemein gültig festgelegt zu werden. Dafür ist ein Ansatz:

$$D_a \cdot n_{sec} = K$$

brauchbar, für den die Erfahrungszahl K in *cm/sec* auszudrücken ist. Bei Benützung der Beziehung:

$$v = \frac{3,6}{100} \cdot \frac{n_{sec}}{ü} \cdot \pi D_r$$

folgt dann die zweite Hauptformel:

$$\text{(II.)} \qquad v = \frac{3,6}{100} \cdot K \cdot \frac{\pi}{ü} \cdot \frac{1}{\left(\frac{D_a}{D_r}\right)}$$

die bereits den gesuchten Zusammenhang zwischen der Fahrgeschwindigkeit mit den Motordimensionen darstellt. Bemerkenswerter Weise enthält diese Formel die Motordrehzahl nicht mehr, derart, dass also die Fahrgeschwindigkeit nun vollständig auf eine Erfahrungszahl für die zulässige Umfangsgeschwindigkeit des Motorankers und auf Dimensionsverhältnisse zurückgeführt ist.

In den beiden Hauptformeln I und II kommen neben Erfahrungszahlen und dem die Motorgrösse festlegenden Normaldrehmoment nur die Dimensionsverhältnisse $\left(\frac{D_a}{D_r}\right)$ und $ü$ vor. Offenbar bestehen nun zwei Möglichkeiten, je nach der Grösse des Verhältnisses $\ddot{u}$, das entweder $= 1$ oder > 1 sein wird.

Für $\ddot{u} = 1$ hat man es zu tun mit Motoren *ohne* Zahnrad-Uebersetzungen, bezw. Motoren ohne Zahnräder.

Für $\ddot{u} > 1$ hat man es dagegen zu tun mit Motoren *mit* Zahnrad-Uebersetzungen, bezw. Motoren mit Zahnrädern.

Die zwei Möglichkeiten ergeben zwei verschiedene Typenreihen von Bahnmotoren, da bei der für die praktische Anwendung allein in Betracht fallenden Anordnung paralleler Motorwellen und Triebradachsen die Motoren ohne Zahnräder eine grössere Ankereisenbreite b_a haben können, als die Motoren mit Zahnrädern.

Gemäss den derzeitigen Ausführungen von Kommutator-Bahnmotoren kann mit den folgenden Zahlenwerten gerechnet werden.

Für Motoren ohne Zahnräder:

$C = 300\ cm^3/mkg$; $K = 600\ cm/sec$; $b_a = 65\ cm$; $\ddot{u} = 1{,}0$,

wobei die zwei Hauptformeln lauten:

$$\begin{cases} Z_a = 82{,}4 \cdot \left(\dfrac{D_a}{D_r}\right) \cdot \sqrt{D} \\ v = 67{,}9 \cdot \dfrac{1}{\left(\dfrac{D_a}{D_r}\right)} \end{cases}$$

Für Motoren mit Zahnrädern:

$C = 300\ cm^3/mkg$; $K = 600\ cm/sec$; $b_a = 35\ cm$; $\left(\dfrac{D_a}{D_r}\right) = \sim 0{,}5$,

wobei die zwei Hauptformeln lauten:

$$\begin{cases} Z_a = 30{,}3 \cdot \ddot{u} \cdot \sqrt{D} \\ v = 135{,}8 \cdot \dfrac{1}{\ddot{u}} \end{cases}$$

Unsere Beziehungen liefern uns ausser den beiden Hauptformeln für die den Bahntechniker interessierenden Grössen Z_a und v auch Formeln für die den Elektrotechniker interessierenden Zusammenhänge zwischen den Motordaten unter sich. Ein Zusammenhang zwischen Drehmoment und Drehzahl ergibt sich aus der Vereinigung der Beziehungen:

$$D_a = \sqrt{\frac{4}{\pi} \cdot \frac{C}{b_a} \cdot D} \quad \text{und} \quad D_a \cdot n_{sec} = K$$

und lautet:

$$n_{sec} = K \cdot \sqrt{\frac{\pi}{4} \cdot \frac{b_a}{C}} \cdot \frac{1}{\sqrt{D}}$$

Die Motorleistung L, in PS, durch:

$$L = \frac{1}{75} \cdot 2\,\pi\, n_{sec} \cdot D$$

aus n_{sec} und D bestimmt, kann nun auch mit D in den Zusammenhang:

$$L = \frac{1}{75} \cdot 2\,\pi \cdot K \cdot \sqrt{\frac{\pi}{4} \cdot \frac{b_a}{C}} \cdot \sqrt{D}$$

und mit n_{sec} in den Zusammenhang:

$$n_{sec} = \frac{1}{150} \cdot \pi^2 \cdot K^2 \cdot \frac{b_a}{C} \cdot \frac{1}{L}$$

gebracht werden.

Indem wir, den heutigen Ausführungen von Kommutator-Bahnmotoren entsprechend, wiederum:

$$C = 300\ cm^3/mkg \quad ; \quad K = 600\ cm/sec$$

sowie

$$b_a = 65\ cm \quad \text{für Motoren ohne Zahnräder}$$

$$b_a = 35\ cm \quad \text{für Motoren mit Zahnrädern}$$

setzen, ergeben obige Beziehungen die ziffernmässigen Zusammenhänge;

$$\begin{cases} n_{sec} = 248\ \frac{1}{\sqrt{D}} & \text{für Motoren ohne Zahnräder} \\ n_{sec} = 182\ \frac{1}{\sqrt{D}} & \text{für Motoren mit Zahnrädern} \end{cases}$$

sowie

$$\begin{cases} L = 20{,}8\ \sqrt{D} & \text{für Motoren ohne Zahnräder} \\ L = 15{,}3\ \sqrt{D} & \text{für Motoren mit Zahnrädern} \end{cases}$$

und

$$\begin{cases} n_{sec} = 5150 \cdot \frac{1}{L} & \text{für Motoren ohne Zahnräder} \\ n_{sec} = 2780 \cdot \frac{1}{L} & \text{für Motoren mit Zahnrädern} \end{cases}$$

In den Abbildungen 14 und 15 bringen wir diese Zusammenhänge zur Darstellung; der Abbildung 14 kann entnommen werden, welche Werte von n (und zwar der grössern Anschaulichkeit halber n_{min}) und von L einem bestimmten Werte von D für die Motortypen mit und ohne Zahnräder entsprechen; aus der Abbildung 15 ergibt sich anderseits der Zusammenhang der Drehzahlen n_{min} mit der Motorleistung L für die Motoren mit und ohne Zahnräder. In Abhängigkeit von D verhalten sich entsprechende Werte für n_{sec} und für L für die Motoren mit und ohne Zahnräder wie $\sqrt{\frac{65}{35}}$; in Abhängigkeit von L verhalten sich die Werte n_{sec} wie $\frac{65}{35}$. Wir erkennen also, dass ein Vergleich der Motoren mit und ohne Zahnräder bei derselben zulässigen

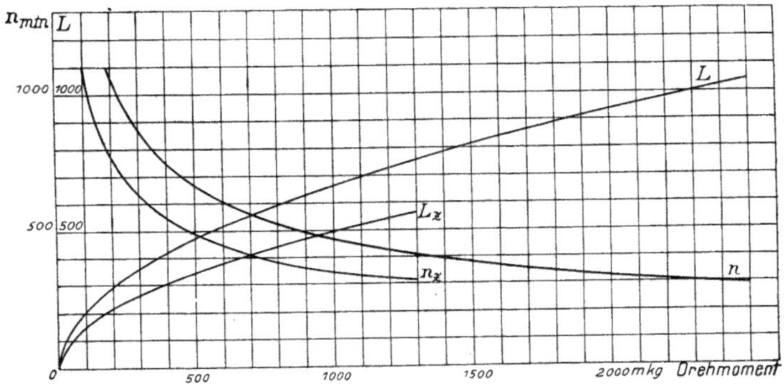

Abb. 14. Bemessung der normalen Umdrehungszahlen und Leistungen von Bahnmotoren in Abhängigkeit vom normalen Drehmoment (n und L für Motoren ohne, n_z und L_z für Motoren mit Zahnrädern).

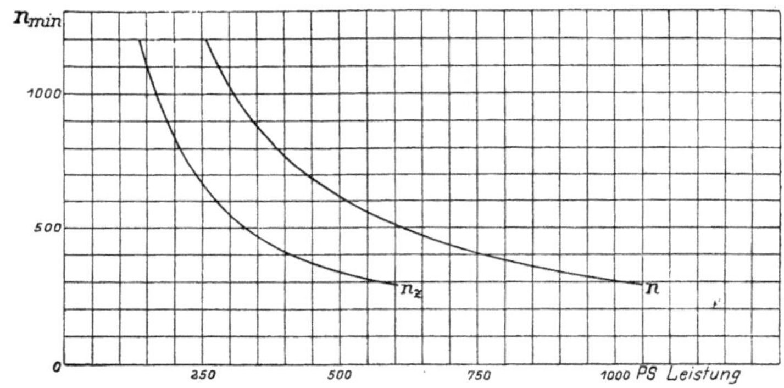

Abb. 15. Bemessung der normalen Umdrehungszahlen von Bahnmotoren in Abhängigkeit von der normalen Leistung (n für Motoren ohne, n_z für Motoren mit Zahnrädern).

Maximalgeschwindigkeit am Ankerumfang die grössere Leistungsfähigkeit der Motoren ohne Zahnräder — entsprechend dem grössern b_a — ergibt. Begnügt man sich jedoch mit derselben Leistungsfähigkeit der beiden Motorgattungen, so sind die Anker-Umfangsgeschwindigkeiten der Motoren ohne Zahnräder entsprechend herabzusetzen; diese

Motoren degenerieren dann in die Abart der sog. „langsam laufenden Motoren", auf die man auch dann geführt wird, wenn durch die Veränderlichkeit der Verhältnisse *ü* und $\left(\frac{D_a}{D_r}\right)$ allein eine von den normalen Verhältnissen besonders abweichende Fahrgeschwindigkeit nicht leicht herstellbar erscheint.[1])

3. Ausbildung der hauptsächlichsten Bauarten von Bahnmotoren und Triebwerken.

Aus den beiden Hauptgruppen von Bahnmotoren mit und ohne Zahnräder scheiden nun Untergruppen, eigentliche Bauarten von Bahnmotoren, deswegen aus, weil je nach den in Verbindung mit den Motoren verwendeten Triebwerksanordnungen die konstruktive Ausbildung der Motoren und ihr Einbau ins Fahrzeug gewisse Besonderheiten aufzuweisen haben. Die Motoren werden nämlich entweder für federnden Einbau oder für festen Einbau in das Gestell des Fahrzeugs ausgebildet.

Geordnet nach der Grösse des normalen Motordrehmoments und nach den Entwicklungsstadien der Motorbauarten sind die folgenden hauptsächlichsten Einzelbauarten von Bahnmotoren zu betrachten:

a) Vorgelegemotoren, von verhältnismässig kleinerem Drehmoment, mit Zahnrädern und für federnden Einbau ins Fahrzeuggestell.

b) Achsmotoren, von verhältnismässig mittelgrossem Drehmoment, ohne Zahnräder, für federnden oder festen Aufbau auf die Triebachsen.

c) Gestellmotoren, von verhältnismässig grossem oder wenigstens mittelgrossem Drehmoment, mit oder ohne Zahnräder, für festen Einbau ins Fahrzeuggestell.

Die Ausbildung der genannten Motorbauarten und der zugehörigen Triebwerke weist nun die nachstehend der Reihe nach behandelten bemerkenswerten Entwicklungsstadien auf.[2])

Vorgelegemotoren. Die von uns als „Vorgelegemotor" bezeichnete Motorbauart hat ihre erstmalige Ausführung in Amerika, und zwar 1885 durch *Bentley-Knight,* sowie 1886 durch *Frank J. Sprague,* für Gleichstrombetrieb gefunden; bei der 1888 eröffneten, von Sprague ausgerüsteten, Strassenbahn von Richmond (Va) ist diese

---

[1]) Die vorliegenden Untersuchungen sind vom Verfasser erstmals 1909 auf Seite 308 von Band LIII der „Schweiz. Bauzeitung" veröffentlicht worden.

[2]) Vom Verfasser erstmals 1908 auf Seite 245, 265, 288, von Band LII der „Schweiz. Bauzeitung" behandelt.

Motorbauart erstmals in praktischen Dienst genommen worden. Der Vorgelegemotor ist ein mit einfacher oder mehrfacher Stirnräderübersetzung ausgestatteter Motor, der entweder direkt oder mittels eines die Vorgelegewellen tragenden Rahmens einerseits mit Lagern auf die zugehörige Triebachse aufgelagert und anderseits mit federnden Konstruktionsteilen an das Fahrzeuggestell angebaut ist. Die Zweckmässigkeit dieser Bauart, die wir in Abbildung 16, auf Grund der Ausführung nach Sprague, zur Darstellung bringen, liegt sowohl in der richtigen Auswahl des für die Drehmoments-Uebersetzung herangezogenen Maschinenelementes — Stirnräderübertragung — als auch in der mustergültigen Ausbildung der Motoraufhängung, die trotz Anpassung an das auf- und abwärts arbeitende Federspiel der Triebachsen ein einwandfreies Arbeiten der Zahnräder gewährleisten muss. Der durch Abbildung 16 veranschaulichte Motor von Sprague weist eine

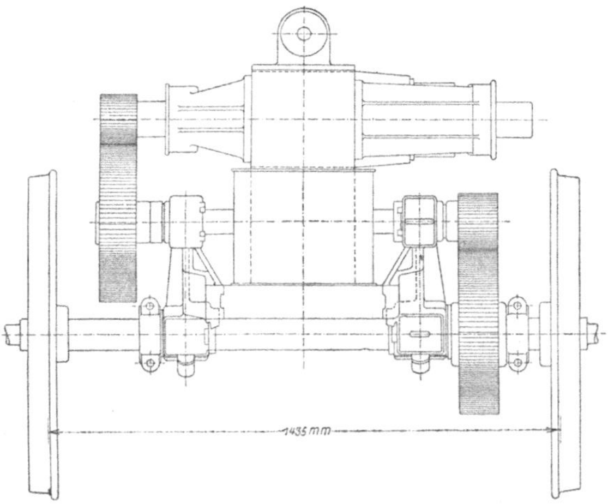

Abb. 16. Gleichstrom-Vorgelegemotor von 1886 nach Sprague für 7 *PS* mit doppelter Uebersetzung. — 1 : 20.

doppelte Stirnradübersetzung auf; ferner sind mit dem zweipoligen Magnetgestell des Motors nicht nur die Lager des Motors und der ersten Vorgelegewelle, sondern auch noch Stützlager auf der Wagenachse selbst fest verbunden, so dass beide Zahnradachsen parallel zur Wagenachse bleiben und der Zahneingriff der beiden Uebertragungen unbedingt gesichert ist; gleichzeitig gestattet die federnde Aufhängung des der Wagenachse abgewendeten Motorendes, dass der Motor um die Wagenachse schwingen kann und auf diese Weise Erschütterungen des Wagens bei freier Fahrt und Stösse im Triebwerk bei der Anfahrt oder Bremsung in ihrer schädlichen Wirkung auf die zunächst liegenden Teile der Ausrüstung abgeschwächt werden. Der wunde Punkt der Anordnung nach Abbildung 16 liegt in der doppelten Zahnradübertragung, die einerseits den Wirkungsgrad der gesamten Anordnung erniedrigt und ausserdem einen erheblichen Unterhalt bedingt. Es wurde daher darnach getrachtet, die doppelte Uebersetzung durch eine einfache zu ersetzen, wobei gleichzeitig die Gestaltung des Motors abzuändern war, um die erforderliche Verkleinerung des Abstandes zwischen der Motorachse und der Triebachse zu gewinnen.

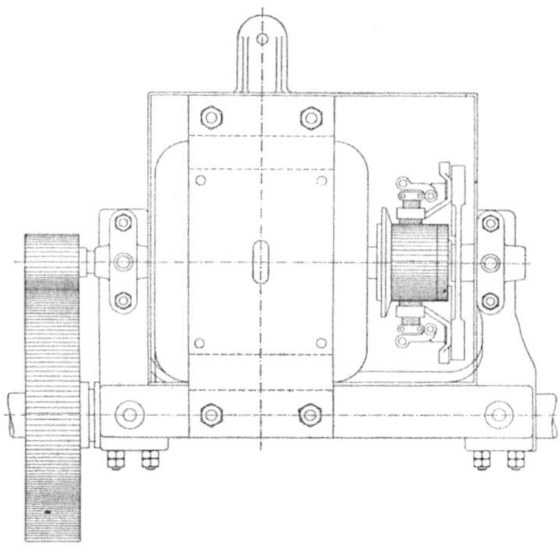

Abb. 17. Gleichstrom-Vorgelegemotor von 1890 der Thomson Houston Co. für 15 *PS* mit Abschlusskasten aus Eisenblech und einfacher Uebersetzung. 1 : 20.

Eine Lösung in diesem Sinne brachte der 1890 von der *Thomson Houston Co.* ausgebildete Motor, den wir in Abbildung 17 wiedergeben, und an dem die in radialer Richtung bedeutend verkürzten Magnete und Magnetspulen als eine bis heute gebliebene Eigentümlichkeit der Gleichstrom-Vorgelegemotoren zum erstenmal auftreten. Eine weitere, durch die *Westinghouse Co.* ebenfalls 1890 erstmals geschaffene und seither ebenfalls beibehaltene Eigentümlichkeit der Gleichstrom-Vorgelegemotoren haben wir in der Aufkappbarkeit des Gehäuses zum Zwecke der leichtern Revision des Motors zu erblicken. Der nächste Fortschritt ist dann in dem 1891 von der Thomson Houston Co. gebauten, wasserdichten und aufklappbaren Motor zu erkennen, womit die vollkommen geschlossene Bauart der Vorgelegemotoren zum erstenmal auftritt.

Damit waren für den *Gleichstrom-Vorgelegemotor,* und insbesondere für den Strassenbahnmotor, diejenigen Besonderheiten ausgebildet, die wir auch heute noch bei dieser Motorbauart so weit als immer möglich zu erfüllen trachten. Bei der weitern Ausbildung des Gleichstrom-Vorgelegemotors, von 1891 an, war das Bestreben der Konstrukteure vornehmlich auf die Vervollkommnung des Motors selbst gerichtet, wobei insbesondere die Wahl immer höherer Betriebsspannungen zu ermöglichen war. In erster Linie mussten daher Verbesserungen in der Ankerkonstruktion und in den Ankerwicklungen an die Hand genommen werden. Ums Jahr 1891 finden wir den zweipoligen Motor mit Grammeringanker noch vorherrschend. Man ging jedoch in dem Bestreben der Reduktion des Kupfergewichtes und der Verluste im Kupfer schon sehr früh auf den Trommelanker über, wobei insbesondere die durch Patente aus dem Jahre 1888 bekannte Schablonenwicklung von *Eickemeyer* viel angewendet wurde. Neuerdings sind nun Stabwicklungen, die als sog. Gittertrommeln ausgeführt sind, in grösster Verbreitung und zwar namentlich für Motoren von grösserer Leistung, wobei die Stabwicklung auch noch für höhere Spannungen von 1000 und mehr Volt anwendbar ist. Da die Motoren hauptsächlich für 4 Pole ausgebildet wurden, so musste die Wicklung als sog. Wellenwicklung mit Reihenschaltung (auch kurzweg Seriewicklung genannt) ausgeführt werden, damit eine höhere Zahl Bürstenstifte als 2 vermieden werden könne. Durch die Einführung der Stabwicklung wurde der Gebrauch der baumwollisolierten Drähte für die Ankerkonstruktion vermieden, und lag es nahe, auch für die Magnetwicklung diesen Vorteil, der eine Steigerung der zulässigen Temperatur mit sich brachte, auszunützen. Durch die Einführung von Spulen aus Kupferbändern mit Presspanisolation wurde dieser Vorteil denn auch vollkommen erreicht. Die Forderung einer Kommutation ohne Funkenbildung gab lange Zeit Anlass zu Schwierigkeiten, wenn es sich um äusserste Ausnützung des verfügbaren Platzes handelte; diese wurden erst durch die Anwendung der Hülfspole in jeder Hinsicht und unter allen Umständen überwunden. Auch das Motorgehäuse, das anfänglich meistens aus Gusseisen, neuerdings ausnahmslos aus Stahlguss hergestellt wird, wurde durchgebildet, indem beispielsweise für die öfters vorzunehmende Revision des Kollektors eine besondere Oeffnung, mit einem besondern sog. Kollektordeckel, angebracht und der Ausbildung der Motorlager besondere Aufmerksamkeit gewidmet wurden. Seitdem die Verstärkung der Ventilation an grösseren Vorgelegemotoren durch Anbringung eines Kranzes von Ventilatorschaufeln am Ankerumfang oder durch Zuführung von Pressluft ins Motorinnere üblich geworden ist, sind an der Gehäuseform auch in dieser Hinsicht bauliche Anpassungen, insbesondere die Aussparung der Ventilationsöffnungen notwendig geworden.

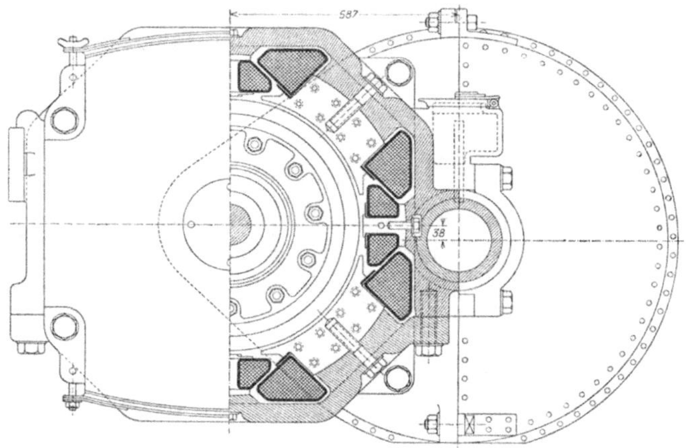

Abb. 18. Gleichstrom-Vorgelegemotor von 160 *PS* bei 630 *Uml/min* der Siemens-Schuckertwerke für Schmalspur-Lokomotiven. — 1 : 20.

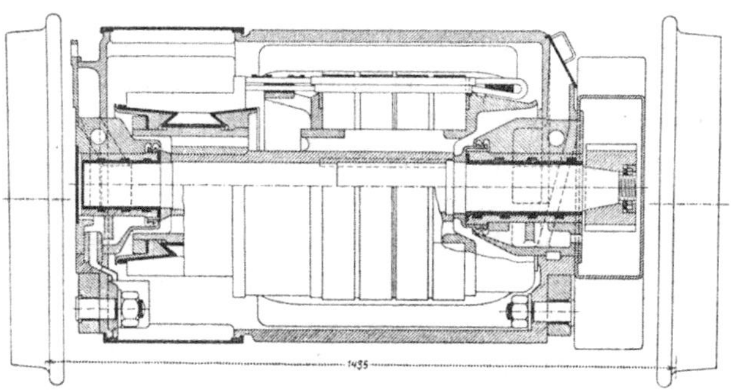

Abb. 19. Gleichstrom-Vorgelegemotor von 200 *PS* bei 620 *Uml/min* der Westinghouse Co. für die Untergrundbahn New-York. — 1 : 20.

Zur Veranschaulichung der guten Raumausnützung an neueren Vorgelegemotoren zeigt die Abbildung 18 einen Querschnitt senkrecht zur Welle eines besonders leistungsfähigen, mit Hülfspolen ausgerüsteten Vorgelegemotors für schmalspurige Fahrzeuge, während die Abbildung 19 einen Längsschnitt durch die Achse eines Vorgelegemotors für Vollbahnbetrieb wiedergibt, wobei die Erzielung einer möglichst grossen Ankereisenbreite durch den besonderen Lagereinbau die bemerkenswerteste Einzelheit bildet.

Die Ausbildung des *Drehstrommotors als Vorgelegemotor* für Bahnbetrieb brachte der Bau der älteren (heute durch eine Gleichstromanlage ersetzten) Trambahn von Lugano in den Jahren 1895 bis 1896. Zufolge der Verwendung von lamelliertem Eisen im Stator musste die an den Gleichstrom-Vorgelegemotoren geschätzte Teilbarkeit des Gehäuses dahinfallen, wodurch von vornherein ein wesentlicher Konstruktionsunterschied gegenüber dem Gleichstrom-Vorgelegemotor gegeben war. Es ist denn auch in der Folge die bauliche Ausbildung des Drehstrom-Vorgelegemotors nicht wesentlich weiter entwickelt worden.

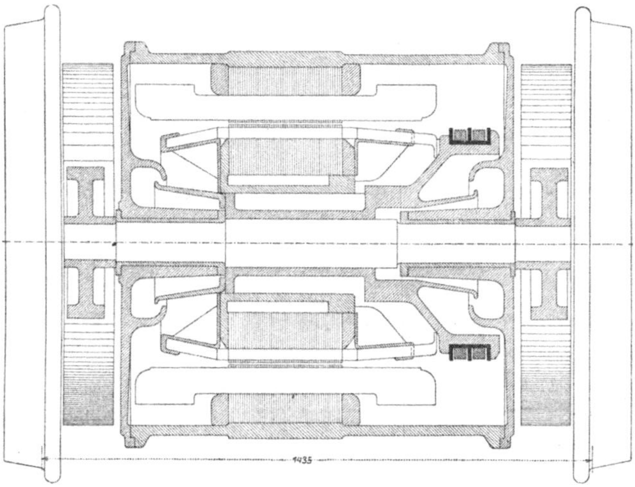

Abb. 20. Drehstrom-Vorgelegemotor von 245 *PS* bei 895 *Uml/min* für die Siemens-Schnellbahnlokomotive Berlin-Zossen. — 1 : 20.

In Abbildung 20 ist als Anwendungsbeispiel dieser Motorbauart der Motor der Berlin-Zossen-Schnellbahnlokomotive vorgeführt, der durch die Höhe der angewandten Spannung (10 000 Volt), sowie durch die Teilung der Zahnräderbreite infolge der besondern mechanischen Aufgabe bemerkenswert ist. An Stelle des Kommutators eines Gleichstromankers treten hier die Schleifringe eines Drehstromrotors, die eine besondere Oeffnung im Gehäuse zu Revisionszwecken ebenfalls nicht entbehren können.

Der *Einphasen-Vorgelegemotor* konnte bei der Einführung des Einphasen-Bahnbetriebes in die Technik der elektrischen Zugförderung ohne weiteres entsprechend der Ausbildung des Drehstrom-Vorgelegemotors ausgeführt werden, da sein ebenfalls lamelliertes Feld für die Gehäusekonstruktion massgebend wird. Die erste praktische Anwendung des Einphasen-Vorgelegemotors erfolgte 1903 durch den Versuchsbetrieb Berlin-Spindlersfeld. Ein auf Vollbahnen wiederholt angewendetes Modell eines Einphasen-Vorgelegemotors bringen wir in Abbildung 21 zur Darstellung.

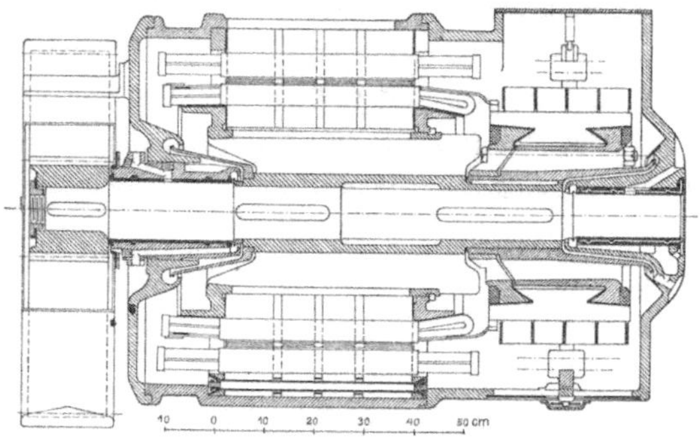

Abb. 21. Einphasenwechselstrom-Vorgelegemotor von 225 *PS* bei 660 *Uml/min* der Siemens-Schuckertwerke für die Lötschberg-Motorwagen. — 1 : 20.

Die normale *Anwendung der Vorgelegemotoren* irgend einer Stromart kann auf Grund des von uns im vorhergehenden Abschnitt in allgemeiner Weise erörterten Zusammenhanges zwischen den Motordaten unter sich beurteilt werden. Dabei ergibt sich für das bei dieser Bauart im Durchschnitte zutreffende Verhältnis:

$$\left(\frac{D_a}{D_r}\right) = \sim 0{,}5$$

in Verbindung mit den hier meist üblichen Raddurchmessern von 84 *cm* (= 33′) bis 110 *cm* und für:

$$C = 300\ cm^3/mkg;\ K = 600\ cm/sec;\ b_a = 35\ cm$$

der folgende Zusammenhang zwischen „Normal-Triebrädern" mit „Normal-Vorgelegemotoren":

D_r in *cm*	D_a in *cm*	D in *mkg*	L in *PS*
84	42	160	190
90	45	190	200
110	55	280	250

Bei gegebenem Verhältnis $\left(\frac{D_a}{D_r}\right)$ dieser Motoren ist dann zur Hervorbringung verschiedener Zugkräfte Z_a neben D noch $\ddot{u}$ variierbar. Für einen Motor von gewähltem Drehmomente D ist aber $ü$ auch an gewisse Grenzen gebunden, indem die Summe der Teilkreisradien r_1 und r_2, in cm, durch den Abstand a, in cm, der Motorachse und Trieb-

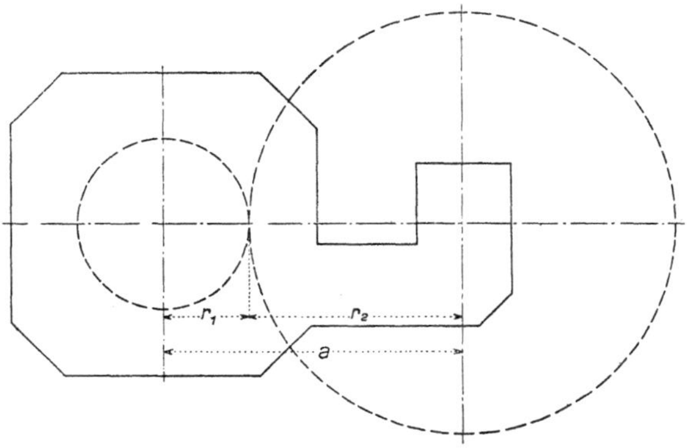

Abb. 22. Schema der Zahnrad-Uebersetzung der Vorgelegemotoren.

radachse festgelegt ist. Entsprechen den Radien r_1 und r_2 die Zähnezahlen z_1 und z_2 und ihren Wellen die Drehzahlen n_1 und n_2 in der Minute, dann ist, nach Abbildung 22:

$$r_1 + r_2 = a$$

$$ü = \frac{r_2}{r_1} = \frac{z_2}{z_1} = \frac{n_1}{n_2}$$

und lässt sich, mit der an den Teilkreisen wirkenden Umfangskraft P in kg, die in $cmkg$ ausgedrückte Momentensumme $P \cdot (r_1 + r_2)$ bilden:

$$P \cdot (r_1 + r_2) = P \cdot a = 71\,620\, L \left(\frac{1}{n_1} + \frac{1}{n_2}\right) = 71\,620\, L \cdot \frac{(1 + ü)}{n_1}$$

Bei Einführung der Festigkeitsziffer k in kg/cm^2, der Zahnteilung t in cm und des Verhältnisses ψ zwischen Zahnbreite und Zahnteilung folgt mit:

$$P = k \cdot \psi \cdot t^2$$

nunmehr:

$$t = 10 \sqrt[2]{\frac{716{,}2}{k \cdot \psi \cdot a} \cdot \frac{L}{n_1} \cdot (1 + ü)} = 10 \sqrt[2]{\frac{716{,}2}{k \cdot \psi \cdot a} \cdot \frac{L}{n_1} \cdot \frac{z_1 + z_2}{z_1}}$$

wodurch die Zahnradbestimmung für Vorgelegemotoren mit vorgeschriebenem Abstand a festgelegt ist.

Die normale Aufhängung dieser Motoren unter Benützung der in den Abbildungen 16 und 17 deutlich sichtbaren sog. „Nasen" an dem, der Triebachse abgewendeten Motorende führt nun zu der in Abbildung 23 dargestellten, hier zwei Motoren gleichzeitig betreffenden, normalen „Nasenaufhängung“. Für die Aufhängung grösserer Motoren werden etwa die in Abbildung 23 angedeuteten Federn durch die federnde

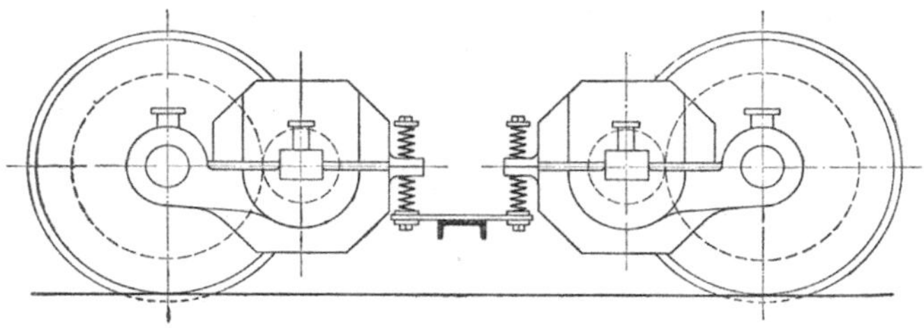

Abb. 23. Schema der normalen Aufhängung von zwei Vorgelegemotoren.

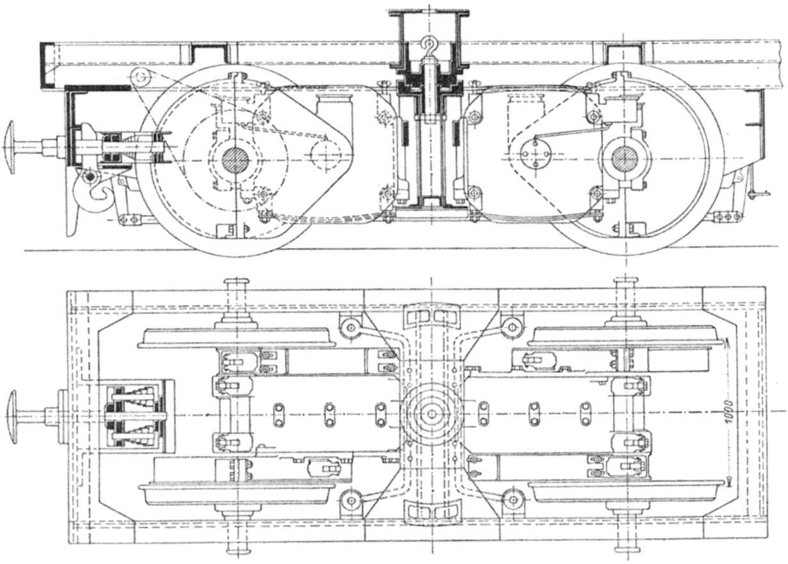

Abb. 24. Einbau von zwei Gleichstrom-Vorgelegmotoren nach Abb. 18 in das Drehgestell der Lokomotive der Rombacher Hütte. — 1 : 50.

Wirkung eines unter Druckluft stehenden Kolbens ersetzt, wie dies beispielsweise aus Abbildung 24 ersichtlich ist, die den Einbau zweier Motoren nach Abbildung 18 in das Drehgestell einer vierachsigen Lokomotive zeigt; mit dem Aufhängungsapparat ist dabei der Drehpunkt für das, zwei Triebachsen zusammenfassende Drehgestell konstruktiv vereinigt.

Die Nasenaufhängung ist wiederholt abgeändert worden, insbesondere in die seitens amerikanischer Firmen wiederholt angewendete sog. „Schwerpunktsaufhängung“, von der erwartet wurde, dass sie kippende Trägheitskräfte der Motormasse von der Triebachse fernhalte.

Besondere Anordnungen erheischt die Motoraufhängung bei Ausbildung von Vorgelege-Doppelmotoren, wie sie von der Firma Křižik für eine Gleichstrom-Dreileiteranlage ausgebildet wurden, bei einem Entwurf, den wir in Abbildung 25 vorführen.

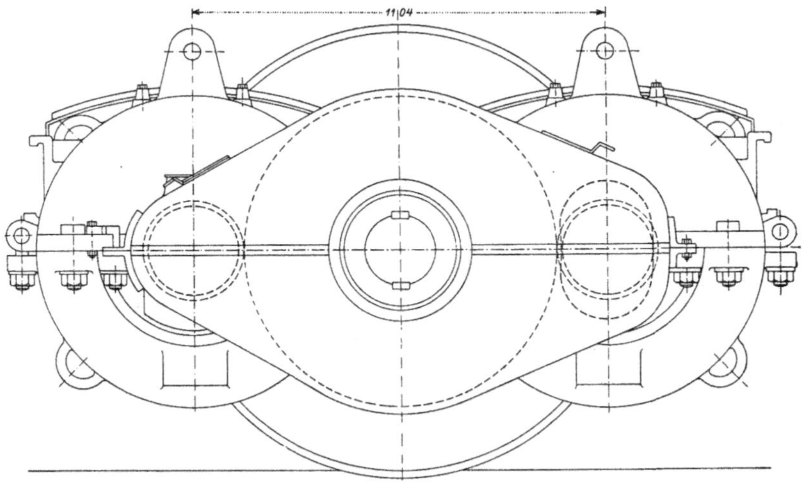

Abb. 25. Vorgelege-Doppelmotor von 2 × 130 *PS* bei 480 *Uml/min* für Gleichstrom nach Křižik. — 1 : 20.

Die Räder der Zahnradgetriebe von Vorgelegemotoren pflegt man in gegossene oder genietete sog. Räderkasten einzubauen, die einerseits die Räder von Verunreinigungen und anderseits die Umgebung vom Lärm der Räder und von fortgeschleuderten Schmiermitteln dieser Räder schützen.

Achsmotoren. In dem Bestreben, die Zahnradantriebe der Vorgelegemotoren zu vermeiden, ist die Bauart der Achsmotoren, mit unmittelbarem Aufbau der Motoren auf die Triebachsen, ausgebildet worden. Dabei sind Bestrebungen nach zwei Richtungen zu verzeichnen, die beide Ende der achtziger Jahre des vorigen Jahrhunderts einsetzten, und von denen die eine den elastischen, die andere den starren Aufbau der Motoren auf die Triebachsen als grundsätzliches Merkmal aufweist.

Der elastische Aufbau des Motors auf die Triebachse wurde erstmals 1899 von *S. H. Short* ausgeführt und zwar unter Zuhilfenahme des Konstruktionsdetails der hohlen Welle, das für alle elastisch aufgebauten Armaturen in der Folge beibehalten blieb. In Abbildung 26 bringen wir diese Anordnung zur Darstellung, wobei die elastische

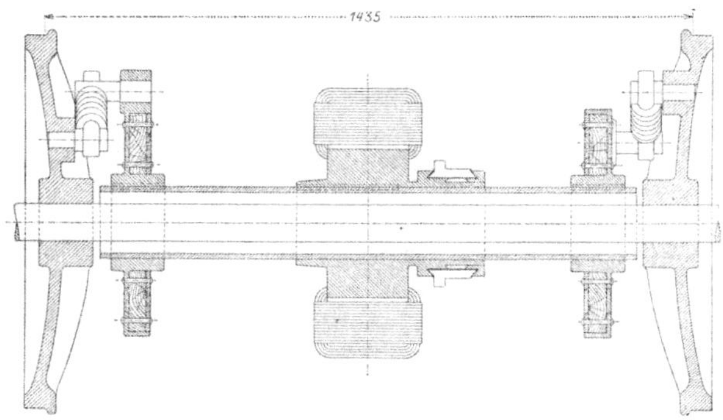

Abb. 26. Gleichstrom-Achsmotor von 1889 nach S. H. Short. — 1 : 20.

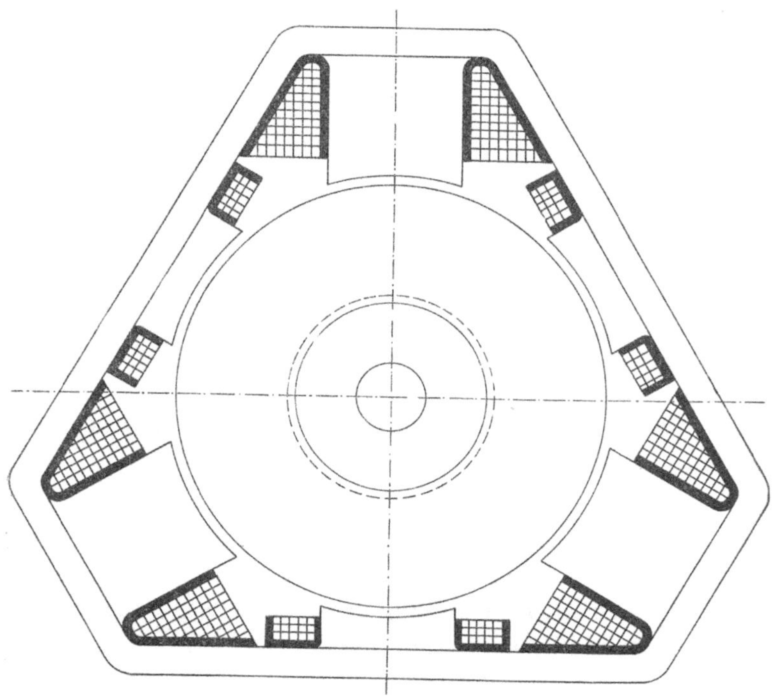

Abb. 27. Magnetgestell des Gleichstrom-Achsmotors von 270 *PS* bei 84 *Uml/min* der Lokomotiven von 1895 der „Baltimore and Ohio Rd." — 1 : 20.

Mitnahme der die hohle Motorwelle durchsetzenden Triebachse deutlich erkennbar ist. Short hat diese Anordnung für kleine vierpolige Gleichstrommotoren mit Flachringankern ausgeführt und die Maschine durch einen Kasten abgeschlossen. Nachher ist der Gleichstrom-Achsmotor mit hohler Motorwelle anfangs der neunziger Jahre bei den Heilmann'schen dampf-elektrischen Lokomotiven der französischen Westbahn und dann insbesondere, bei abgeändertem Mitnehmer, bei den ältern, 1895 in Betrieb gesetzten Lokomotiven der „Baltimore and Ohio Rd." angewendet worden. Als Besonderheit darf bei dieser Ausführung auch die Ge-

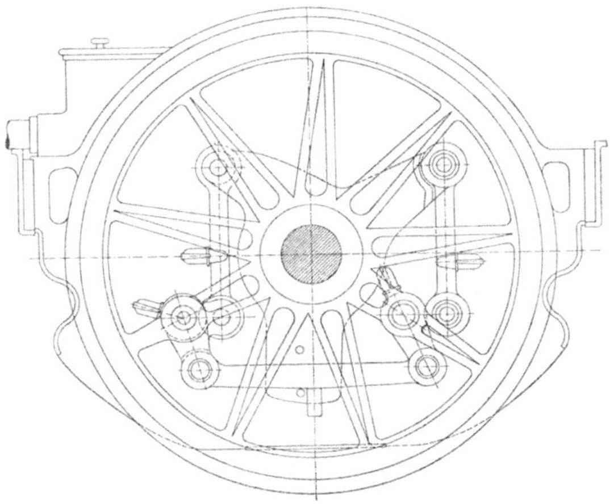

Abb. 28. Drehstrom-Achsmotor für 250 *PS* bei 300, bezw. 128 *Uml/min* von Ganz & Cie. für die Veltlin-Bahn. — 1 : 20.

staltung des für die damalige Zeit grossen Triebmotors gelten, dessen Typenskizze wir in Abbildung 27 vorführen; das sechspolige Gehäuse dieses Motors ist so durchgebildet, dass das Verhältnis $\frac{D_a}{D_r}$ möglichst gross gewählt werden konnte. Ein am Anker dieses Motors angebauter fünfarmiger Stern überträgt das Motordrehmoment dadurch direkt auf die Triebräder, dass seine Arme in, mit Gummipolstern ausgefütterte Löcher in den Triebradscheiben eingreifen.

Hinsichtlich der Anwendung von Drehstrom-Achsmotoren mit elastischem Aufbau auf die Triebachsen ist zu bemerken, dass sie zunächst bei den 1901 in Betrieb gesetzten ersten Lokomotiven und Motorwagen der Veltlinbahn vorgekommen ist, wobei, gemäss Abbildung 28, als Mitnehmer der Triebräder eine besonders ausgebildete Triebstangenkupplung gewählt wurde. Aus demselben Jahr 1901 datiert auch die

Inbetriebsetzung der Schnellbahnwagen der A.-G. Siemens & Halske und der Allgemeinen Elektrizitätsgesellschaft für die Versuchsstrecke Berlin-Zossen, wobei ebenfalls Achsmotoren für Drehstrom zur An-

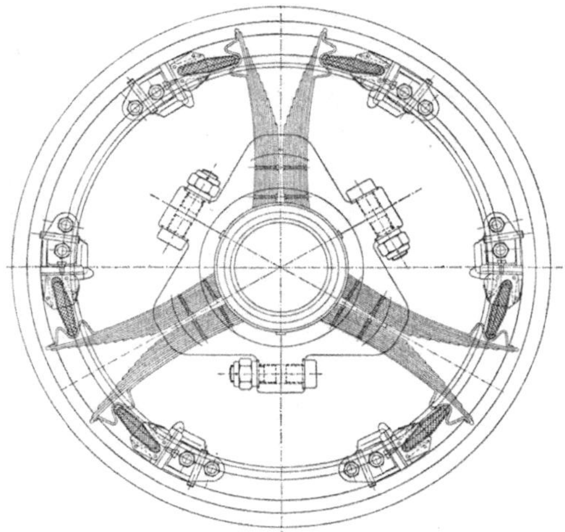

Abb. 29. Antriebsapparat zu den Drehstrom-Achsmotoren von 375 *PS* bei 895 *Uml/min* der A. E. G. für die Schnellwagen Berlin-Zossen. — 1 : 20.

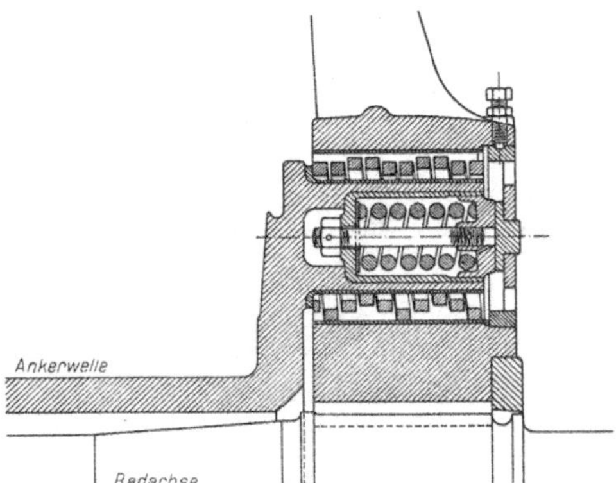

Abb. 30. Antriebsapparat zu den Einphasen-Achsmotoren von 240 *PS* bei 215 *Uml/min* der Westinghouse-Lokomotive für die „New-York, New-Haven and Hartford Rd." von 1906. — 1 : 10.

wendung gelangten. Beim Motorwagen von Siemens waren die Motoranker mit Rücksicht auf die provisorische Anlage fest auf die Triebachsen des Wagens aufgekeilt, während am Motorwagen der A. E. G. eine elastische Mitnahme unter Benutzung einer hohlen Motorwelle benutzt wurde, wie aus Abbildung 29 ersichtlich.

Achsmotoren mit elastischem Aufbau der Motoranker sind für Einphasenstrom von der „New-York, New-Haven and Hartford Rd.“ in grösserer Anzahl in Betrieb genommen worden; in Abbildung 30 ist die Einzelheit eines, im Jahre 1906 ausgebildeten und für Schnellzugs-Lokomotiven dieser Bahn bestimmten Mitnehmers ersichtlich, der an denjenigen der Baltimore-Ohio-Lokomotive, bei Ersatz des Gummipolsters durch Federn, erinnert.

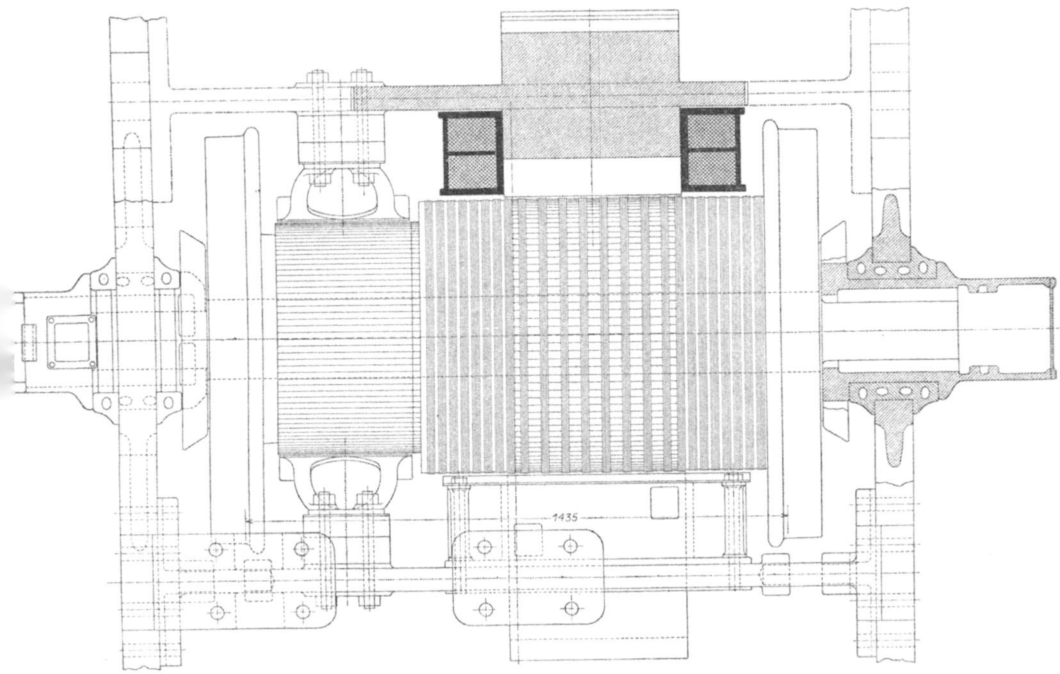

Abb. 31. Gleichstrom-Achsmotor von 550 *PS* bei 305 *Uml/min* der G. E. C. für die Lokomotiven 6000 der „N. Y. C. & H. R. R.“ — 1 : 20.

Die Anordnung *eines starren Aufbaus der Motoranker auf die Triebachsen,* die 1889/1890 bei der „City and South London“-Untergrundbahn durch *Hopkinson* versucht worden war, hat damals infolge der unvermeidlichen Stösse zu Misserfolgen geführt, unter denen vornehmlich die benutzten Gleichstrommotoren zu leiden hatten. Ein für solchen Motoraufbau besonders ausgebildeter Gleichstrom-Achsmotor ist dann 1906 von der General Electric Co. für die Lokomotiven, Typ 6000, der „New-York Central and Hudson River Rd.“ geschaffen worden, wie aus den Abbildungen 31 und 32 hervorgeht. Der feste Aufbau der Motoren auf die Triebachsen ist für erstere durch Zulassung eines erheblichen seitlichen Spiels des Ankerumfanges gegenüber dem Feld ermöglicht. Dieses, mit der Abfederung der Triebachsen im Zusammenhang stehende Spiel wird in elektrischer Hinsicht unschädlich gemacht durch die Anordnung zweipoliger Magnetgestelle mit horizontal liegenden Polen. Bemerkenswert ist die Verwendung eines gemeinsamen magnetischen Kreises für sämtliche Motoren der Lokomotive und der relativ grosse Luftspalt, von im Mittel 20 *mm*, im Radius gemessen; wie aus Abbildung 32 hervorgeht, liegen im genannten gemeinsamen magnetischen Kreise ausser allen Motorankern und Motorfeldmagneten auch noch die stählerne Bodenplatte des Lokomotivrahmens und zwei kurze Endstücke, die an demselben angebracht sind.

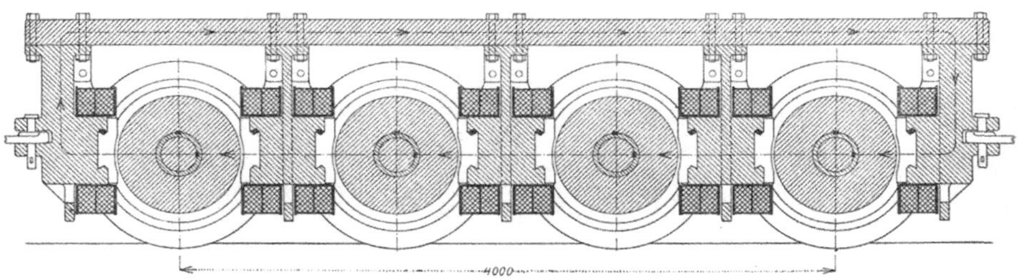

Abb. 32. Magnetgestell der Achsmotoren nach Abb. 31 für die Lokomotiven 6000 der „N. Y. C. & H. R. R." — 1 : 50.

Das bei den Lokomotiven nach Typ 6000 verhältnismässig grosse Ankergewicht führte gelegentlich zu Achsbrüchen, sodass man 1913 den 47 Maschinen dieser Bauart vier Maschinen einer abgeänderten Bauart folgen liess, bei der ebenfalls zweipolige Motoren, deren Gehäuse in magnetischer Beziehung nicht für einen, sondern für mindestens zwei Motoren zu dienen hat, in Anwendung kamen, und wobei ebenfalls der Wenigerbedarf der Gehäusekombination an Motorerregung zur Ermöglichung eines grossen Spiels zwischen rotierendem und festem Motorteil wettgemacht wurde. Während jedoch bei der ältern Bauart, gemäss Abbildung 32, die sämtlichen, erheblich grössern Motoren einer Lokomotive in einem und demselben magnetischen Kreise liegen, ist bei der neuen Bauart, mit kleinern Motoren, die Zahl magnetischer Kreise übereinstimmend mit der Zahl der Drehgestelle; das verwendete, für zwei Motoren bemessene Drehgestell, dessen Rahmen den zwei Motoren als Magnetgehäuse dient, ist in Abbildung 33 ersichtlich. Die Verringerung der Motorleistung für starre Auflagerung der Motoren auf die Triebachsen ist das besonders Bemerkenswerte an dieser Entwicklung.

In dem Bestreben, das Rahmengewicht des Lokomotivtyps 6000 zu verringern, hat die General Electric Co. vor der Ausbildung der neuen, durch Abbildung 33 veranschaulichten Anordnung eine andere Anordnung entworfen und patentieren lassen (A. P. 865 988), die den gemeinsamen magnetischen Kreis aller Triebmotoren beibehält, jedoch durch Unterteilung der Motoranker in je zwei, auf derselben Achse

Abb. 33. Magnetgestell der Achsmotoren für 240 *PS* bei 360 *Uml/min* der Lokomotiven von 1913 der „N. Y. C. & H. R. R."

sitzende Ankerhälften mit gemeinsamem Stromwender eine Einbeziehung der Bodenplatte des Lokomotivrahmens in den magnetischen Kreis zugunsten eines ausschliesslich durch die Motoranker, die Motorfeldmagnete und zwei kurze Rahmen-Endstücke gebildeten magnetischen Kreises vermeidet. Während bei der ursprünglichen Bauart der gemeinsame magnetische Kreis in einer Vertikalebene der Lokomotive gelegen war, ist er nach der im Patent 865 988 beschriebenen Anordnung, gemäss Abbildung 34, in die Horizontalebene der Lokomotivachsen gelegt. Es könnte nun die genannte Anordnung auch für Wechselstromlokomotiven ausgebildet werden, wie durch Abbildung 35 nach einem bezüglichen Vorschlage des Verfassers (D. R. P. 210 771) schematisch veranschaulicht; die für diese Abbildung vorausgesetzte Ankerkonstruktion bedingt eine axiale Schlichtung der Bleche; der magnetische Kraftfluss könnte die Ankerleiter sowohl nach dem Gleichpolprinzip, als auch nach dem Wechselpolprinzip durchsetzen.

Der starre Aufbau von Achsmotoren auf Triebachsen findet sich zurzeit einzig für die Gleichstromlokomotiven der „New-York Central and Hudson River Rd." in praktischer Anwendung.

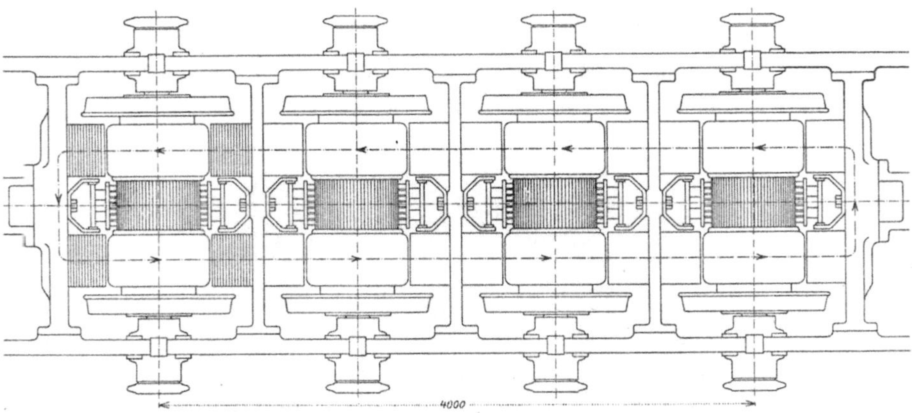

Abb. 34. Variante der Anordnung von Abb. 32 nach dem A. P. 865988.

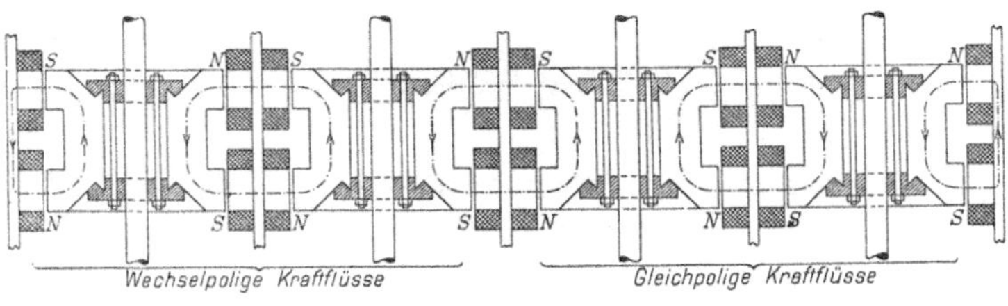

Abb. 35. Variante der Anordnung von Abb. 34 nach dem D. R. P. 210771

Zur normalen *Anwendung der Achsmotoren* irgend einer Stromart, sei es mit elastischem oder festem Aufbau auf die Triebachsen, lassen sich nun, auf Grund der im vorhergehenden Abschnitt erörterten Beziehungen, folgende Anhaltspunkte geben. Mit den Erfahrungszahlen:

$$C = 300\ cm^3/mkg;\quad K = 600\ cm/sec;\quad b_a = 65\ cm;\quad \ddot{u} = 1$$

fanden wir, dass die Fahrgeschwindigkeit v nur vom Verhältnis $\frac{D_a}{D_r}$ gemäss:

$$v = 67{,}9\ \frac{1}{\left(\frac{D_a}{D_r}\right)}$$

abhängig ist. Für die bisher bei Triebrädern von 90 bis 180 *cm*

Durchmesser ausgeführten Achsmotoren liegt $\left(\frac{D_a}{D_r}\right)$ im Durchschnitt bei etwa 0,7. Setzen wir:

$$\left(\frac{D_a}{D_r}\right) = 0{,}679$$

dann wird für alle Achsmotoren normal:

$$v = 100\ km/h$$

und gilt dann folgender Zusammenhang zwischen „Normal-Triebrädern" mit „Normal-Achsmotoren", wobei zugleich auch schon Z_a festgelegt wird:

D_r in *cm*	D_a in *cm*	D in *mkg*	Z_a in *kg*	L in *PS*
90	61	800	1600	600
120	82	1450	2100	800
150	102	2250	2650	1000
180	122	3250	3200	1200

Man erkennt, dass die Bauart genügend hohe Werte von Z_a zu erreichen gestattet, dass aber die Normalgeschwindigkeit, bei der die Motoren normal, d. h. voll ausgenützt werden, hoch liegt.

Gestellmotoren. Das Bestreben, die Drehzahl der Bahnmotoren direkt als Drehzahl der Triebachsen zu verwenden und auf diese Weise Zahnräder zu vermeiden, hat neben der Bauart der Achsmotoren auch noch zu einer weitern Bauart geführt, für die *E. C. Zehme* den Namen „Gestellmotoren" vorgeschlagen hat, den wir, als durchaus zutreffend ebenfalls benutzen. Das allgemeine Kennzeichen dieser Bauart liegt nämlich darin, dass der Motor auf das *Gestell* fest aufgebaut ist. Auch für die Bauart der Gestellmotoren sind Bestrebungen nach zwei verschiedenen Richtungen zu verzeichnen. Die ältere Richtung betrifft die Ausbildung von Gestellmotoren bei Anwendung der sog. Parallelkurbelgetriebe, die neuere Richtung dagegen die Ausbildung von Gestellmotoren in Verbindung mit ausschliesslich rotierenden Konstruktionsteilen zur Drehmomentsübertragung auf die Triebachsen; die erstere Richtung wurde ursprünglich nur für Motoren ohne Zahnräder, dann aber allgemein für Motoren mit oder ohne Zahnräder benutzt, während die zweite Richtung überhaupt nur für Motoren mit Zahnrädern in Frage kommt.

Gestellmotoren für Antriebe mittels Parallelkurbelgetrieben wurden erstmals in den Jahren 1888/90 von den Amerikanern *Field* und *Eickemeyer,* zunächst an Motorwagen, und weiter auch an einer Versuchslokomotive für die „Manhattan-Bahn" in Verwendung genommen. Das als „Parallelkurbelgetriebe" bezeichnete Antriebsmittel zur mechanischen Uebertragung eines Drehmomentes von einer ersten, trei-

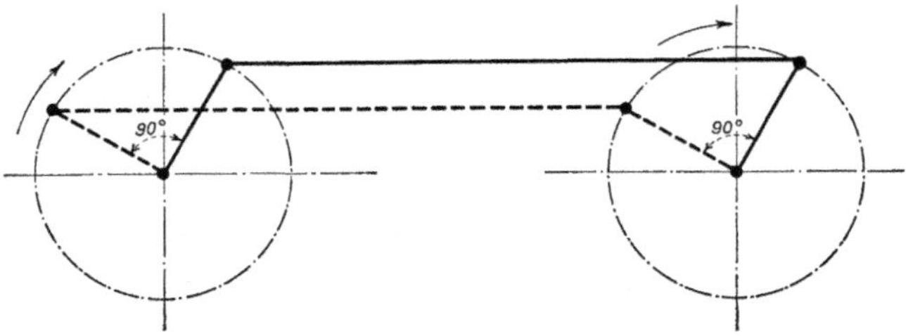

Abb. 36. Prinzip des Parallelkurbelgetriebes.

benden Welle auf eine zweite, getriebene Welle war in seiner einfachsten Anordnung, mit je zwei auf jede Welle aufgesetzten und daselbst um einen rechten Winkel gegen einander verstellten Kurbeln, gemäss Abbildung 36, in der Dampftraktion seit langem für die Kupplung verschiedener Triebachsen unter sich gebräuchlich. Die von Field und Eickemeyer vorgenommene Einführung dieses Antriebsmittels auf elektrische Triebfahrzeuge hat sich, nach der in Abbildung 37 gegebenen

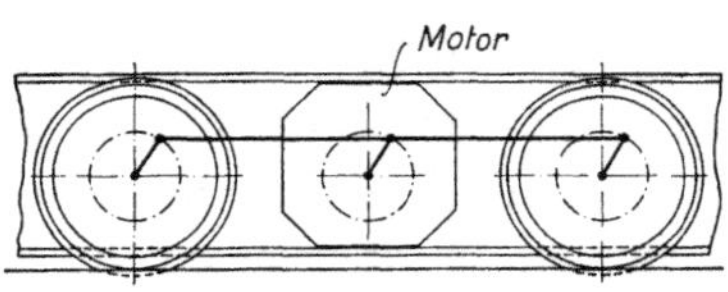

Abb. 37. Antriebsanordnung nach Field und Eickemeyer von 1888/90.

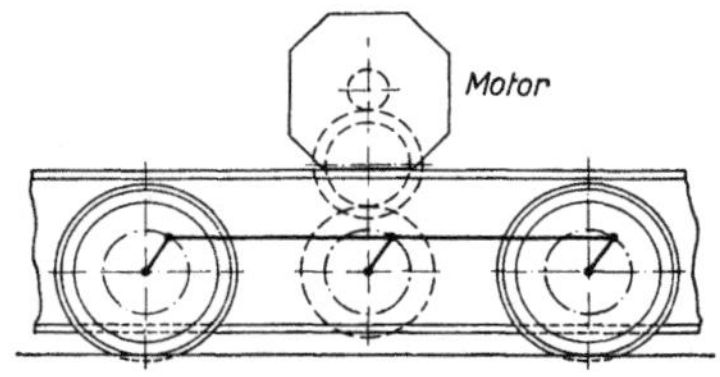

Abb. 38. Antriebsanordnung der Thomson Houston Co. von 1890.

schematischen Darstellung, ohne weiteres an die Anordnungen bei Dampflokomotiven angelehnt. Ins Jahr 1890 fällt auch schon die erstmalige Weiterbildung dieser Bauart mit Hochlegung des nunmehr Zahnräder mitbenutzenden Gestellmotors, die, nach Abbildung 38, für eine amerikanische Grubenlokomotive seitens der Thomson Houston Co. vorgenommen wurde. Einer weitern Verwendung der in den Abbildungen 37 und 38 dargestellten Antriebsanordnungen standen nun längere Zeit, insbesondere für die Verwendung bei grössern Leistungen, die Bahnelektrotechniker sehr kühl gegenüber. Vor allem mag das Erfordernis einer sorgfältig durchgebildeten Nachgiebigkeit des Triebwerks gegenüber dem individuellen auf- und abwärts gehenden Federspiel einer jeden Triebachse vor der Anwendung solcher Antriebsanordnungen abgeschreckt haben. Erst wieder in den Jahren 1898/99, anlässlich des Baues der ersten Serie von Drehstrom-Lokomotiven für die „Burgdorf-

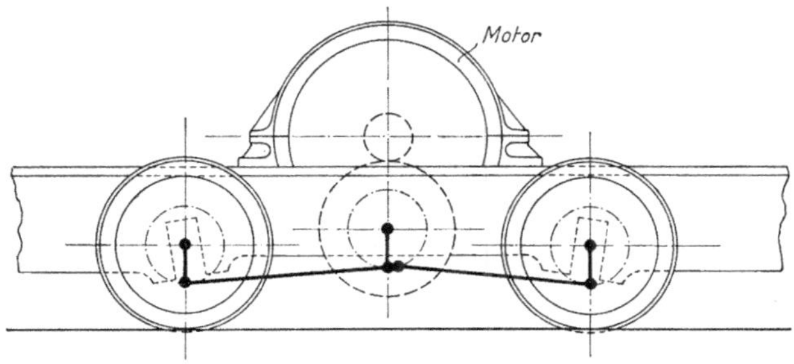

Abb. 39. Antriebsschema der Lokomotiven der Burgdorf-Thun-Bahn von 1899. — 1 : 75.

Thun-Bahn“, ist durch die Schweizerische Lokomotiv- und Maschinenfabrik Winterthur in Verbindung mit Brown, Boveri & Cie., Baden, diesen Anordnungen für Normalbahnfahrzeuge wieder Beachtung geschenkt worden. Wie der Abbildung 39 entnommen werden kann, wurde durch den Einbau von Gelenken in die Triebstangen-Ueber-

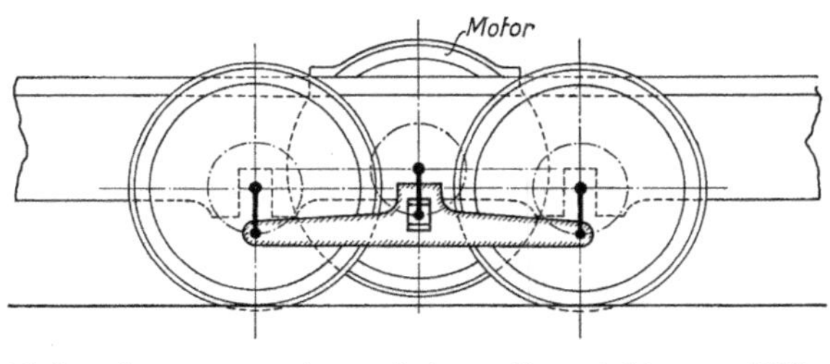

Abb. 40. Antriebsschema aus einem Lokomotivprojekt von 1902 von Brown, Boveri & Cie. in Verbindung mit der Schweiz. Lokomotiv- und Maschinenfabrik Winterthur. — 1 : 75.

tragung die erforderliche Nachgiebigkeit hineingelegt und zugleich die aus konstruktiven Gründen wünschenswerte Höherlegung der Zwischenwelle erreicht. Bei einer nächsten Gelegenheit der Ausschreibung elektrischer Lokomotiven konnten die genannten zwei Firmen eine in konstruktiver Hinsicht weiter ausgebildete Lösung des Antriebsproblems in Vorschlag bringen, die auf der Ausbildung eines sog. „Kuppelrahmens“ mit dreieckiger Rahmenform beruht, wobei das mittlere

Zapfenlager in ein gleitendes Prisma, zwecks Ausgleichung des auf- und abwärts arbeitenden Federspiels verlegt ist. Diese, in Abbildung 40 dargestellte Antriebsordnung wurde im Oktober 1902 der „Rete Adriatica" für neue Lokomotiven der Veltlin-Bahn in Vorschlag gebracht[1]). Genau

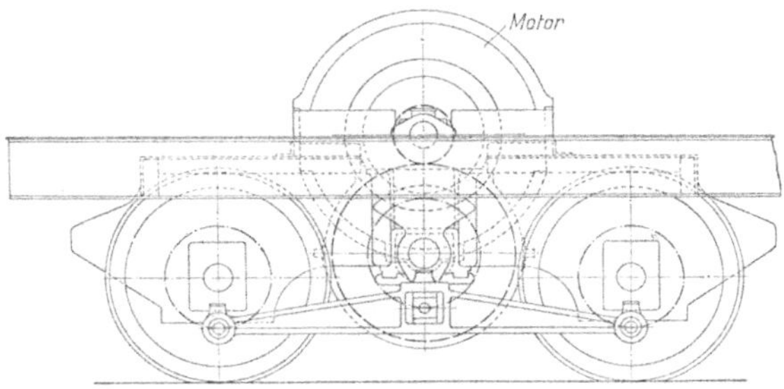

Abb. 41. Antriebsanordnung der Lokomotiven von Seebach-Wettingen. 1 : 50.

dieselbe Anordnung des Kuppelrahmens konnte hierauf die Schweizerische Lokomotiv- und Maschinenfabrik Winterthur der Maschinenfabrik Oerlikon für die Traktionsversuche auf der Strecke Seebach-Wettingen der Schweiz. Bundesbahnen in Vorschlag bringen und 1903/04 ausführen. Das bezügliche Antriebsschema, Abbildung 41, unterscheidet

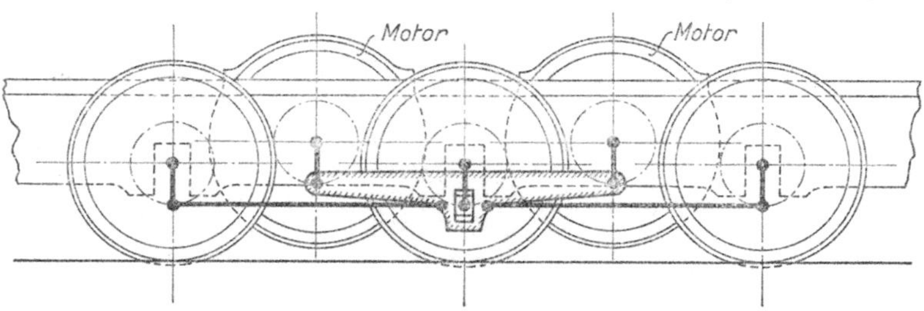

Abb. 42. Antriebsschema der Lokomotiven der Veltlinbahn von 1904 und 1906. — 1 : 75.

sich von dem zuletzt genannten, nach Abbildung 40, nur darin, dass für Seebach-Wettingen die Zwischenwelle nicht unmittelbar die Motorwelle bildet, wie in Abbildung 40, sondern eine der Motorwelle vorgelegte Zahnradwelle. Vorerst, im März 1913, wurde der Rete Adriatica seitens der Schweizerischen Lokomotiv- und Maschinenfabrik Winterthur und der A.-G. Brown, Boveri & Cie ein zweites Projekt eingereicht[2]),

[1]) Nach „Elektrische Bahnen und Betriebe" 1905, Seite 168.
[2]) Nach „Elektrische Bahnen und Betriebe" 1905, Seite 267.

bei dem nun der dreieckige Kuppelrahmen bei umgekehrter Stellung des Dreiecks vorgeschlagen wurde und dabei eine konstruktiv schöne Lösung für Antriebe bot, bei denen das Drehmoment von zwei Motoren gemeinsam auf eine Anzahl gekuppelter Triebachsen übertragen werden kann. Die bezügliche, in Abbildung 42 dargestellte Anordnung, wurde

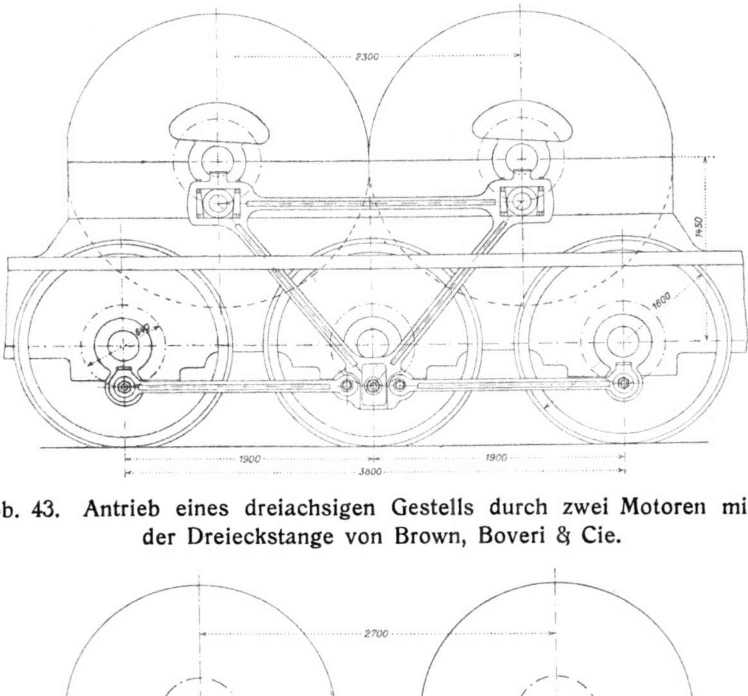

Abb. 43. Antrieb eines dreiachsigen Gestells durch zwei Motoren mittels der Dreieckstange von Brown, Boveri & Cie.

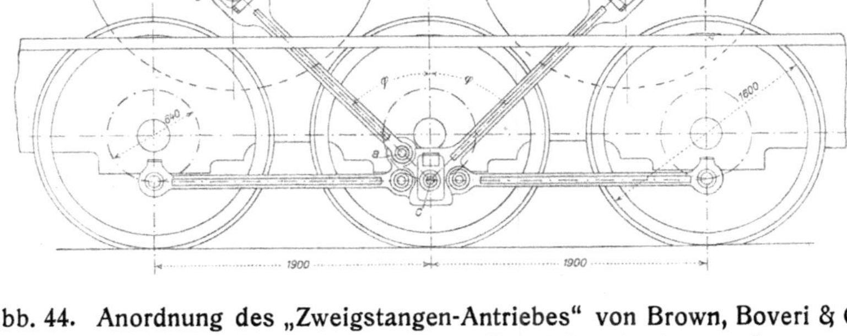

Abb. 44. Anordnung des „Zweigstangen-Antriebes" von Brown, Boveri & Cie. für das dreiachsige Gestell nach Abb. 43. (Der Winkel φ liegt meistens unter 60°; durch Gelenk *a* kann die Distanz *b c* einem Nachstellen der Kuppelachsen in horizontaler Richtung angepasst werden.)

dann auch seitens der Rete Adriatica für die Lokomotiv-Typen 36 und 38 der Veltlin-Bahn gewählt, wenn auch die Bestellung nicht an die beiden Firmen, sondern an die ungarische Firma Ganz & Cie. übertragen wurde. Die Bauart hat seither wiederholt für den Antrieb elektrischer Lokomotiven Anwendung gefunden und auch noch eine Weiterentwicklung erfahren. Einerseits ist die dreieckige Rahmenform durch die viereckige ersetzt worden (Simplonlokomotiven von 1907) und anderseits ist der, zunächst nur geringe Dreieckshöhe, für die Anordnung nach Abbildung 42, aufweisende Kuppelrahmen in einen solchen von sehr grosser Höhe verwandelt worden, wie aus Abbildung 43 zu ersehen ist. Dieser Dreieckrahmen wurde dann weiter entwickelt in den

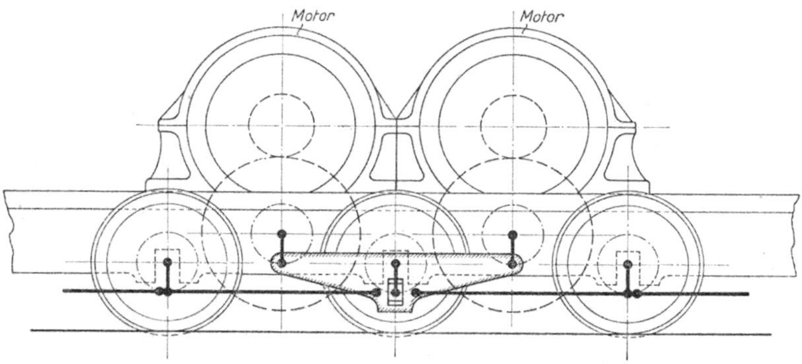

Abb. 45. Dreiecksantrieb in Verbindung mit Zahnradantrieb (Lötschberg 1913). 1 : 75.

durch Abbildung 44 dargestellten sog. „Zweistangen-Antrieb", der eine für grossen Höhenunterschied der Achsen brauchbare Umkehrung der Antriebsanordnung nach Abbildung 39 darstellt. Sowohl die Dreieckstange grosser Höhe, nach Abbildung 43, als auch der Zweistangenantrieb nach Abbildung 44 wurden durch die A.-G. Brown, Boveri & Cie. ausgebildet[1]). Aus der Anordnung nach Abbildung 42 kann bei Verwendung von Motoren mit Zahnrädern die Anordnung nach Abbildung 45 (Midi-Lokomotive der Westinghouse Co., sowie Lötschberg-Lokomotiven von Oerlikon und Brown, Boveri & Cie. von 1913) erhalten werden, ebenso wie die Anordnung nach Abbildung 41 folgerichtig aus derjenigen nach Abbildung 40 entsteht, wenn anstelle von Motoren ohne Zahnräder solche mit Zahnräder verwendet werden. Die bei der Anwendung von Kuppelrahmen in Verbindung mit Motoren

[1]) Vergl. *J. Buchli*, Kuppelstangen-Antrieb nach Bauart Brown, Boveri & Cie., Seite 15 und 31 in Band LX der „Schweiz. Bauzeitung" von 1912.

und Zahnrädern, sowie auch bei der Dreieckstange grosser Höhe und beim Zweistangen-Antrieb bei Motoren ohne Zahnräder, erzielte Hochlegung der Motoren, die sich in verschiedener Hinsicht als wertvoll erweist, wurde nun seit 1908 auch in anderer Weise mit Parallelkurbelgetrieben zu erreichen getrachtet, nämlich durch die Verwendung

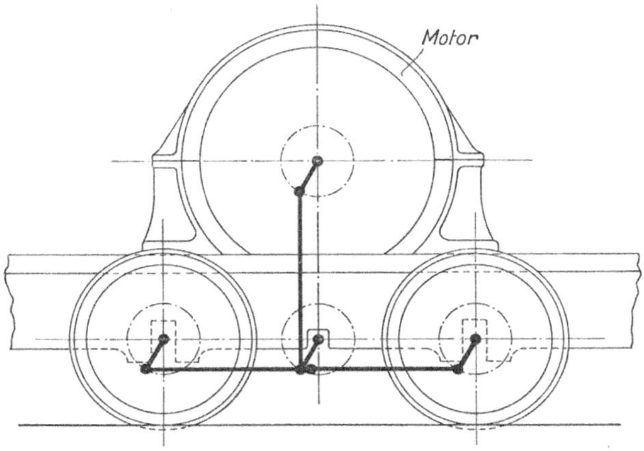

Abb. 46. Antriebsschema, wie es zuerst durch die A. E. G. zur Verwendung kam. — 1 : 75.

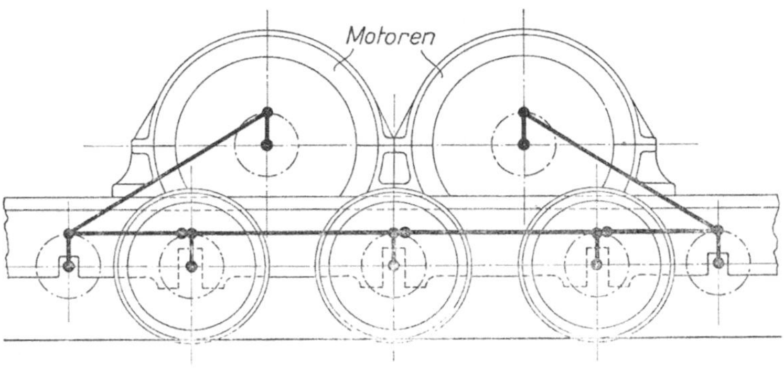

Abb. 47. Antriebsschema, wie es zuerst in einer Versuchslokomotive der G. E. C. zur Verwendung kam. — 1 : 75.

von schräg oder lotrecht angeordneten Kuppelstangen in Verbindung mit Blindwellen und Motoren ohne Zahnräder. So sind, und zwar zuerst durch die A. E. G. in Europa und die General Electric Co. in Amerika, die in den Abbildungen 46 und 47 dargestellten Anordnungen versucht, bezw. verwendet worden, unter denen diejenige nach Abbildung 46 ein Gegenbeispiel zu Abbildung 41, diejenige nach Abbildung 47 ein

Gegenbeispiel zu Abbildung 45 bildet. Ein zu Abbildung 47 verwandtes, jedoch zu einem Gestell von anderer Achsenanordnung passendes Antriebsschema bildet Abbildung 48 (den Lokomotiven der Pennsylvaniabahn in New-York zu grunde liegend). Das Gegenbeispiel hierzu, für einen Motor mit Zahnrädern passend, stellt Abbildung 49 dar (Lötschberglokomotive von 1911).

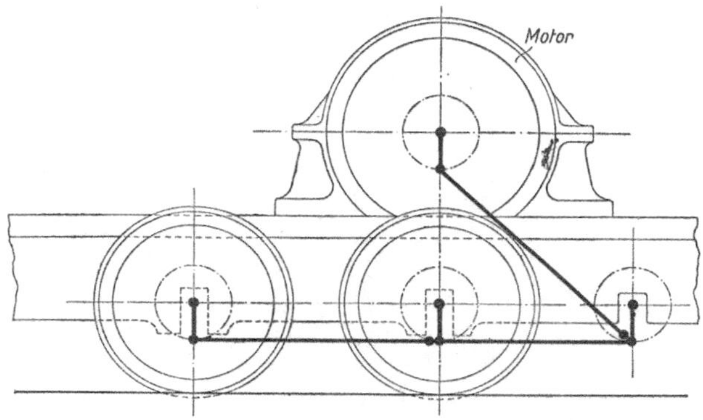

Abb. 48. Antriebsschema der Lokomotiven der Pennsylvania-Bahn von 1909. 1 : 75.

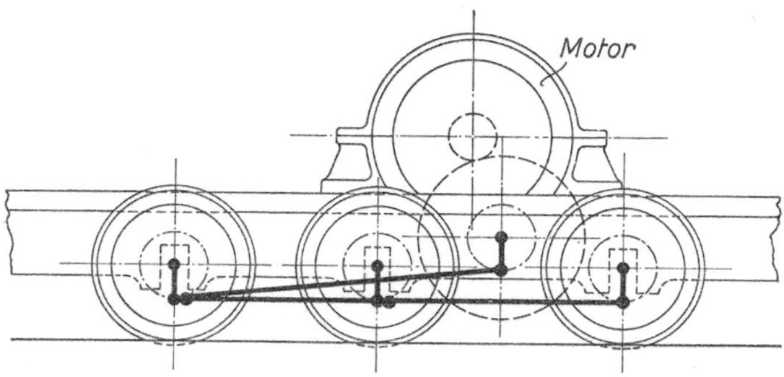

Abb. 49. Antriebsschema der Lokomotive der Lötschberg-Bahn von 1911. 1 : 75.

Die verschiedenen typischen Antriebe mittels Parallelkurbelgetrieben arbeiten trotz des auf- und abwärts gehenden Federspiels der Triebachsen stets richtig für einfache horizontale Kupplung von zwei Wellen, von denen eine fest, die andere federnd gelagert ist. Werden jedoch schräg liegende Kuppelstangen oder Kuppelrahmen verwendet, dann ist zu beachten, dass die Anordnungen nach den Abbildungen 39, 40, 41 und 49 nur für Schrägstellungen von geringem Neigungswinkel benutzt werden können. Im europäischen Lokomotivbau geniessen Antriebe mittels

Parallelkurbelgetrieben zur Zeit eine grosse Wertschätzung, während in Amerika die Mehrzahl der Fachleute den noch zu betrachtenden Antrieb durch Gestellmotoren in Verbindung mit ausschliesslich rotierenden Konstruktionsteilen bevorzugt.

Gestellmotoren für Antriebe mit ausschliesslich rotierenden Konstruktionsteilen wurden ebenfalls durch amerikanische Fachleute erfunden und erstmals 1909 bei der „New-York, New-Haven and Hartford Rd." unter Verwendung einer hohlen, die Triebachse umgreifenden Welle ausgebildet; auf diese ist das grosse Zahnrad zum Eingriff in das Ritzel an der Welle des Gestellmotors aufgekeilt und erfolgt die Mitnahme der Triebachse durch einen federnden Antriebsapparat zwischen ihr und der hohlen Zahnradwelle; eine Umrisszeichnung einer derart angetriebenen Triebachse samt Motorgehäuse ist in Abbildung 50 veranschaulicht. Als Weiterbildung dieser Anordnung ist die Verwendung von Doppelmotoren zum Antrieb des grossen Zahnrades auf der federnd angeordneten Hohlwelle zu bezeichnen, die für einen, 1911 ebenfalls für die „New-York, New-Haven und Hartford Rd." ausgebildeten Lokomotivtyp gewählt wurde. Der Radsatz mit dem Antriebsapparat, sowie der Doppelmotor dieser Anordnung sind den Abbildungen 51 und 52 zu entnehmen. In Europa ist bislang die Anwendung des Gestellmotors mit Zahnradantrieb auf eine, die Triebachse umgebende und diese federnd mitnehmende Hohlachse einzig für die, von den Ateliers de Construction du Nord et de l'Est in Jeumont gebaute, Lokomotive der „Chemins de fer du Midi" erfolgt.

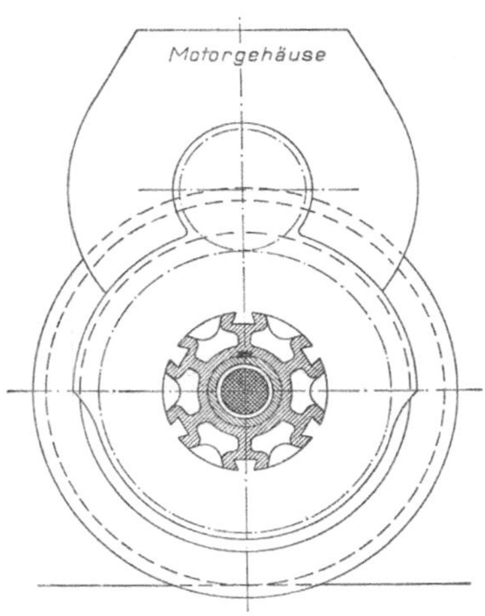

Abb. 50. Antriebsschema für die Gestellmotoren der Güterzugslokomotiven der N. Y., N. H. & H. R. von 1909. — 1 : 40.

Die *Bauformen der Gestellmotoren* selbst, sei es für Antriebe mittels Parallelkurbelgetrieben oder für Antriebe mit ausschliesslich rotierenden Konstruktionsteilen, zeigen nun eine sehr grosse Mannigfaltigkeit, einerseits zufolge der Möglichkeit, solche Motoren bei Kurbelantrieben bis zu den höchsten, für den gemeinsamen Antrieb mehrerer Achsen in Betracht fallenden Drehmomenten zur Uebertragung auf mehrere Triebachsen zu verwenden, und anderseits, weil bei Antrieben

Abb. 51. Federnder Antriebsapparat der Westinghouse Co. für die Gestellmotoren der Lokomotive „Colonial Type" der N. Y., N. H. & H. R.

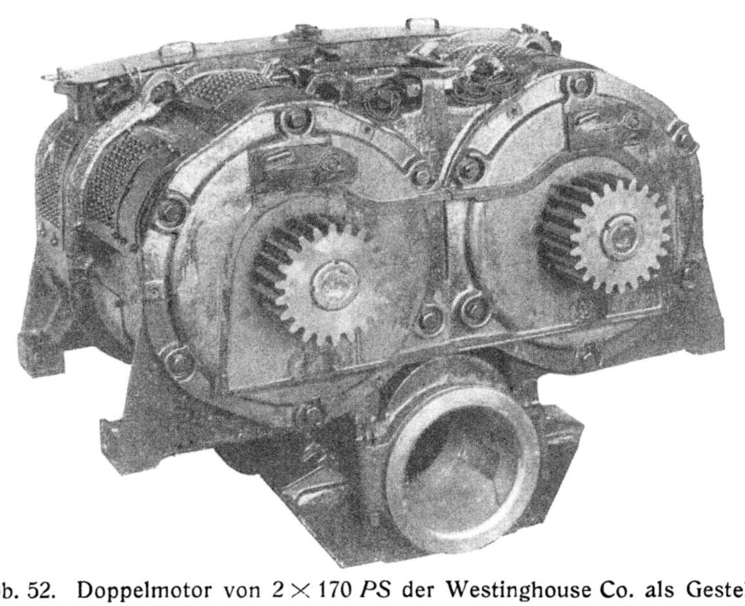

Abb. 52. Doppelmotor von 2 × 170 *PS* der Westinghouse Co. als Gestellmotor für den Antrieb nach Abb. 51.

mit ausschliesslich rotierenden Konstruktionsteilen auch wieder Motoren von verhältnismässig kleinen Drehmomenten in Frage kommen können. Es sollen hier nur noch die Bilder einiger Gestellmotoren vorgeführt

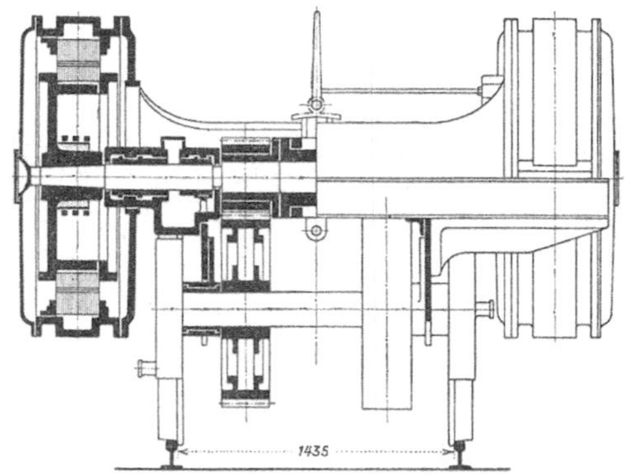

Abb. 53. Drehstrom-Gestellmotoren der Burgdorf-Thun-Lokomotiven von 1899, mit mechanisch wechselbarem Uebersetzungsverhältnis, für 2 × 150 *PS* bei 300 *Uml/min.* — 1 : 50.

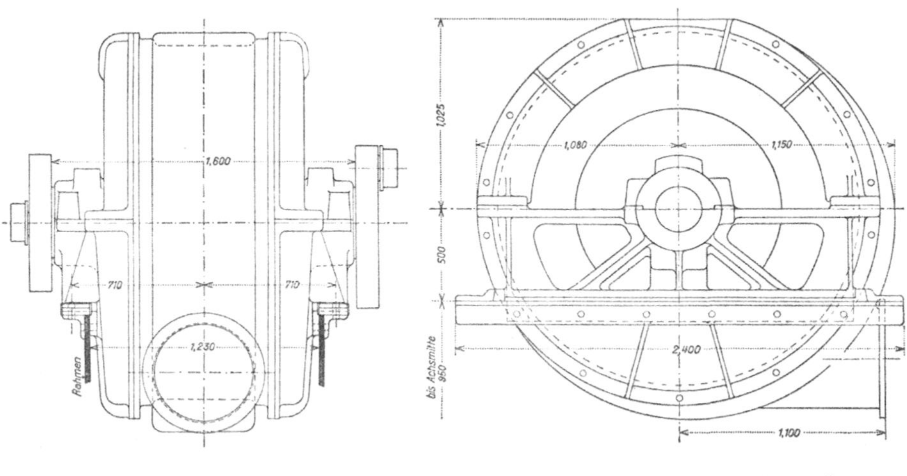

Abb. 54. Drehstrom-Gestellmotor der Simplon-Lokomotive von 1914 für 1400 *PS* bei 180 *Uml/min.* — 1 : 40.

werden, die durch ihre historische Bedeutung oder das verhältnismässig hohe Drehmoment, das sie zu entwickeln gestatten, hervorragen. Die ersten, als Gestellmotoren für Vollbahnen vollkommen durchgebildeten Ausführungen hat die Drehstromtraktion hervorgebracht, und zwar zu-

Abb. 55. Schaubild der Wicklungen für kombinierte Polumschaltung und Kaskadenschaltung des Motors nach Abb. 54.

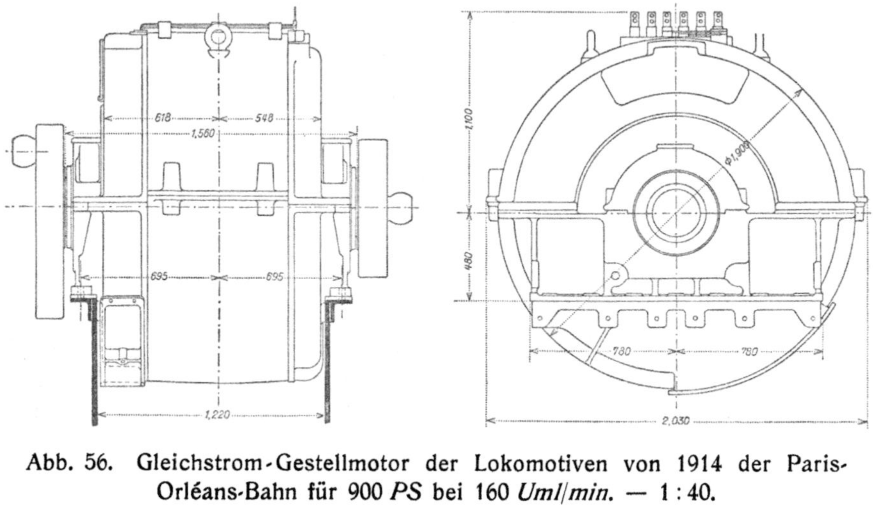

Abb. 56. Gleichstrom-Gestellmotor der Lokomotiven von 1914 der Paris-Orléans-Bahn für 900 *PS* bei 160 *Uml/min.* — 1 : 40.

erst für die Lokomotiven von 1889 der Burgdorf-Thun-Bahn, deren eigenartige Bauform aus Abbildung 53 zu entnehmen ist. Als Beispiel eines Drehstrom-Gestellmotors von sehr grosser Leistung zeigen die Abbildungen 54 und 55 den Motor der neuesten, mit Zweistangen-Antrieb arbeitenden Simplon-Lokomotive. Als ältester vollkommen durchgebildeter Gleichstrom-Gestellmotor dürfte wohl der Achsentriebmotor der Umformer-Lokomotive des Versuchsbetriebes Seebach-Wettingen gelten dürfen. Ein Gleichstrom-Gestellmotor grosser Leistung, wie er auf neuen, mit Zweistangen-Antrieb ausgerüsteten Lokomotiven der Paris-Orléans-Bahn angewendet wird, ist in Abbildung 56 veranschaulicht. Der erste Einphasen-Gestellmotor, im Versuchsbetriebe Seebach-Wettingen den oben erwähnten

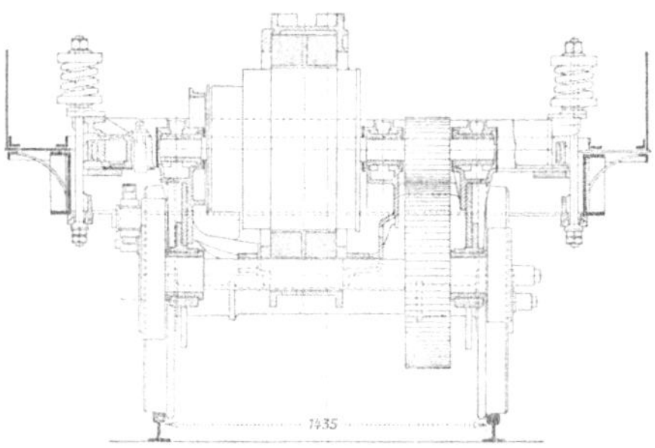

Abb. 57. Einphasen-Gestellmotor der Lokomotiven von Seebach-Wettingen für 250 *PS* bei 650 *Uml/min.* — 1 : 50.

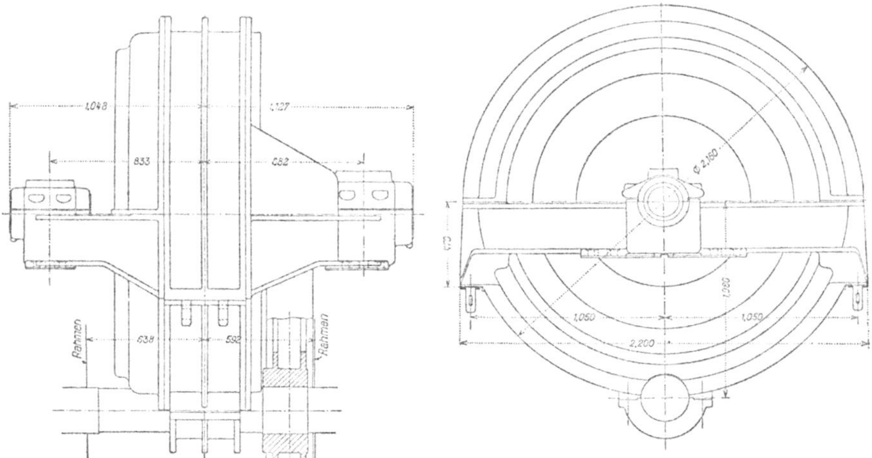

Abb. 58. Einphasen-Gestellmotor der Lötschberg-Lokomotiven von 1913 für 1500 *PS* bei 430 *Uml/min.* — 1 : 40.

Gleichstrom-Achsentriebmotor der Umformerlokomotive ersetzend, ist in Abbildung 57 dargestellt. Als Einphasen-Gestellmotor grosser Leistung bringt Abbildung 58 endlich noch den Motor für den Zahnradantrieb der Lötschberglokomotiven von 1913.

Allgemein gültige Zusammenhänge zwischen Normaltriebrädern und Motordimensionen, wie wir solche bei Vorgelegemotoren und Achsmotoren aufstellen konnten, lassen sich bei Gestellmotoren nicht geben, da hier die Triebwerksanordnungen die Motordimensionen von der Radgrösse völlig unabhängig machen.

4. Die Triebwerksbeanspruchungen bei verschiedenen Antriebsanordnungen.

Mit der mechanischen Festigkeit der verschiedenen, für elektrische Triebfahrzeuge, insbesondere Lokomotiven, in Betracht kommenden Antriebsanordnungen sind in einzelnen Fällen so ungünstige Erfahrungen gemacht worden, dass eine Untersuchung der besondern Beanspruchungen, denen die Triebwerksteile ausgesetzt sein können, notwendig ist. Besonders bei Kurbelgetrieben haben sich wiederholt Brüche im Triebwerk ereignet, die auf Schwingungserscheinungen zufolge des Austausches der Energie der Massenträgheit und derjenigen der Massenelastizität zurückgeführt werden können. Die dabei in Betracht fallenden Erscheinungen lassen sich auf Grund einer analytischen Untersuchung in allgemeiner Weise übersehen.

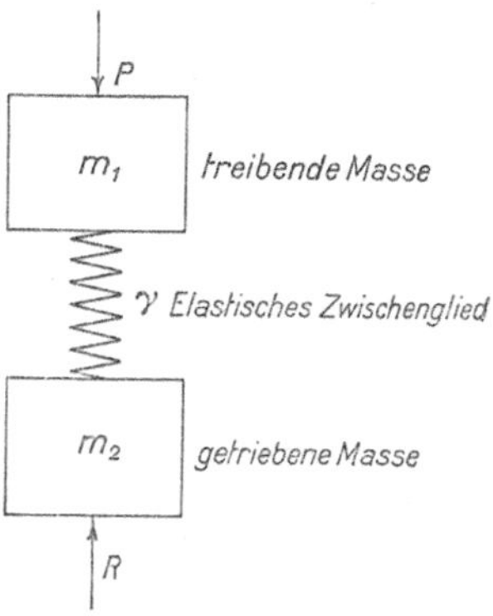

Abb. 59. Schema des Triebwerks mit elastischem Zwischenglied.

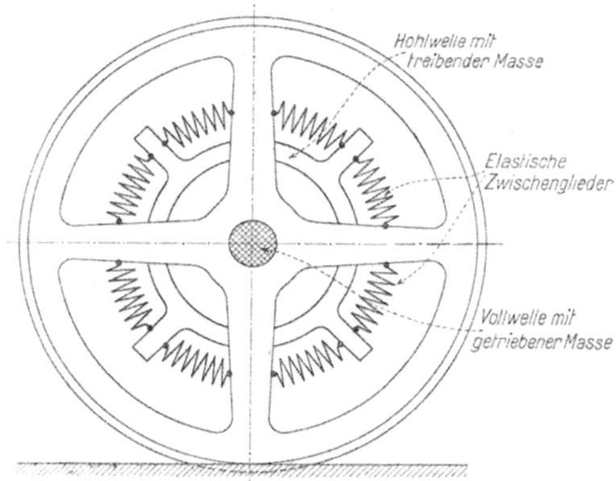

Abb. 60. Schema des Achsantriebs mit nur rotierenden Massen.

In Abbildung 59 geben wir das für unsere Untersuchung massgebende Schema eines Triebwerks mit einer konzentriert gedachten, treibenden Masse m_1 und einer ebenfalls konzentriert gedachten, getriebenen Masse m_2, zwischen denen ein elastisches masseloses Zwischenglied liegt. Die Abbildungen 60 und 61 zeigen nun, wie dieses

Schema durch die beiden, sich hinsichtlich der Triebwerksbeanspruchung wesentlich anders verhaltenden und einander daher gegenüber zu stellenden Antriebsanordnungen, mit nur rotierenden Konstruktionsteilen, bezw. mit Kurbelgetriebe, verwirklicht wird. Zu Abbildung 60 möge bemerkt werden, dass der hier abgebildete Hohlwellen-Antrieb genau genommen für direkten Aufbau des Motorankers auf die Hohlwelle, oder für Zahnradantrieb der Hohlwelle passt, jedoch ohne weiteres auch für jeden aus-

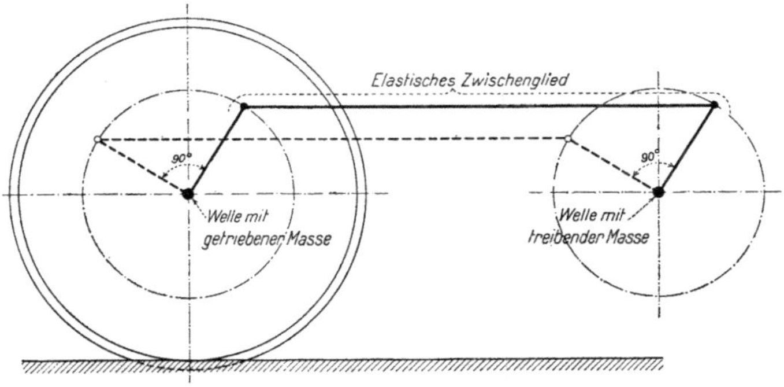

Abb. 61. Schema des Achsantriebs durch ein normales Parallelkurbel-Getriebe.

schliesslich durch rotierende Massen bewerkstelligten Antrieb typisch ist, wie er normal bei Achsmotoren und Vorgelegemotoren vorkommt. Gemäss Abbildung 59 greift die Triebkraft P an der treibenden Masse an, während die Widerstandskraft R an der getriebenen Masse wirkt. Im elastischen Glied vom Nachgiebigkeitsgrade γ wirkt dann eine elastische Uebertragungskraft K. Für jedes reelle Triebwerk müssen die Massen als sog. reduzierte Massen und der Nachgiebigkeitsgrad als sog. reduzierter Nachgiebigkeitsgrad unter Berücksichtigung aller Einzelteile besonders ermittelt werden. Am Orte der Masse m_1 gilt die Kräftegleichung:

$$P = m_1 \cdot p_1 + K$$

wenn p_1 die Beschleunigung der Masse m_1 bedeutet. Anderseits gilt am Orte der Masse m_2:

$$K = R + m_2 \cdot p_2$$

bei Einführung der Beschleunigung p_2 der Masse m_2. Der elastischen Kraft entspricht aber die Formänderung des elastischen Gliedes, bezw. die Differenz der Wege s_1 und s_2 der Massen m_1 und m_2 gemäss:

$$K = \frac{s_1 - s_2}{\gamma}.$$

Weiter sind die Beschleunigungsgrössen p_1 und p_2 ebenfalls durch die Wege s_1 und s_2, sowie durch die Zeit t auszudrücken, gemäss:

$$p_1 = \frac{d^2 s_1}{dt^2} \quad ; \quad p_2 = \frac{d^2 s_2}{dt^2}$$

Es ergibt sich dann das Gleichungsystem:

$$\begin{cases} P - m_1 \dfrac{d^2 s_1}{dt^2} = \dfrac{s_1 - s_2}{\gamma} \\ R + m_2 \dfrac{d^2 s_2}{dt^2} = \dfrac{s_1 - s_2}{\gamma} \end{cases}$$

welches wir als das für unsere Untersuchungen[1]) *massgebende Gleichungssystem* anzusehen haben.

Ganz unabhängig von der Natur der Triebkraft an sich, die ja entweder einem Motor mit einem während der Ankerumdrehung konstanten Drehmoment, oder einem Motor mit pulsierendem Drehmoment entnommen sein kann, muss P für die Antriebsanordnung des Parallelkurbelgetriebes (Abbildung 61) durch eine andere analytische Funktion ausgedrückt werden, als für einen Antrieb mit nur rotierenden Massen (Abbildung 60). Ebenso ist auch im Ausdruck für R der Art der Antriebsanordnung Rechnung zu tragen. Zunächst müssen wir daher die *analytische Formulierung der Antriebsart* vornehmen, wozu ideale Ausführungen der Antriebsanordnungen zu Grunde gelegt werden sollen, die vereinfachenden analytischen Voraussetzungen ent-

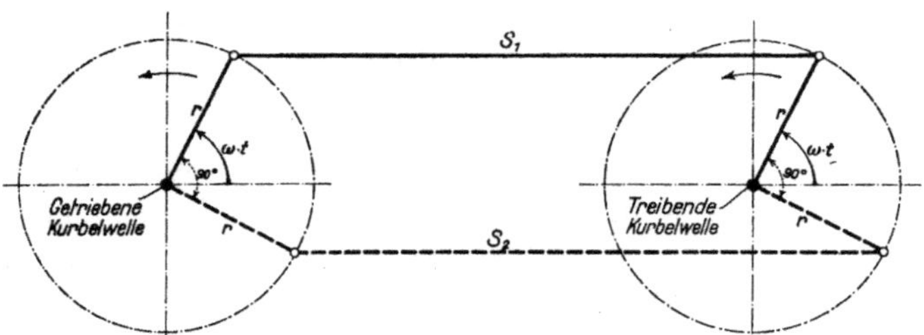

Abb. 62. Dynamik des normalen Parallelkurbelgetriebes.

sprechen. An Hand der Abbildung 62 kann die Antriebsart des idealen Parallelkurbelgetriebes analytisch derart formuliert werden, dass das ideale Getriebe mit nur rotierenden Konstruktionsteilen als Sonderfall in die analytische Formulierung des idealen Parallelkurbelgetriebes eingeht. Aus den Abbildungen 61 und 62 kann man ersehen, dass

[1]) Vom Verfasser sind solche Untersuchungen erstmals 1914 in der „Schweiz. Bauzeitung", Band LXIII, Seite 156, 169, 177 veröffentlicht worden.

die Uebertragung einer Triebkraft P von der treibenden auf die getriebene Welle mittels je zweier, um 90^0 versetzter Kurbeln an jeder Welle und zweier Kurbelstangen stattfindet; dabei zerlegt sich die Triebkraft P in zwei, zunächst unbestimmte Stangenkräfte S_1 und S_2, die jedoch zu einander in der Beziehung stehen, dass für eine Winkelstellung $\omega \cdot t$, die durch die Winkelgeschwindigkeit ω und den Zeitpunkt t festgelegt ist, der Zusammenhang:

$$P = S_1 \cdot \sin(\omega \cdot t) + S_2 \cdot \cos(\omega \cdot t) = S$$

erfüllt sein muss. Durch Differentiation der Triebkraft P, bezw. der Gesamtstangenkraft S findet man:

$$\frac{d\,P}{d(\omega \cdot t)} = \frac{d\,S}{d(\omega \cdot t)} = \sin(\omega \cdot t) \cdot \left[\frac{d\,S_1}{d(\omega . t)} - S_2\right]$$
$$+ \cos(\omega \cdot t) \cdot \left[\frac{d\,S_2}{d(\omega \cdot t)} + S_1\right]$$

Es soll nun vorausgesetzt werden, die Triebkraft P sei an sich konstant, bezw. sie werde einem Motor entnommen, dessen Drehmoment während der Ankerumdrehung nicht variiere. Der Fall einer unkonstanten, pulsierenden Triebkraft soll später besonders betrachtet werden. Für konstante Triebkraft muss:

$$\frac{d\,S}{d(\omega \cdot t)} = 0$$

erfüllt sein, wobei dann die Gleichung:

$$\sin(\omega \cdot t) \cdot \left[\frac{d\,S_1}{d(\omega \cdot t)} - S_2\right] + \cos(\omega \cdot t) \cdot \left[\frac{d\,S_2}{d(\omega \cdot t)} + S_1\right] = 0$$

in zwei Einzelgleichungen zerfällt:

$$\left\{\begin{array}{l} \sin(\omega \cdot t) \cdot \dfrac{d\,S_1}{d(\omega \cdot t)} + \cos(\omega \cdot t) \cdot \dfrac{d\,S_2}{d(\omega \cdot t)} = S' \\ -\sin(\omega . t) \cdot S_2 + \cos(\omega \cdot t) \cdot S_1 = -S' \end{array}\right.$$

in denen S' eine unbestimmte Grösse darstellt. Mit der Bestimmungsgleichung für S vereinigt, führen diese Einzelgleichungen zum allgemeinen Ansatz:

$$S_1 = S \sin(\omega \cdot t) - S' \cos(\omega \cdot t)$$
$$S_2 = S \cos(\omega \cdot t) + S' \sin(\omega \cdot t)$$

Da S' unbestimmt ist, bietet das vollkommen starr angenommene Parallelkurbelgetriebe unendlich viele Möglichkeiten der Kräfteverteilung auf die beiden Kurbelstangen. Für Drehwinkel $\omega \cdot t$ von 45^0 zu 45^0 fällt die Unbestimmtheit dahin, weil dann $S' = 0$ sein muss. Aus unserem allgemeinen Ansatz folgt ohne weiteres:

$$S_1{}^2 + S_2{}^2 = S^2 + S'^2$$

welche Beziehung dahin gedeutet werden kann, dass über der konstanten Kraft S ein Kräfteviereck mit rechten Winkeln zwischen S_1 und S_2 einerseits und zwischen S und S' anderseits für alle Drehwinkel $\omega \cdot t$ bestehe, ausser für jene mit $S' = 0$. Der Sonderfall, dass vorübergehend oder ständig:

$$S' = 0$$

gesetzt werden kann, liefert über der konstanten Kraft S ein rechtwinkliges Dreieck der Kräfte S_1, S_2, S und mit:

$$S_1{}^2 + S_2{}^2 = S^2$$

das Minimum der Resultierenden aus S_1 und S_2. Wegen der Beziehung:

$$S = S_1 \sin(\omega \cdot t) + S_2 \cos(\omega \cdot t),$$

die für $S' = 0$ zu:

$$S = S \sin^2(\omega \cdot t) + S \cos^2(\omega \cdot t)$$

führt, sind S_1 und S_2 bei ständigem Verschwinden von S' in Abhängigkeit

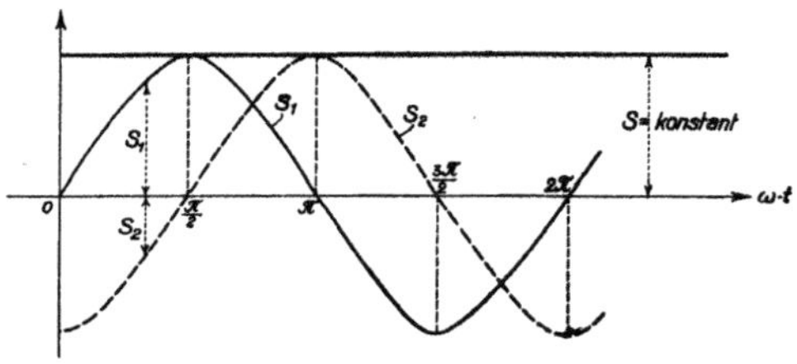

Abb. 63. Idealer Verlauf der Stangenkräfte (als Zug- und Druckkräfte aufgetragen) beim normalen Parallelkurbelgetriebe.

von $\omega \cdot t$ durch rein harmonische Funktionen gemäss Abbildung 63 gegeben, wobei also:

$$S_1 = S \cdot \sin(\omega \cdot t) \quad ; \quad S_2 = S \cdot \cos(\omega \cdot t)$$

und eine der Kräfte S_1 bezw. S_2 als Zugkraft, die andere als Druckkraft auf der Seite der treibenden Welle auftritt. Für diesen Idealfall sinusförmiger Aenderung der Stangenkräfte S_1 und S_2 stellt dann:

$$\frac{S}{2} = \frac{P}{2}$$

deren Mittelwert dar. Damit ist für das Antriebsschema gemäss den Abbildungen 61 und 62 die gewünschte analytische Formulierung aufgestellt.

Die Gegenüberstellung des Antriebs mit nur rotierenden Massen nach Abbildung 60 und des Antriebs mittels des Parallelkurbelgetriebes nach Abbildung 62 lehrt, dass anstelle der Stangenkräfte S_1 und S_2 des Parallelkurbelgetriebes beim Antrieb mit nur rotierenden Massen Federkräfte S_1 und S_2, im vordern und hintern federnden Antriebsapparat auftreten. Diese Federkräfte müssen aber als konstante Kräfte aufgefasst werden, die unveränderlich gleich $\frac{S}{2}$ bezw. $\frac{P}{2}$ bleiben. Damit ist auch analytisch der Unterschied der beiden Antriebsarten festgelegt, und ist der Antrieb mit nur rotierenden Massen dadurch als Sonderfall des Kurbelantriebs erkennbar, dass für diesen $\frac{S}{2}$ nur als Mittelwert, für jenen als konstanter Wert auftritt, und im Ausdruck für P und R somit ω nicht erscheint.

Es ist damit die Möglichkeit geboten, die Beanspruchung der zwei, einander gegenübergestellten Antriebsanordnungen auf Grund allgemeiner Annahmen gleichzeitig zu untersuchen.

Vergleichung der Triebwerksbeanspruchungen bei idealen Anordnungen. Für unsere vergleichende Beurteilung der Triebwerksbeanspruchung bei Kurbelgetrieben und bei Getrieben mit nur rotierenden Konstruktionsteilen genügt es, die Verhältnisse in einer der zwei Kurbelstangen, bezw. in einem der zwei federnden Antriebsapparate zu betrachten. An Stelle der Betrachtung der zunächst *konstant* vorausgesetzten Gesamt-Triebkraft:

$$P = S = S_1 \cdot \sin(\omega \cdot t) + S_2 \cdot \cos(\omega \cdot t) = S \cdot \sin^2(\omega \cdot t) + S \cdot \cos^2(\omega \cdot t)$$

genügt also die Betrachtung der Triebkraft:

$$S_1 \cdot \sin(\omega \cdot t) = S \cdot \sin^2(\omega \cdot t) = \frac{S}{2} \cdot \left[1 - \cos(2\,\omega \cdot t)\right]$$

Entsprechend ist dann auch anstelle eines Gesamt-Widerstandes R:

$$\begin{aligned} R = T &= T_1 \cdot \sin(\omega \cdot t) + T_2 \cdot \cos(\omega \cdot t) \\ &= T \cdot \sin^2(\omega \cdot t) + T \cdot \cos^2(\omega \cdot t) \end{aligned}$$

nur in Betracht zu ziehen:

$$T_1 \sin(\omega \cdot t) = T \cdot \sin^2(\omega \cdot t) = \frac{T}{2} \cdot \left[1 - \cos(2\,\omega \cdot t)\right] \cdot$$

Unser massgebendes Gleichungssystem:

$$\begin{cases} P - m_1 \cdot \dfrac{d^2 s_1}{dt^2} = \dfrac{s_1 - s_2}{\gamma} \\ R + m_2 \dfrac{d^2 s_2}{dt^2} = \dfrac{s_1 - s_2}{\gamma} \end{cases}$$

erlangt dann die Form:

$$\begin{cases} \frac{S}{2}\left[1 - \cos(2\,\omega\,t)\right] - m_1 \frac{d^2 s_1}{dt^2} = \frac{s_1 - s_2}{\gamma} \\ \frac{T}{2}\left[1 - \cos(2\,\omega\,t)\right] + m_2 \frac{d^2 s_2}{dt^2} = \frac{s_1 - s_2}{\gamma} \end{cases}$$

Indem man jede dieser beiden Gleichungen zweimal nach der Zeit differenziert, die Ursprungsgleichungen mit $\frac{1}{m_2}$ bezw. $\frac{1}{m_1}$, die daraus gebildeten zweiten Ableitungen mit γ multipliziert und die so gewonnenen Gleichungen paarweise addiert, kann je eine der Veränderlichen s_2 bezw. s_1 eliminiert werden; hierauf hat man die dabei entstehenden Gleichungen zweimal weiter zu differenzieren, um auch noch die Winkelfunktionen zu eliminieren, dann nochmals zur Homogenisierung zu differenzieren und zu ordnen und erhält schliesslich:

$$\begin{cases} \gamma \cdot m_1 \cdot m_2 \frac{d^7 s_1}{dt^7} + \left(4\,\omega^2 \cdot \gamma \cdot m_1 \cdot m_2 + m_1 + m_2\right) \frac{d^5 s_1}{dt^5} \\ \qquad + 4\,\omega^2 \left(m_1 + m_2\right) \frac{d^3 s_1}{dt^3} = 0 \\ \gamma \cdot m_1 \cdot m_2 \frac{d^7 s_2}{dt^7} + \left(4\,\omega^2 \cdot \gamma \cdot m_1 \cdot m_2 + m_1 + m_2\right) \frac{d^5 s_2}{dt^5} \\ \qquad + 4\,\omega^2 \left(m_1 + m_2\right) \frac{d^3 s_2}{dt^3} = 0 \end{cases}$$

Die Integration der zwei Gleichungen liefert die Wege s_1 und s_2 und mit diesen die uns besonders interessierende elastische Kraft:

$$K = \frac{s_1 - s_2}{\gamma}$$

deren vollständiger allgemeiner Ausdruck lautet:

$$K = \frac{A_1 - A_2}{\gamma} \sin\left(\sqrt{\beta_1} \cdot t\right) + \frac{B_1 - B_2}{\gamma} \cos\left(\sqrt{\beta_1} \cdot t\right)$$
$$+ \frac{C_1 - C_2}{\gamma} \sin\left(\sqrt{\beta_2} \cdot t\right) + \frac{D_1 - D_2}{\gamma} \cos\left(\sqrt{\beta_2} \cdot t\right)$$
$$+ \frac{E_1 - E_2}{\gamma} + \frac{F_1 - F_2}{\gamma} \cdot t + \frac{G_1 - G_2}{\gamma} \cdot t^2$$

wobei mit A_1, B_1, C_1, D_1, E_1, F_1, G_1, sowie mit A_2, B_2, C_2, D_2, E_2, F_2, G_2 Integrationskonstante bezeichnet sind. Es ist K eine schwingende Grösse, für deren 2 π-fache Schwingungszahlen $\sqrt{\beta_1}$ und $\sqrt{\beta_2}$ gefunden wird:

$$\sqrt{\beta_1} = 2\,\omega \qquad \text{und} \qquad \sqrt{\beta_2} = \sqrt{\frac{m_1 + m_2}{\gamma \cdot m_1 \cdot m_2}}$$

Die Bestimmung der im Ausdrucke für K vorkommenden Integrationskonstanten erfordert auch die Betrachtung der Verhältnisse im Zeitraum, in welchem die treibende Kraft P die getriebene Masse noch nicht in Bewegung zu setzen vermochte, d. h. solange $K \leqq R$ ist, wobei noch einzig die Masse m_1 bewegt wird. Im Zeitpunkte:

$$t = \tau$$

in welchem die Kraft K gerade gleich dem Widerstand R geworden ist, gerät dann auch m_2 in Bewegung. In einzelnen Integrationskonstanten wird für die den Zeitpunkt $t = \tau$ kennzeichnenden Verhältnisse eine Hülfsgrösse z_α benötigt, die angesichts der vor der Zeit $t = \tau$ nahezu unendlich kleinen Winkelgeschwindigkeit mit grosser Annäherung durch:

$$z_\alpha = 2$$

gegeben ist. Die Bestimmung der Integrationskonstanten kann weiter dadurch vereinfacht werden, dass nicht alle Winkelgeschwindigkeiten ω von 0 bis ∞, sondern nur die extremen Fälle sehr kleiner und sehr grosser ω, sowie der Fall einer Winkelgeschwindigkeit:

$$\omega = \frac{1}{2}\sqrt{\frac{m_1 + m_2}{\gamma \cdot m_1 \cdot m_2}} \qquad \text{bei} \qquad \beta_1 = \beta_2$$

berücksichtigt werden, wobei dann für K rein harmonische Schwingungen, mit einer allgemeinen Schwingungszahl $\nu = \frac{1}{2\pi}\sqrt{\beta}$, entstehen, und die Auswertung der Integrationskonstanten für K folgende Schlussbeziehung[1]) liefert:

$$K = \frac{1}{2} \cdot \frac{m_1 \cdot T + m_2 S}{m_1 + m_2}$$

$$- \frac{1}{2}\sqrt{\frac{z_\alpha \cdot m_2}{z_\beta} \cdot T \cdot \left(2 S - T\right) + \left(\frac{m_2}{m_1 + m_2}\right)^2 \cdot \left(T - S\right)^2}$$

$$\cdot \cos\left[\vartheta + \sqrt{\beta}\,(t - \tau)\right]$$

Der eingeführte Hülfswinkel ϑ ist dabei definiert durch:

$$tg\,\vartheta = \frac{\sqrt{\frac{z_\alpha \cdot m_2}{z_\beta}} \cdot \sqrt{T\,(2 S - T)}}{\frac{m_2}{m_1 + m_2} \cdot (T - S)}$$

[1]) Die genauere Ausrechnung kann in der bereits erwähnten Veröffentlichung des Verfassers in der „Schweiz. Bauzeitung", bezw. einem vom Verlage Rascher & Co., in Zürich und Leipzig, erhältlichen Sonderabdruck „Triebwerkbeanspruchung bei elektrischen Lokomotiven" entnommen werden.

Es gilt:

$$z_\beta = 2\,(m_1 + m_2)$$

für sehr kleine ω, dagegen

$$z_\beta = 2\,\omega\,(\gamma \cdot m_1 \cdot m_2)$$

für sehr grosse ω und für $\beta_1 = \beta_2$. Man erkennt, dass die absolute Höhe der Beanspruchung K zwischen zwei Extremwerten schwankt, die durch die Schreibweise:

$$\left.\begin{matrix} K_{max} \\ K_{min} \end{matrix}\right\} = \frac{1}{2} \cdot \frac{m_1\,T + m_2\,S}{m_1 + m_2}$$

$$\pm \frac{1}{2}\sqrt{\frac{z_\alpha\,m_2}{z_\beta} \cdot T \cdot \left(2\,S - T\right) + \left(\frac{m_2}{m_1 + m_2}\right)^2 \cdot \left(T - S\right)^2}$$

besonders deutlich gemacht sind. Der erste Term dieses Ausdrucks stellt den Mittelwert der Beanspruchung dar, während der zweite positive oder negative Term die grösste Erhöhung bezw. die grösste Erniedrigung des Beanspruchungswertes bedeutet. Der Mittelwert und ein Anteil der Schwankungsgrösse sind neben den Belastungsgrössen T und S nur von den Massen abhängig, während ein weiterer Anteil der Schwankungsgrösse auch noch von ω und γ beeinflusst wird. Besonders bemerkenswert ist, dass für den Fall $\omega = 0$, der den Spezialfall des Getriebes mit nur rotierenden Massen, sowie angenähert auch den Fall sehr langsam laufender Kurbeln darstellt, mit $z_\alpha = 2$ und $z_\beta = 2\,(m_1 + m_2)$, ein Einfluss von ω und von γ nicht besteht, dass somit also die grössere oder kleinere Betriebsgeschwindigkeit ohne Einfluss ist. Wegen des schwingenden Charakters der Beanspruchung K ist die Frequenz oder Schwingungszahl ν der Beanspruchung wichtig, für die in den hier betrachteten Fällen gilt:

$$\nu = \frac{1}{2\,\pi}\sqrt{\beta} = \frac{1}{2\,\pi}\sqrt{\frac{z_\beta}{2\,\gamma \cdot m_1 \cdot m_2}}.$$

Im Sonderfall $\omega = 0$ der Getriebe mit nur rotierenden Massen, sowie angenähert bei sehr langsam laufenden Kurbeln wird:

$$\nu = \frac{1}{2\,\pi}\sqrt{\frac{m_1 + m_2}{\gamma \cdot m_1 \cdot m_2}}.$$

Im Sonderfall sehr grosser ω, bezw. der Kurbelgetriebe mit sehr rasch laufenden Kurbeln, sowie bei $\beta_1 = \beta_2$ wird:

$$\nu = \frac{2\,\omega}{2\,\pi}$$

bezw. es stimmt die Schwingungszahl mit der doppelten Kurbeldrehzahl überein.

Die Vergleichung der Beanspruchungsverhältnisse des Kurbelgetriebes und des Getriebes mit nur rotierenden Massen auf Grund einer an sich konstanten Triebkraft ergibt somit, dass beim letzteren Getriebe die Betriebsgeschwindigkeit ohne Einfluss ist, während sie sich beim ersteren geltend macht, und zwar am ausgesprochensten in der Schwingungszahl, wobei, wegen der Gefahr der Resonanz mit andern schwingungsfähigen Konstruktionsteilen des mit Kurbelgetrieben ausgerüsteten Fahrzeugs, der Einfluss der Geschwindigkeit als ein ungünstiger zu bezeichnen ist, obwohl er im Amplituden-Ausdruck für K als günstig wirkend auftritt.

Eine pulsierende Motorkraft beim Getriebe mit nur rotierenden Massen kann leicht beurteilt werden, wenn man annimmt, die Motorkraft pulsiere nach dem Sinusquadratgesetz, wie das im Grenzfall für Einphasen-Seriemotoren bei vereinfachenden Annahmen über die magnetischen Feldverhältnisse rechnerisch zu erwarten ist. Auf der Motorseite der in Abbildung 60 ersichtlichen elastischen Zwischenglieder wirke eine pulsierende Triebkraft, die durch einen Ausdruck:

$$\frac{S}{2}\left[1 - \cos(2\,\omega_o \cdot t)\right]$$

dargestellt werden kann, wenn $\frac{\omega_o}{2\,\pi}$ für den erörterten Grenzfall eines Einphasen-Seriemotors gleich der konstanten Periodenzahl des speisenden Wechselstroms ist. Auf der Lastseite der elastischen Zwischenglieder gemäss Abbildung 60 wirkt dagegen der konstante Widerstand $\frac{T}{2}$. Man erhält dann das massgebende Gleichungssystem in der Form:

$$\left\{\begin{aligned} \frac{S}{2}\left[1 - \cos\,(2\,\omega_o\,t)\right] - m_1 \cdot \frac{d^2 s_1}{dt^2} &= \frac{s_1 - s_2}{\gamma} \\ \frac{T}{2} + m_2 \cdot \frac{d^2 s_2}{dt^2} &= \frac{s_1 - s_2}{\gamma} \end{aligned}\right.$$

das auf die, uns vom Falle des Kurbelantriebs durch konstante Motorkraft her bereits bekannten Differentialgleichungen siebenter Ordnung führt:

$$\left\{\begin{aligned} &\gamma \cdot m_1 \cdot m_2 \cdot \frac{d^7 s_1}{dt^7} + (4\,\omega_o^2 \cdot \gamma \cdot m_1 \cdot m_2 + m_1 + m_2)\,\frac{d^5 s_1}{dt^5} \\ &\qquad + 4\,\omega_o^2\,(m_1 + m_2)\,\frac{d^3 s_1}{dt^3} = 0 \\ &\gamma \cdot m_1 \cdot m_2 \cdot \frac{d^7 s_2}{dt^7} + (4\,\omega_o^2 \cdot \gamma \cdot m_1 \cdot m_2 + m_1 + m_2)\,\frac{d^5 s_2}{dt^5} \\ &\qquad + 4\,\omega_o^2\,(m_1 + m_2)\,\frac{d^3 s_2}{dt^3} = 0 \end{aligned}\right.$$

Formell ergeben sich auch wieder dieselben allgemeinen Integrale s_1 und s_2; wesentlich anders ist jedoch, dass nunmehr ω_o konstant ist, wobei für genügend hohe Periodenzahlen, wie solche praktisch immer vorliegen, für die Beanspruchung K der folgende einfache Ausdruck resultiert:

$$K = \frac{1}{2} \cdot \frac{m_1 \cdot T + m_2 \cdot S}{m_1 + m_2}$$

$$-\frac{1}{2}\sqrt{T \cdot (2\,S - T) + \left(\frac{m_2}{m_1 + m_2}\right)^2 \cdot \left(T - S\right)^2} \cdot \cos\left[\vartheta + 2\,\omega_o \cdot (t - \tau)\right]$$

und der eingeführte Hülfswinkel ϑ definiert ist durch:

$$tg\,\vartheta = \frac{m_1 + m_2}{m_2} \cdot \frac{1}{T - S}\sqrt{T \cdot (2\,S - T)} \cdot$$

Für die im allgemeinen ungefährlichen Schwingungen ist die Amplitude von K unabhängig von ω_o, während die Schwingungszahl konstant und gleich $\frac{2\,\omega_o}{2\,\pi}$ d. h. doppelt so gross wie die Periodenzahl des den Antriebsmotor speisenden Wechselstroms ist.

Eine pulsierende Motorkraft im Falle des Kurbelgetriebes unter der Annahme einer ebenfalls nach dem Sinusquadratgesetz erfolgenden Kraftpulsation bedingt, dass für die Stangenkraft an Stelle von S_1 ein Ausdruck:

$$\frac{S_1}{2}\left[1 - \cos\,(2\,\omega_o\,t)\right]$$

zu setzen ist, wobei $\frac{\omega_o}{2\,\pi}$ wiederum gleich der konstanten Periodenzahl des den Antriebsmotor speisenden Wechselstroms sein möge. Wird nun noch die Winkelgeschwindigkeit der Kurbelwellen mit ω_k bezeichnet, so haben wir für die an der vordern Kurbelstange gemäss den Abbildungen 61 und 62 auf der Motorseite wirkende Triebkraft zu schreiben:

$$\frac{S}{4}\left[1 - \cos\,(2\,\omega_o \cdot t)\right] \cdot \left[1 - \cos\,(2\,\omega_k \cdot t + \varphi)\right]$$

und für den Widerstand an derselben Kurbelstange:

$$\frac{T}{2}\left[1 - \cos\,(2\,\omega_k \cdot t + \varphi)\right]$$

Mit dem Winkel φ soll die Nichtübereinstimmung des Zeitnullpunktes von ω_o und ω_k eingeführt sein. Das massgebende Gleichungssystem erscheint dann in der Form:

$$\left\{\begin{aligned} &\frac{S}{4}\cdot\Big[1-\cos\left(2\,\omega_o\cdot t\right)\Big]\cdot\Big[1-\cos\left(2\,\omega_k\cdot t+\varphi\right)\Big]-m_1\,\frac{d^2 s_1}{dt^2} \\ &\qquad=\frac{s_1-s_2}{\gamma} \\ &\frac{T}{2}\cdot\Big[1-\cos\left(2\,\omega_k\cdot t+\varphi\right)\Big]+m_2\,\frac{d^2 s_2}{dt^2}=\frac{s_1-s_2}{\gamma}\end{aligned}\right.$$

Dieses Gleichungssystem ist durch Reihenentwicklung prinzipiell wohl lösbar, insbesondere für den Ansatz $\varphi = 0$ und bei Einführung des Synchronismusgrades:

$$k=\frac{\omega_k}{\omega_o}$$

Wegen der unübersichtlichen Ausdrücke, die sich bei der Rechnung ergeben, haben wir auf eine so allgemeine Behandlung verzichtet, an ihrer Stelle jedoch den wichtigen Sonderfall:

$$k=1$$

betrachtet; dabei dürfte die Folgerung von einigen allgemein gültigen Beziehungen nicht ausgeschlossen sein. Mit dem Gleichungssystem:

$$\left\{\begin{aligned} &\frac{S}{4}\left[1-\cos\left(2\,\omega_o\cdot t\right)\right]^2-m_1\,\frac{d^2 s_1}{dt^2}=\frac{s_1-s_2}{\gamma} \\ &\frac{T}{2}\left[1-\cos\left(2\,\omega_o\cdot t\right)\right]+m_2\,\frac{d^2 s_2}{dt^2}=\frac{s_1-s_2}{\gamma}\end{aligned}\right.$$

erhalten wir die Differentialgleichungen neunter Ordnung:

$$\left\{\begin{aligned} &\frac{d^9 s_1}{dt^9}+\left[(4\,\omega_o)^2+(2\,\omega_o)^2+\frac{m_1+m_2}{\gamma\cdot m_1\cdot m_2}\right]\frac{d^7 s_1}{dt^7} \\ &+\left[(2\,\omega_o)^2\cdot(4\,\omega_o)^2+\frac{m_1+m_2}{\gamma\cdot m_1\cdot m_2}\Big((2\,\omega_o)^2+(4\,\omega_o)^2\Big)\right]\frac{d^5 s_1}{dt^5} \\ &\qquad+\left[(2\,\omega_o)^2\cdot(4\,\omega_o)^2\cdot\frac{m_1+m_2}{\gamma\cdot m_1\cdot m_2}\right]\frac{d^3 s_1}{dt^3}=0 \\[1em] &\frac{d^9 s_2}{dt^9}+\left[(4\,\omega_o)^2+(2\,\omega_o)^2+\frac{m_1+m_2}{\gamma\cdot m_1\cdot m_2}\right]\frac{d^7 s_2}{dt^7} \\ &+\left[(2\,\omega_o)^2\cdot(4\,\omega_o)^2+\frac{m_1+m_2}{\gamma\cdot m_1\cdot m_2}\Big((2\,\omega_o)^2+(4\,\omega_o)^2\Big)\right]\frac{d^5 s_2}{dt^5} \\ &\qquad+\left[(2\,\omega_o)^2\cdot(4\,\omega_o)^2\cdot\frac{m_1+m_2}{\gamma\cdot m_1\cdot m_2}\right]\frac{d^3 s_2}{dt^3}=0\end{aligned}\right.$$

Mit Hülfe der Ausdrücke für die allgemeinen Integrale s_1 und s_2 erhält man für die Triebwerkbeanspruchung K die Beziehung:

$$K = \frac{A_1 - A_2}{\gamma} \sin(4\,\omega_o \cdot t) + \frac{B_1 - B_2}{\gamma} \cos(4\,\omega_o \cdot t)$$

$$+ \frac{C_1 - C_2}{\gamma} \sin(2\,\omega_o \cdot t) + \frac{D_1 - D_2}{\gamma} \cos(2\,\omega_o \cdot t)$$

$$+ \frac{E_1 - E_2}{\gamma} \sin\left(\sqrt{\frac{m_1 + m_2}{\gamma \cdot m_1 \cdot m_2}} \cdot t\right) + \frac{F_1 - F_2}{\gamma} \cos\left(\sqrt{\frac{m_1 + m_2}{\gamma \cdot m_1 \cdot m_2}} \cdot t\right)$$

$$+ \frac{G_1 - G_2}{\gamma} + \frac{H_1 - H_2}{\gamma} \cdot t + \frac{J_1 - J_2}{\gamma} \cdot t^2$$

Ohne auf die umständliche Bestimmung der Integrationskonstanten eingehen zu müssen, kann man erkennen, dass drei Schwingungszahlen:

$$\nu_1 = \frac{1}{2\pi} \cdot 4\,\omega_o \quad ; \quad \nu_2 = \frac{1}{2\pi} \cdot 2\,\omega_o \quad ; \quad \nu_3 = \frac{1}{2\pi} \sqrt{\frac{m_1 + m_2}{\gamma \cdot m_1 \cdot m_2}}$$

für die eintretenden Schwingungen festzustellen sind. Während der Einfluss der Schwingungszahl ν_3 je nach den zufälligen Werten von m_1, m_2 und γ sich in verschiedener Weise geltend machen kann, sind ν_1 und ν_2 immer fest mit der Kurbeldrehzahl, bezw. der speisenden Periodenzahl verknüpft. Da die Einphasenmotoren jedoch mit allen möglichen Drehzahlen betrieben werden, so ist das Verhalten des Kurbelgetriebes daher nicht nur wichtig für $k = 1$, sondern auch wichtig für die nun ebenfalls zu übersehenden Fälle:

$$\omega_k = k \cdot \omega_o$$

mit

$$k = 2, 4, 6, 8 \cdots\cdot$$

bezw.

$$\frac{1}{k} = 2, 4, 6, 8 \cdots\cdot\cdot$$

In allen diesen Fällen dürften sich nämlich für die beanspruchende Kraft K Schwingungen einstellen mit Frequenzen, die ganzzahlige Vielfache von ω_o bezw. ω_k sind. Alle diese Fälle stellen aber Resonanzen zwischen dem Puls der Kurbelbewegung und der Motorkraft dar, die bald stärker, bald schwächer ausgeprägt erscheinen. Aus diesem Grunde dürfte der Kurbelantrieb bei Motoren von pulsierendem Drehmoment ohne weiteres zu noch gefährlicheren Beanspruchungen führen, als bei Motoren mit konstantem Drehmoment.

Hinsichtlich der Vergleichung der Triebwerksbeanspruchung beim idealen Getriebe mit nur rotierenden Massen und beim Kurbelgetriebe ergibt sich somit das ungünstigere Verhalten des Kurbelgetriebes sowohl bei konstanter als auch bei pulsierender Motorkraft. Das Getriebe mit nur rotierenden Konstruktionsteilen ist Schwingungen ausgesetzt, die durch die Dimensionierung ein für alle Mal festgelegt sind und die nur geringe Resonanzgefahren aufweisen. Das Kurbelgetriebe dagegen wird bei seinem Anlauf von der Ruhe bis zum Endwerte der Anfahrgeschwindigkeit Schwingungen von stark veränderlicher Schwingungszahl und entsprechend hoher Resonanzgefahr ausgesetzt. Kurbelgetriebe bei Motoren von stark pulsierendem Drehmoment sind zudem noch einer weitern gefährlichen Resonanz zwischen dem Puls der Kurbelbewegung und der Pulsation der Motorkraft ausgesetzt.

Aehnliche Verhältnisse, wie für Anfahrt, bezw. Geschwindigkeitszunahme, bestehen natürlich auch bei der Bremsung, bezw. Geschwindigkeitsabnahme. Zu beachten ist auch, dass in unsern Untersuchungen die Dämpfung der Schwingungen nicht berücksichtigt ist. Die rechnerisch ermittelten Werte der Beanspruchung sind daher zu hoch, da die zufolge unvollkommener Elastizität und vorhandener Reibung auftretende Dämpfung auf die Ausbildung von Schwingungen hemmend wirkt. Die Grösse der dämpfenden Wirkung ist in allgemein gültigen Formeln wohl kaum angebbar. Ihre qualitative Wirkung ist indessen bekannt und braucht nicht näher erörtert zu werden; ihre Vergrösserung ist im wesentlichen gleichbedeutend mit einer Herabsetzung des Wirkungsgrades des Triebwerks.

Einfluss des Lagerspiels bei Kurbelgetrieben. In Wirklichkeit können beim Bau von Fahrzeugen die Triebwerksanordnungen nicht in so idealer Gleichmässigkeit ausgeführt werden, wie von uns bei der Vergleichung der die Festigkeit dieser Anordnungen beanspruchenden Kräfte vorausgesetzt wurde. Soweit das Getriebe mit nur rotierenden Konstruktionsteilen in Frage kommt, sind indessen besondere Schwierigkeiten, die auf Unvollkommenheiten der Konstruktion oder Herstellung dieses Getriebes beruhen, nicht bekannt geworden. Demgegenüber haben bei Kurbelgetrieben die Torsion der Kurbelwellen, Stichmassfehler im Getriebe, sowie namentlich das durch Fehler oder Abnützung entstandene Lagerspiel wiederholt zum Auftreten von Brüchen im Triebwerk geführt. In sehr vielen Fällen konnte das Auftreten solcher Schäden auf, durch das Lagerspiel verursachte Schwingungserscheinungen, eigentliche Schüttelbewegungen, aus dem Grunde zurückgeführt werden, weil diese Erscheinungen bei Unterdrückung des Lagerspiels verschwanden. Dass nun durch das Bestehen von Lagerspiel der, bisher der analytischen Formulierung des Kurbelantriebs zu Grunde gelegte, rein sinusförmige Charakter der Stangenkräfte S_1 und S_2 aufgehoben wird, ist von

G. L'Hoest in einer Studie „Note sur le fonctionnement des bielles d'accouplement" [1]) gezeigt worden.

Aus der genannten Arbeit von L'Hoest, sowie aus Abbildung 64, ergibt sich, dass beim idealen Kurbelgetriebe mit:

$$S_1 = S \cdot \sin(\omega \cdot t) \qquad \text{und} \qquad S_2 = S \cdot \cos(\omega \cdot t)$$

die Stangenkräfte S_1 und S_2 unter Zugrundelegung der Deformation in der Stangenrichtung und bei Einführung des reduzierten Nachgiebigkeitsgrades γ durch:

$$\begin{cases} S_1 = \frac{1}{\gamma} \cdot s \cdot \sin(\omega \cdot t) \\ S_2 = \frac{1}{\gamma} \cdot s \cdot \cos(\omega \cdot t) \end{cases}$$

darstellbar sind; die Grösse s ist ihrerseits durch den Kurbelkreishalbmesser r und den Voreilungswinkel φ der treibenden Kurbelwelle gemäss:

$$s = r \cdot \varphi$$

gegeben. Aus:

$$S = S_1 \cdot \sin(\omega \cdot t) + S_2 \cdot \cos(\omega \cdot t) = P$$

folgt dann:

$$S = P = \frac{1}{\gamma} \cdot r \cdot \varphi \cdot \left[\sin^2(\omega \cdot t) + \cos^2(\omega \cdot t)\right] = \frac{1}{\gamma} \cdot r \cdot \varphi$$

so dass beim idealen Kurbelgetriebe die übertragene Kraft P dem Voreilwinkel φ proportional ist und durch ihn gemessen werden kann. Die Zulässigkeit dieser Darstellungsweise kann ohne weiteres aus Abbildung 64 entnommen werden.

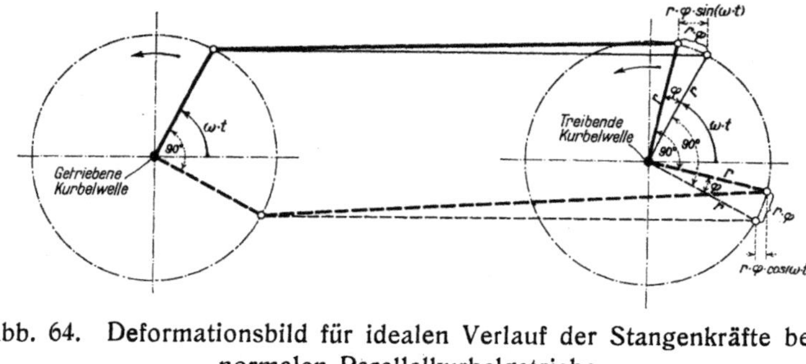

Abb. 64. Deformationsbild für idealen Verlauf der Stangenkräfte beim normalen Parallelkurbelgetriebe.

Wird nun das Lagerspiel der Kurbelzapfen mit dem für jede Kurbel konstanten Betrag a in Berücksichtigung gezogen, während im übrigen

[1]) Bulletin des internationalen Eisenbahnkongressverbandes 1912, Band XXVI, Seite 892—902.

die Verhältnisse des idealen Kurbelgetriebes aufrecht bleiben sollen, so ist, nach den Untersuchungen von L'Hoest, für die Stangenkräfte zu schreiben:

$$S_1 = \frac{1}{\gamma}\left[r \cdot \varphi \cdot \sin(\omega \cdot t) \mp a\right]$$

$$S_2 = \frac{1}{\gamma}\left[r \cdot \varphi \cdot \cos(\omega \cdot t) \mp a\right]$$

Bezüglich der in den Klammerausdrücken geltenden Vorzeichen ist zu sagen, dass beispielsweise für S_1 das Vorzeichen „minus" für Stangenkräfte an Kurbeln im ersten und zweiten Quadranten, das Vorzeichen „plus" für Stangenkräfte an Kurbeln im dritten und vierten Quadranten gilt. Im weitern gelten die Ausdrücke S_1 und S_2 auch nur für:

$$r \cdot \varphi > \frac{a}{\sin(\omega \cdot t)} \quad \text{bezw.} \quad r \cdot \varphi > \frac{a}{\cos(\omega \cdot t)}$$

da im entgegengesetzten Fall die Berührung zwischen Zapfen und Stangenlagern aufhört. Die durch den allgemeinen Ausdruck:

$$S = S_1 \cdot \sin(\omega \cdot t) + S_2 \cdot \cos(\omega \cdot t)$$

dargestellte Gesamtstangenkraft erhält dann angesichts der Vorzeichen der Winkel und Stangenkräfte in den verschiedenen Quadranten den vollständigen Ausdruck:

$$S = \mp \frac{1}{\gamma}\left\{\left[r \cdot \varphi \cdot \sin^2(\omega \cdot t) - a \cdot \sin(\omega \cdot t)\right] + \left[r \cdot \varphi \cdot \cos^2(\omega \cdot t) - a \cdot \cos(\omega \cdot t)\right]\right\}$$

Werden die Einzelstangenkräfte S_1 und S_2 und die Gesamtstangenkraft S für verschiedene Verhältniswerte $n = \frac{r \cdot \varphi}{a}$ durch Kurvenbilder veranschaulicht, wie in Abbildung 65a gezeigt, so ergibt sich deutlich die Unstetigkeit dieser Art von Kraftübertragung, bei der bald die eine, bald die andere und zeitweilig beide Seiten des Triebwerks an der Uebertragung mitwirken. Es können jedoch mit einer für unsere Untersuchung hinreichenden Genauigkeit die in Wirklichkeit unstetige Gesamtstangenkraft S und die Einzelstangenkräfte S_1 und S_2 durch analytische, stetige Funktionen ausgedrückt werden, wobei, gemäss den in Abbildung 65a veranschaulichten Kurven für S, diese Grösse nach Abbildung 65b bei grösseren Werten von n ordentlich befriedigt wird durch den Ansatz:

$$S = A \cdot \left[B + \sin^4(\omega \cdot t) + \cos^4(\omega \cdot t)\right]$$

in dem A und B Konstante bedeuten. Die Zerlegung von S in S_1 und S_2 kann man dann vornehmen gemäss:

$$S = A \cdot \left[\dot{B} \cdot \left(\sin^2(\omega \cdot t) + \cos^2(\omega \cdot t)\right) + \sin^4(\omega \cdot t) + \cos^4(\omega \cdot t)\right]$$

$$= A \cdot \Big\{\left[\sin^3(\omega \cdot t) + B \cdot \sin(\omega \cdot t)\right] \sin(\omega \cdot t)$$

$$+ \left[\cos^3(\omega \cdot t) + B \cdot \cos(\omega \cdot t)\right] \cos(\omega \cdot t)\Big\}$$

$$= S_1 \cdot \sin(\omega \cdot t) + S_2 \cdot \cos(\omega \cdot t)$$

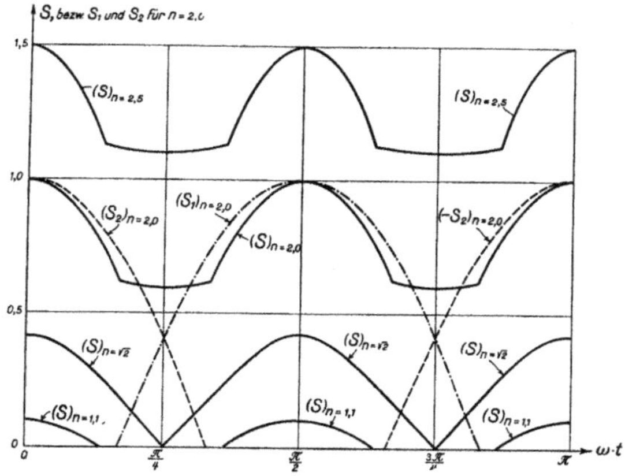

Abb. 65a. Verlauf der Stangenkräfte nach den Formeln von L'Hoest bei Berücksichtigung des Lagerspiels für die Ansätze:

$\frac{1}{\gamma} \cdot r \cdot \varphi = 1$ und $\frac{r \cdot \varphi}{a} = n = 1{,}1, \quad = \sqrt{2}, \quad = 2{,}0, \quad = 2{,}5.$

wobei also folgt:

$$S_1 \cdot \sin(\omega \cdot t) = A \cdot \left[\sin^3(\omega \cdot t) + B \cdot \sin(\omega \cdot t)\right] \cdot \sin(\omega \cdot t)$$

$$S_2 \cdot \cos(\omega \cdot t) = A \cdot \left[\cos^3(\omega \cdot t) + B \cdot \cos(\omega \cdot t)\right] \cdot \cos(\omega \cdot t)$$

Nun können wir unsere Untersuchung an Hand des massgebenden Gleichungssystems:

$$\begin{cases} P - m_1 \dfrac{d^2 s_1}{dt^2} = \dfrac{s_1 - s_2}{\gamma} \\[2ex] R + m_2 \dfrac{d^2 s_2}{dt^2} = \dfrac{s_1 - s_2}{\gamma} \end{cases}$$

wiederum durchführen, wobei bei an sich *konstanter Triebkraft und Widerstandskraft,* für eine Antriebsseite die Ausdrücke:

$$S_1 \cdot \sin(\omega \cdot t) = A\left[\sin^3(\omega \cdot t) + B \cdot \sin(\omega \cdot t)\right] \cdot \sin(\omega \cdot t)$$

sowie

$$T_1 \sin(\omega \cdot t) = A' \cdot \left[\sin^3(\omega \cdot t) + B' \cdot \sin(\omega \cdot t)\right] \cdot \sin(\omega \cdot t)$$

zu benutzen sind. Das massgebende Gleichungssystem erlangt dann die Form:

$$\begin{cases} A \cdot \left[B \cdot \sin^2(\omega \cdot t) + \sin^4(\omega \cdot t)\right] - m_1 \cdot \dfrac{d^2 s_1}{dt^2} = \dfrac{s_1 - s_2}{\gamma} \\ A' \cdot \left[B' \cdot \sin^2(\omega \cdot t) + \sin^4(\omega \cdot t)\right] + m_2 \cdot \dfrac{d^2 s_2}{dt^2} = \dfrac{s_1 - s_2}{\gamma} \end{cases}$$

die bei entsprechender mathematischer Behandlung, wie in den früheren Fällen, auf folgende Differentialgleichungen neunter Ordnung übergeführt werden kann:

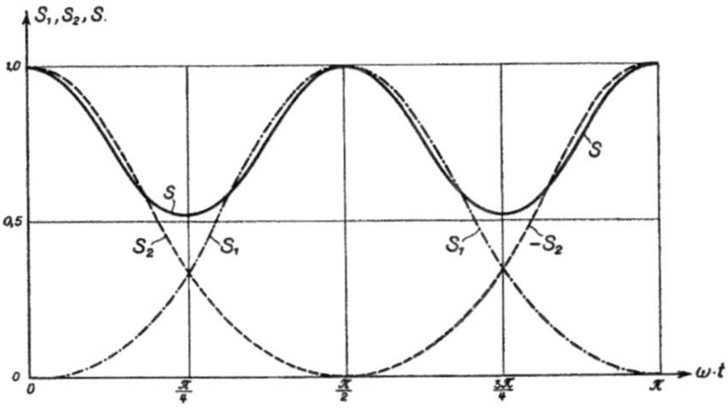

Abb. 65b. Ersatzkurven für die Stangenkräfte $(S_1)\, n=2$, $(S_2)\, n=2$, $(S)\, n=2$ gemäss der Abb. 65a mit Hülfe der Funktionen $S_1 = A\,[\sin^3(\omega t) + B \sin(\omega t)]$ und $S_2 = A\,[\cos^3(\omega t) + B \cos(\omega t)]$, wobei hier $A = \sim 1$ und $B = \sim 0$ gesetzt wurde.

$$\begin{cases} \dfrac{d^9 s_1}{dt^9} + \left[(4\,\omega)^2 + (2\,\omega)^2 + \dfrac{m_1 + m_2}{\gamma \cdot m_1 \cdot m_2}\right] \cdot \dfrac{d^7 s_1}{dt^7} \\ \quad + \left[(2\,\omega)^2 \cdot (4\,\omega)^2 + \dfrac{m_1 + m_2}{\gamma \cdot m_1 \cdot m_2} \left((2\,\omega)^2 + (4\,\omega)^2\right)\right] \cdot \dfrac{d^5 s_1}{dt^5} \\ \quad + \left[(2\,\omega)^2 \cdot (4\,\omega)^2 \cdot \dfrac{m_1 + m_2}{\gamma \cdot m_1 \cdot m_2}\right] \cdot \dfrac{d^3 s_1}{dt^3} = \dfrac{s_1 - s_2}{\gamma} \\ \\ \dfrac{d^9 s_2}{dt^9} + \left[(4\,\omega)^2 + (2\,\omega)^2 + \dfrac{m_1 + m_2}{\gamma \cdot m_1 \cdot m_2}\right] \cdot \dfrac{d^7 s_2}{dt^7} \\ \quad + \left[(2\,\omega)^2 \cdot (4\,\omega)^2 + \dfrac{m_1 + m_2}{\gamma \cdot m_1 \cdot m_2} \left((2\,\omega)^2 + (4\,\omega)^2\right)\right] \cdot \dfrac{d^5 s_2}{dt^5} \\ \quad + \left[(2\,\omega)^2 \cdot (4\,\omega)^2 \cdot \dfrac{m_1 + m_2}{\gamma \cdot m_1 \cdot m_2}\right] \dfrac{d^3 s_2}{dt^3} = \dfrac{s_1 - s_2}{\gamma} \end{cases}$$

Auch dieses Gleichungssystem haben wir schon einmal angetroffen;

es ergeben sich formell auch wieder dieselben allgemeinen Integrale s_1 und s_2, sowie derselbe allgemeine Ausdruck für die Beanspruchung K:

$$K = \frac{A_1 - A_2}{\gamma} \sin(4\omega t) + \frac{B_1 - B_2}{\gamma} \cos(4\omega t)$$
$$+ \frac{C_1 - C_2}{\gamma} \sin(2\omega t) + \frac{D_1 - D_2}{\gamma} \cos(2\omega t)$$
$$+ \frac{E_1 - E_2}{\gamma} \sin\left(\sqrt{\frac{m_1 + m_2}{\gamma \cdot m_1 \cdot m_2}} \cdot t\right) + \frac{F_1 - F_2}{\gamma} \cos\left(\sqrt{\frac{m_1 + m_2}{\gamma \cdot m_1 \cdot m_2}} \cdot t\right)$$
$$+ \frac{G_1 - G_2}{\gamma} + \frac{H_1 - H_2}{\gamma} \cdot t + \frac{J_1 - J_2}{\gamma} \cdot t^2$$

Gegenüber dem frühern Vorkommen dieser Gleichung würden sich hier natürlich andere Integrationskonstanten ergeben, deren umständliche Bestimmung übrigens zwecklos ist, da die wesentlichen Verhältnisse schon aus den Ausdrücken für die auftretenden Schwingungszahlen beurteilt werden können [1]). Die Ausdrücke lauten:

$$\nu_1 = \frac{1}{2\pi} \cdot 4\omega \quad ; \quad \nu_2 = \frac{1}{2\pi} \cdot 2\omega \quad ; \quad \nu_3 = \frac{1}{2\pi} \cdot \sqrt{\frac{m_1 + m_2}{\gamma \cdot m_1 \cdot m_2}}$$

Durch Versuche lässt sich zeigen, dass bei Uebereinanderlagerung der Einzelschwingungen mit den Frequenzen ν_1 und ν_3, bezw. mit den Frequenzen ν_2 und ν_3, heftige Schüttelbewegungen im Getriebe auftreten; dabei ist übrigens gar nicht notwendig, dass ν_3 genau gleich ν_1 oder genau gleich ν_2 ist, indem schon bei annähernder Uebereinstimmung von je zwei Schwingungszahlen die Erscheinung der Inter-

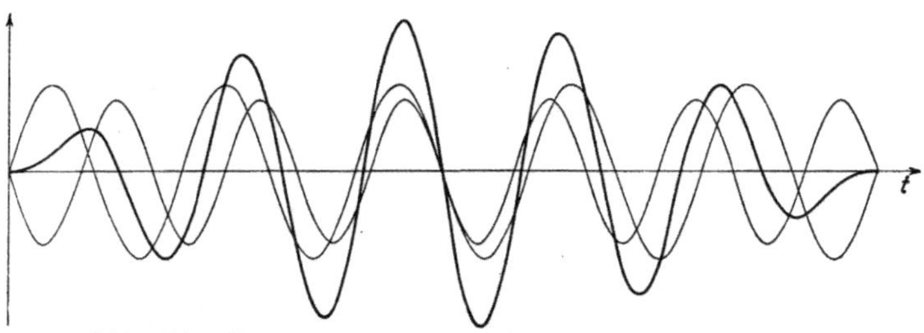

Abb. 66. Interferenz zweier sinusförmiger Wellen.

ferenz auftritt, die durch das schematische Beispiel gemäss Abbildung 66 mit bis etwa 20 % gleichen Frequenzen zweier Einzelschwingungen

[1]) Vom Verfasser 1914 erstmals behandelt auf Seite 129 und 135 von Band LXIV der „Schweiz. Bauzeitung", bezw. ebenfalls in dem schon erwähnten Sonderabdrucke im Verlag von Rascher & Co.

veranschaulicht wird. Die Gefahr solcher Erscheinungen wird für Kurbelgetriebe gemildert, wenn durch passende Werte der im Ausdrucke ν_3 vorkommenden Grössen m_1, m_2 oder γ der Zahlenwert von ν_3 so weit als nur möglich herabgesetzt wird, weil dann, entsprechend den niedrigen Geschwindigkeiten, bei denen Uebereinanderlagerung möglich ist, auch nur kleinere lebendige Kräfte im Spiel sind; aus diesem Grunde muss die Verkleinerung von ν_3 nicht durch Vergrösserung der Massen m_1 oder m_2, sondern durch Vergrösserung des Nachgiebigkeitsgrades γ, d. h. durch den *Einbau besonderer elastischer Zwischenglieder ins Getriebe,* angestrebt werden.

Liegt statt einer an sich konstanten Motorkraft eine pulsierende Motorkraft vor, dann dürfte bei vorhandenem Lagerspiel neben der Gefahr der Interferenz zwischen den mit der Kurbeldrehzahl zusammenhängenden Schwingungen und der Schwingungszahl ν_3 weiter noch die auch beim idealen Kurbelgetriebe bei pulsierender Motorkraft erörterte Gefahr der Resonanz zwischen der Pulsation der Motorkraft und dem Puls der Kurbelbewegung auftreten.

Einfluss von Abweichungen der Stangenlängen von der Entfernung der Lagermitten bei Kurbelgetrieben. Unter den verschiedenen Möglichkeiten von Stichmassfehlern bei Kurbelgetrieben ist der, hinsichtlich der Stangenkräfte auch von *L'Hoest* schon behandelte Fall der Abweichung der Stangenlängen von der Entfernung der Lagermitten bemerkenswert. Sind die in Abbildung 64 ersichtlichen Kurbelstangen gegenüber der Entfernung der Lagermitten derart fehlerhaft, dass sie diese Entfernung um b übertreffen, dann ist für die Stangenkräfte S_1 und S_2 zu schreiben:

$$S_1 = \frac{1}{\gamma} \cdot \left(s \cdot \sin(\omega \cdot t) + b\right)$$

$$S_2 = \frac{1}{\gamma} \cdot \left(s \cdot \cos(\omega \cdot t) + b\right)$$

oder, bei Benützung allgemeinerer Konstanten:

$$S_1 = C \cdot \left(D + \sin(\omega \cdot t)\right)$$

$$S_2 = C \cdot \left(D + \cos(\omega \cdot t)\right)$$

Indem man für eine an sich *konstante Motorkraft* wiederum anstelle der Gesamtstangenkraft auf der Kraftseite und auf der Widerstandseite nur die eine Getriebehälfte berücksichtigt, folgt:

$$\begin{cases} S_1 \cdot \sin(\omega \cdot t) = C \cdot \left[D \cdot \sin(\omega \cdot t) + \sin^2(\omega \cdot t)\right] \\ T_1 \cdot \sin(\omega \cdot t) = C' \cdot \left[D' \cdot \sin(\omega \cdot t) + \sin^2(\omega \cdot t)\right] \end{cases}$$

Das massgebende Gleichungssystem erlangt dann die Form:

$$\begin{cases} C \cdot \left[D \cdot \sin(\omega\, t) + \sin^2(\omega \cdot t)\right] - m_1 \cdot \dfrac{d^2 s_1}{dt^2} = \dfrac{s_1 - s_2}{\gamma} \\ C' \cdot \left[D' \cdot \sin(\omega\, t) + \sin^2(\omega \cdot t)\right] + m_2 \cdot \dfrac{d^2 s_2}{dt^2} = \dfrac{s_1 - s_2}{\gamma} \end{cases}$$

und geht durch Homogenisierung und Eliminierung der Winkelfunktionen über in:

$$\begin{cases} \gamma \cdot m_1 \cdot m_2 \dfrac{d^{10} s_1}{dt^{10}} + \left(m_1 + m_2 + \gamma \cdot m_1 \cdot m_2 \cdot \omega^2 + \gamma \cdot m_1 \cdot m_2 \cdot 4\,\omega^2\right) \dfrac{d^8 s_1}{dt^8} \\ + \left[(m_1 + m_2) \cdot \omega^2 + (m_1 + m_2) \cdot 4\,\omega^2 + \gamma \cdot m_1 \cdot m_2 \cdot \omega^2 \cdot 4\,\omega^2\right] \dfrac{d^6 s_1}{dt^6} \\ + (m_1 + m_2)\, \omega^2 \cdot 4\,\omega^2 \cdot \dfrac{d^4 s_1}{dt^4} = 0 \\ \gamma \cdot m_1 \cdot m_2 \dfrac{d^{10} s_2}{dt^{10}} + \left(m_1 + m_2 + \gamma \cdot m_1 \cdot m_2 \cdot \omega^2 + \gamma \cdot m_1 \cdot m_2 \cdot 4\,\omega^2\right) \dfrac{d^8 s_2}{dt^8} \\ + \left[(m_1 + m_2) \cdot \omega^2 + (m_1 + m_2) \cdot 4\,\omega^2 + \gamma \cdot m_1 \cdot m_2 \cdot \omega^2 \cdot 4\,\omega^2\right] \dfrac{d^6 s_2}{dt^6} \\ + (m_1 + m_2) \cdot \omega^2 \cdot 4\,\omega^2 \cdot \dfrac{d^4 s_2}{dt^4} = 0 \end{cases}$$

Für den aus der Integration dieser Gleichungen folgenden Ausdruck der beanspruchenden Kraft:

$$K = \frac{s_1 - s_2}{\gamma}$$

ergeben sich wiederum drei Einzelschwingungen mit den Schwingungszahlen:

$$\nu_1 = \frac{1}{2\,\pi} \cdot 2\,\omega \;;\; \nu_2 = \frac{1}{2\,\pi} \cdot \omega \;;\; \nu_3 = \frac{1}{2\,\pi} \sqrt{\frac{m_1 + m_2}{\gamma \cdot m_1 \cdot m_2}}$$

Die Schwingungszahlen ν_1 und ν_2 sind gerade halb so gross, wie die entsprechenden Werte bei Lagerspiel, während ν_3 bei dem vorliegenden Ausführungsfehlerfall gleich ausfällt, wie beim Auftreten von Lagerspiel. Es werden also auch hier wieder Interferenzen und Schüttelbewegungen auftreten, die aber für gleiche Werte m_1, m_2 und γ, wie bei Lagerspiel, hier gefährlicher sind, als bei Lagerspiel, weil die betreffende Drehzahl höher liegt. Auch für die hier behandelte Art von Stichmassfehlern liegt, wie bei Lagerspiel, die Abhülfe in der Herabsetzung der Schwingungszahl ν_3, bezw. in der Erhöhung des Nachgiebigkeitsgrades γ.

Im vorliegenden Fall[1]) dürfte ebenfalls, wie bei Vorhandensein von Lagerspiel, das Vorliegen einer pulsierenden Motorkraft anstelle einer an sich konstanten Motorkraft grundsätzlich eine Erhöhung der Bruchgefahr im Gefolge haben.

5. Die Energieverluste im Triebwerk.

Die Energieverluste im Triebwerke elektrischer Triebfahrzeuge sind in der Regel von grösserer Bedeutung bei den Antriebsanordnungen für Motoren mit Zahnrädern, als bei solchen für Motoren ohne Zahnräder. Demgegenüber haben jedoch die Motoren selbst häufig kleinere Eigenverluste, wenn sie für den Antrieb von Zahnradgetrieben bestimmt sind, als wenn sie für den Antrieb von Getrieben ohne Zahnradübersetzungen dienen sollen, und zwar deshalb, weil im zweiten Fall häufig nicht normallaufende, sondern zu langsam laufende, also ungenügend ausgenützte Motoren benutzt werden müssen. Eine Triebwerksanordnung mit grössern Triebwerksverlusten führt daher gegenüber einer solchen mit kleinern Triebwerksverlusten nicht unbedingt auf den geringern Gesamtwirkungsgrad eines Triebfahrzeuges. Die kleinsten Triebwerksverluste finden sich bei den direkt auf die Triebachsen aufgebauten sog. Achsmotoren ohne Zahnräder, wobei sie lediglich bestehen aus den zusätzlichen Lagerverlusten, die wegen des grössern Gewichtes, das auf den Achslagern solcher Triebachsen gegenüber normal belasteten Achslagern des Zuges ruht, zu berücksichtigen sind, sowie aus den Energieverlusten beim Spannen und Entspannen federnder Mitnehmer an den Triebachsen. Grössere Triebwerksverluste treten dagegen bei Vorgelegemotoren und Gestellmotoren mit Zahnrädern auf, wobei einerseits die Zahnreibung der Zahnräder und anderseits die Lagerreibung derjenigen Lager, mittels derer die Motorgehäuse auf die Triebachsen oder auf Hohlwellen zu den Triebachsen aufgelagert sind, den Hauptanteil solcher Verluste bilden, wenn nicht gar eigentliche Blindwellen mit entsprechenden Lagerungen benützt werden; bei Kurbelantrieben liegen weitere Verlustquellen in den Zapfenlagern der Kurbelstangen.

Ueber die in den Triebwerken auftretenden Energieverluste kann man sich, von Fall zu Fall, an Hand der aus dem allgemeinen Maschinenwesen bekannten Ansätze über Reibungsverluste, an Zahnflanken einer-

[1]) Vom Verfasser erstmals auf Seite 311 der „E. T. Z.“ von 1915 behandelt.

seits und an Lagerschalen anderseits, einigermassen Rechenschaft geben. Genauer ist dagegen eine vollständige Untersuchung ausgeführter Antriebsformen, aus der dann Schlüsse auf neue, gleich gebaute Anordnungen mit grösserer Sicherheit gezogen werden können.

Als *Beispiel einer solchen Untersuchung* soll hier eine, vom Verfasser vor zehn Jahren an einem Schmalspur-Vorgelegemotor der Maschinenfabrik Oerlikon vorgenommene Bestimmung der Triebwerksverluste vorgeführt werden, deren Ergebnisse übrigens seiner Zeit bereits bekannt gegeben wurden[1]. Der betreffende Motortyp für Gleichstrombetrieb ist in Abbildung 67 durch eine Schnittzeichnung ver-

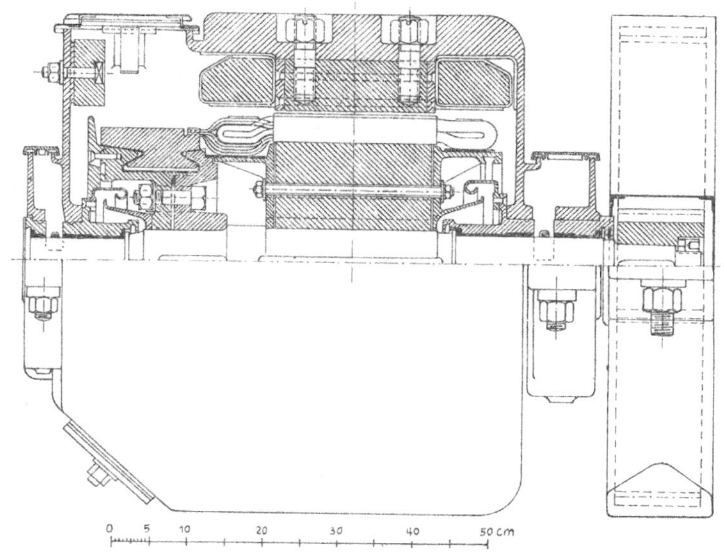

Abb. 67. Gleichstrom-Vorgelegemotor TM 14 der Maschinenfabrik Oerlikon, für 75 *PS* bei 500 *Uml/min.*

anschaulicht. Die an das Motorgehäuse angebauten Lager zum Auflagern des Motors auf die Triebachsen sind ebenso, wie die aus der Schnittzeichnung ersichtlichen Motorwellenlager mit Bronzeschalen ausgerüstet, jedoch für 120 *mm* Bohrung und für Dochtschmierung statt Ringschmierung. Das zu diesem Motortyp gehörende Zahngetriebe besteht aus dem auf die Motorwelle aufgekeilten Ritzel, von 140 *mm* Teilkreisdurchmesser, und dem für die Triebachse bestimmten grossen Rade von 630 *mm* Teilkreisdurchmesser. Die Zähne in der Zahl von 16, bezw. 72 pro Rad, haben eine Zahnbreite von 115 *mm* und eine

[1]) Auf Seite 145 von Band XLVI der „Schweiz. Bauzeitung" von 1905.

Höhe von 19 *mm* und sind als Evolventen-Zähne geformt. Die Untersuchung selbst ist alsdann in der Weise vorgenommen worden, dass zwei Motoren, zunächst ohne die Vorgelege und hierauf mit den Vorgelegen, mechanisch unter sich verbunden und zusammen ausgemessen wurden. Bei Betrieb ohne Vorgelege waren die beiden Motorwellen mit einander durch eine feste Kupplung direkt verbunden, während bei Betrieb mit Vorgelege die beiden Motoren als gemeinsame Vorgelegewelle eine Transmissionswelle benutzten, auf die die zwei grossen Zahnräder der Motoren aufgekeilt wurden, und die von den, an den Motorgehäusen angebauten Achslagern umgriffen wurde; im weitern trug diese Transmissionswelle noch eine, bei den Versuchen nicht benutzte und nur als Schwungmasse mitlaufende Dynamo und war auf vier in den Grund einbetonierten Bocklagern gelagert. Die Gesamtlagerzahl der Versuchsanordnung mit Vorgelege entsprach somit der Gesamtlagerzahl der Ausrüstung eines zweiachsigen Triebfahrzeuges mit zwei Vorgelegemotoren, nämlich vier Motorwellenlager, vier an die Motorgehäuse angebaute Achslager und vier tragende Achslager. Bei der Ausmessung der Motoren mit und ohne Vorgelege wurden Leerlaufsmessungen und Belastungsmessungen vorgenommen. Bei den Leerlaufsmessungen liefen die beiden Motoren in gewöhnlicher Weise seriegeschaltet oder parallelgeschaltet mit verschiedenen reduzierten Klemmenspannungen; bei den Belastungsversuchen lief dagegen der eine Motor stets als fremderregter Generator bei Belastung durch metallische Widerstände, während der andere Motor sowohl als gewöhnlicher Seriemotor bei konstanter Spannung, als auch als fremderregter Motor, bald für einen Betrieb bei konstanter Umlaufszahl, bald für einen Betrieb bei konstantem Drehmoment, zu funktionieren hatte. Zur Auswertung der Messergebnisse bezeichnen wir die in jedem Fall aus dem speisenden Netz aufgenommene Leistung mit L_a, die an die Belastungswiderstände gewissermassen „nutzbar" abgegebene Leistung mit L_n, die elektrischen Verluste zweier Motoren einschliesslich Bürstenreibung, Luftreibung und Lagerreibung der Motorwellen mit V_e, die Reibungsverluste der zwei Zahngetriebe plus die Reibungsverluste der zwei das Vorgelege umgreifenden und an die Motorgehäuse angebauten Achslager mit V_r, und die Reibungsverluste der vier, die Transmission auf dem Fundament tragenden Achslager mit V_t. Für je gleiche Effektabgabe L_n des als fremderregten Generators laufenden Motors stellen somit die Differenzen der Effektaufnahmen des andern Motors, gebildet für alle Versuche mit und ohne Vorgelege die Summe $V_r + V_t$ dar. Diese Summe:

$$V_r + V_t = V_{r+t}$$

ist in ihre Einzelbestandteile zerlegbar, sobald es gelingt, den einen dieser Bestandteile getrennt für sich zu beobachten. Dies ist der Fall für den Bestandteil V_t, der bei leerlaufender Transmission sowohl nach der Auslaufsmethode, als auch durch Antrieb mittels geaichten Motors besonders bestimmbar ist; die auf diese Weise bei leerlaufender Transmission für verschiedene Umlaufszahlen beobachteten Lagerverluste können auf Grund unserer Kenntnisse über die Lagerreibung als bei Belastung gültig angesehen werden, solange ein gewisser spezifischer Lagerdruck nicht überschritten wird, was im vorliegenden Fall zutraf, und was auch bei der Analogie des zweiachsigen Motorwagens zutrifft, wenn dieser von den Schienen abgehoben ist und die Triebachslager somit nur unter dem von den Motoren und von ihren Zahnrädern herrührenden Lagerdrucke stehen. Die Verluste V_e ergeben sich aus den Versuchen ohne Vorgelege einfach als Differenz der Leistungen L_a und L_n.

Die Gesamtheit der Messungen führt auf folgende Wirkungsgradgrössen. Es ist:

$$\eta_m = \frac{L_a - \frac{1}{2} V_e}{L_a} = 1 - \frac{1}{2} \frac{V_e}{L_a}$$

der Wirkungsgrad des Motors ohne Zahnräder und Achslager. Weiter ist:

$$\eta_z = \frac{L_a - \frac{1}{2} V_e - \frac{1}{2} V_r}{L_a} = 1 - \frac{1}{2 L_a} (V_e + V_r)$$

der Wirkungsgrad des Motors mit Räderübersetzung und den am Motorgehäuse angebauten Achslagern, d. h. des Wirkungsgrades des vollständigen Vorgelegemotors. Weiter ist:

$$\eta_t = \frac{L_a - \frac{1}{2} V_e - \frac{1}{2} V_{r+t}}{L_a} = 1 - \frac{1}{2 L_a} (V_e + V_{r+t})$$

der Wirkungsgrad des Motors mit Räderübersetzung und sämtlichen Achslagern pro Triebachse, bezw. der Wirkungsgrad jedes n-achsigen Fahrzeugs mit n Motoren, zwischen Motorklemmen und Radumfang, wobei also in den das Fahrzeug tragenden Achslagern richtigerweise nur diejenige Lagerreibung berücksichtigt ist, die dem von den Motoren und ihren Zahnrädern herrührenden Lagerdrucke entspricht. Durch Bildung des Quotienten aus η_t und η_m bekommt man den Wirkungsgrad:

$$\eta_r = \frac{\eta_t}{\eta_m}$$

für Zahnräder und Achslager allein, welchem Wirkungsgrade also ausschliesslich mechanische Verluste zugrunde liegen.

Die Abbildung 68 zeigt die Verlustsumme V_{r+t}, wie sie sich beim normalen Betrieb der Gruppe mit Speisung des motorischen Teils durch Gleichstrom von 750 Volt ergibt; zufällig erscheint V_{r+t} als Konstante, deren Grösse der Abbildung 72 entnommen ist; anderseits verlaufen die mit den beobachteten Werten V_t durch Bildung der Differenz $V_{r+t} - V_t$ erhaltenen Verluste V_r nach einer, an eine Exponentialfunktion erinnernden Kurve, in Abhängigkeit von der aufgenommenen Stromstärke. Da sich indessen mit dieser Stromstärke Drehmoment und Drehzahl des Motors gleichzeitig ändern und zwar so, wie aus dem untern Teil der Abbildung 68 zu ersehen ist, so lag der Gedanke nahe, die Grössen V_r und V_{r+t} sowohl für Grenzfälle konstanter Geschwindigkeit, als auch für Grenzfälle konstanten Drehmomentes weiter zu untersuchen. In den Abbildungen 69 und 70 sind die bezüglichen Messresultate in Form von Schaulinien dargestellt, und zwar für je zwei verschiedene, konstant gehaltene Drehmomente und zwei verschiedene, konstant gehaltene Geschwindigkeiten. Zur Konstanthaltung der Grössen Drehmoment, bezw. Geschwindigkeit war es notwendig, den das Aggregat antreibenden Motor als separat erregten Motor, bei Betrieb mit und ohne Vorgelege, arbeiten zu lassen. Den Abbildungen 69 und 70 ist

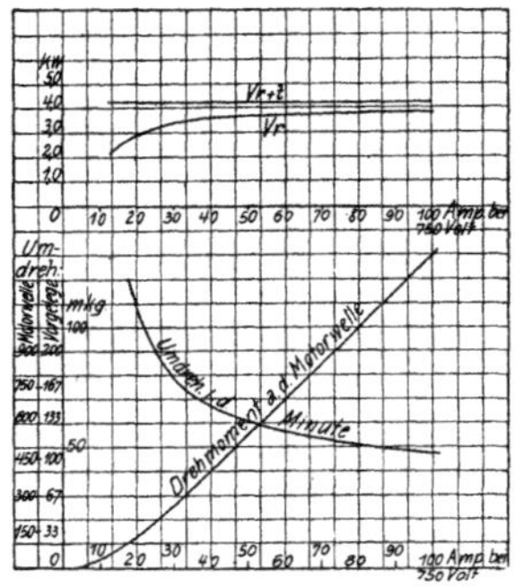

Abb. 68. Zahnrad- und Achslagerverluste des Motors TM 14 im normalen Bahnbetriebe.

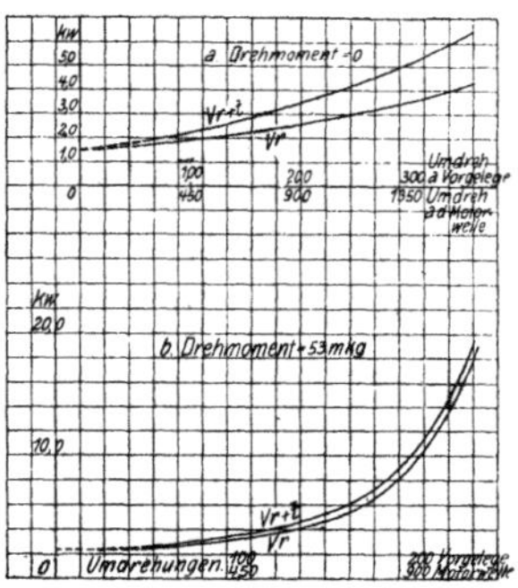

Abb. 69.

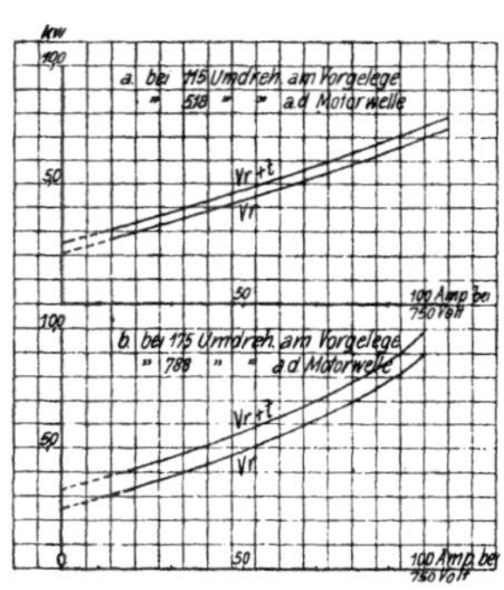

Abb. 70.

Zahnrad- und Achslagerverluste des Motors TM 14 bei konstantem Drehmoment (Abb. 69) und bei konstanter Geschwindigkeit (Abb. 70).

zu entnehmen, dass die Verluste V_r und V_{r+t} bei konstantem Drehmoment viel rascher mit der Geschwindigkeit zunahmen, als bei konstanter Geschwindigkeit mit dem Drehmoment; ferner wachsen diese Verluste in Abhängigkeit von der Geschwindigkeit rascher bei grossem, als bei kleinerem konstantem Drehmoment, und in Abhängigkeit vom Drehmoment rascher bei grosser, als bei kleiner konstanter Geschwindigkeit. In Abbildung 71 sind die berechneten Wirkungsgrade η_m, η_t und η_r, sowie weitere Betriebsdaten des Motors veranschaulicht. Schliesslich soll Abbildung 72 ein Urteil darüber gestatten, mit welcher relativen Genauigkeit die in den Abbildungen 68, 69, 70 und 71 dargestellten Ergebnisse behaftet sind, indem in Abbildung 72 die

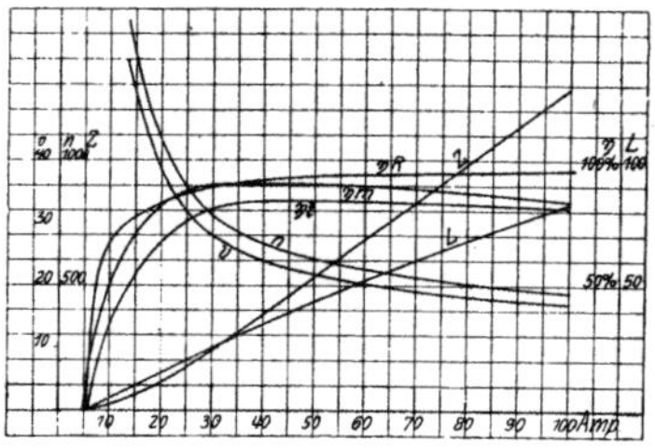

Abb. 71. Wirkungsgrade und weitere Betriebsdaten des Motors T M 14.

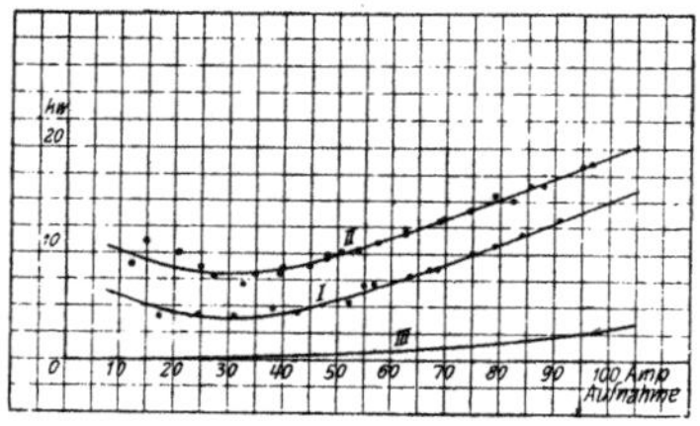

Abb. 72. Verlustkurven des Motors T M 14.

den Resultaten der Abbildungen 68 und 71 unmittelbar zugrunde liegenden Beobachtungspunkte aufgetragen sind; dabei kann besonders ersehen werden, dass die in Abbildung 68 gezeichnete Gerade V_{r+t} sich eben als die in anderm Masstabe gezeichnete Differenz der Mittelwert-Kurven I und II der Abbildung 72 ergab; ferner stellt die Summe der Ordinatenwerte der Kurven I und III die Verluste V_e dar, während aus II und III analog die Verluste $V_e + V_{r+t}$ folgen.

Bei Versuchen mit andern Vorgelegemotoren ergab sich die Differenz der Kurven I und II in der Regel nicht als konstant, sondern sie wies bei mittleren Stromstärkewerten ein ausgesprochenes Minimum auf.

6. Die Anwendungsgebiete der verschiedenen Antriebsanordnungen.

Die verschiedenen eingehend behandelten Triebwerksanordnungen kommen nun für die Ausrüstung von Lokomotiven und Motorwagen in Betracht. Bei Lokomotiven handelt es sich stets um verhältnismässig höhere, bei Motorwagen in der Regel um verhältnismässig kleinere Triebachsenzugkräfte. Bei Motorwagen muss die Triebwerksanordnung unter dem Fussboden des Wagenkastens eingebaut werden können, eine Forderung, die natürlich auf den Ausschluss der Bauart der Gestellmotoren hinausläuft. Ob dann Vorgelegemotoren oder Achsmotoren in Frage kommen, entscheidet hierauf die Grösse der Fahrgeschwindigkeit. Aus unsern Beziehungen über den Zusammenhang dieser Grösse mit dem Triebraddurchmesser bei Achsmotoren ergibt sich, dass für normal ausgenützte Achsmotoren die Fahrgeschwindigkeit schon sehr gross sein muss. Anderseits kann, bei Wahl eines geeigneten Uebersetzungsverhältnisses, der Vorgelegemotor ohne weiteres bei bester Ausnützung die gewünschten Werte der Triebachsenzugkraft und Fahrgeschwindigkeit hergeben. Beachtet man noch die konstruktiven Schwierigkeiten, die mit der Bauart des Achsmotors verknüpft sind, und die bei Anwendung des federnden Einbaus in der Federung, bei Anwendung des festen Einbaus im Motor selbst liegen, so erkennt man ohne weiteres, dass im allgemeinen eine Ueberlegenheit des Vorgelegemotors über den Achsmotor für die Ausbildung von Motorwagen-Ausrüstungen bestehen muss. Genau dieselben Verhältnisse bestehen auch für Lokomotiven von ähnlichen Normen der Fahrgeschwindigkeit und für eine Gesamtzugkraft, die durch höchstens vier Vorgelegemotoren entwickelt werden kann. Wird jedoch eine Gesamtzugkraft gefordert, die grösser ist als die von vier Vorgelegemotoren erhältliche, dann bedingt die hohe Zahl benötigter Motoren, dass die Vorgelegebauart zu unwirtschaftlicheren Lösungen führen muss, als Bauarten mit Motoren von höherem Einzeldrehmoment, wie der Achsmotor und der Gestellmotor. Nun zeigt sich aber, dass der Achsmotor, wenn er richtig ausgenützt werden soll, wiederum nur für hohe Geschwindigkeiten in Frage kommt; grosse Triebachsenzugkräfte kann er weiter auch nur bei entsprechendem Achsdruck ausüben, wodurch seine Anwendung weiter eingeschränkt wird. Immerhin scheint er für Schnellzugslokomotiven, besonders bei amerikanischen Bahnen, mit den daselbst hohen Achsdrücken, anwendbar. Wie der Achsmotor, so eignet sich auch der Gestellmotor ohne Zahnräder bei richtiger Ausnützung nur für höhere Geschwindigkeiten; zufolge der Möglichkeit, durch den Gestellmotor nicht nur eine, sondern mehrere Triebachsen gleichzeitig anzutreiben, kann jedoch bei dieser Motorbauart von vornherein von einem viel grösserer Drehmomente als beim Achsmotor ausgegangen werden und dabei stellt sich, bei gleicher Materialausnützung, für den Gestellmotor folgerichtig auch die kleinere Motordrehzahl ein, die einem grösseren und günstigeren Bereich der Fahrgeschwindigkeiten entspricht.

Der Gestellmotor ohne Zahnräder ist daher ohne weiteres leichter anwendbar und auch viel wirtschaftlicher, infolge entsprechender Reduktion der Motorzahl pro Lokomotive; seine Anwendung bedingt aber den Gebrauch der Parallelkurbelgetriebe, die ebenso ihre konstruktiven Schwierigkeiten bieten, wie die federnden Mitnehmer bei Achsmotoren, oder die Achsmotoren selbst im Falle ihres festen Aufbaus auf die Triebachsen. Es kann in solchen Fällen auch noch die Bauart der Gestellmotoren mit Zahnrädern in Frage kommen, wenn die Motorzahl gleich der Zahl der Triebachsen gewählt wird und Gestellmotoren für federnden Hohlwellenantrieb zugrunde gelegt werden; diese Lösung wird indessen auch weniger wirtschaftlich sein, als diejenige mit weniger Gestellmotoren ohne Zahnräder, die mittels Parallelkurbelgetrieben eine grössere Zahl von Triebachsen antreiben. Der endlich noch zu betrachtende Fall des Lokomotivantriebs für sehr grosse Triebachsenzugkräfte bei verhältnismässig kleiner Geschwindigkeit, wie er für Güterzugslokomotiven vorliegt, dürfte stets durch Gestellmotoren mit Kurbelantrieb am wirtschaftlichsten zu behandeln sein, wobei, je nach der Höhe der Fahrgeschwindigkeit und der Motorgrösse, Motoren ohne oder mit Zahnräder in Betracht fallen werden.

Die Anwendungsgebiete der verschiedenen Triebwerksanordnungen scheinen uns auf Grund der vorstehenden Ausführungen unbedingt festzuliegen für Motorwagen und leichtere Lokomotiven, wo der Vorgelegemotor als gegeben erscheint, sowie für schwere Güterzugslokomotiven, wo der Gestellmotor für Kurbelantrieb mit oder ohne Zahnräder am wirtschaftlichsten ist. Für Schnellzugslokomotiven scheint uns dagegen die Auswahl des richtigsten Triebwerks nicht unbedingt festzustehen; die Wirtschaftlichkeitsfrage kann nicht einseitig auf Grund des Anlagekapitals allein beantwortet werden, da auch die Kosten des Unterhalts zu berücksichtigen sind, die gerade für solche Lokomotiven noch nicht in genügendem Masse klargelegt sind; hier besteht weiter auch der amerikanisch-europäische Gegensatz hinsichtlich der Anwendung der Parallelkurbelgetriebe, bezw. der Antriebsanordnungen mit nur rotierenden Konstruktionsteilen, der durch die Erfahrung noch nicht endgültig geklärt ist.

Drittes Kapitel.

Die elektrischen Bahnmotoren.

1. Die Arbeitsweise der Seriemotoren für Gleichstrom und Wechselstrom.

Die wichtigsten Betriebseigenschaften der Bahnmotoren entnehmen wir den Betriebskurven, die den Zusammenhang der Zugkraft mit der Fahrgeschwindigkeit festlegen, und die unter dem Namen der „mechanischen Charakteristik" bekannt sind. Von besonderer Bedeutung ist weiter auch der Wirkungsgrad der Motoren, sowie, im Falle von Wechselstrommotoren, deren Leistungsfaktor.

Eine Darstellung der Arbeitsweise der Reihenschlussmotoren oder Seriemotoren[1]) für Gleichstrom und Wechselstrom wird im Folgenden auf Grund noch zu erörternder, sehr weitgehender vereinfachender Annahmen entwickelt, die insbesondere dem Wissensbedürfnis des projektierenden Bahningenieurs angepasst ist, jedoch auch dem Motoren bauenden Elektroingenieur brauchbare erste Annäherungs-Beziehungen liefert.

In unserer Darstellung können wir den Gleichstrom-Seriemotor als einen Sonderfall des Einphasenwechselstrom-Seriemotors betrachten, wodurch eine Vereinfachung in der Darstellung und Vergleichung der Arbeitsweise der beiden Motorarten ermöglicht wird. Den Wechselstrom-Seriemotor kann man dadurch am einfachsten kennzeichnen, dass man ihn als energieverbrauchende Wechselstrom-Doppelspule auffasst; als solche muss er die ihm aufgedrückte konstante Wechselstrom-Klemmenspannung E_0, die von sinusförmigem Verlauf sein möge, in zwei zu einander senkrechte Komponenten zerlegen, eine Wattkomponente und eine wattlose Komponente. Für jeden Betriebszustand besteht somit, entsprechend Abbildung 73, ein rechtwinkliges Dreieck der wirksamen Spannungen, wobei die aufgedrückte Klemmenspannung E_0 die

---

[1]) Im vorliegenden Kapitel bevorzugen wir die Bezeichnung „Seriemotoren" im Gegensatz zu den „Repulsionsmotoren", während im ersten Kapitel die Bezeichnung „Reihenschlussmotoren" im Gegensatz zu den „Nebenschlussmotoren" gewählt worden war.

Hypothenuse ist, und die beiden Katheten $E_o \cdot \cos \varphi_o$ und $E_o \cdot \sin \varphi_o$ durch die Winkelfunktionen des Phasenwinkels φ_o zwischen Klemmenspannung und Wattkomponente bestimmt sind. Die Wattkomponente ihrerseits zerfällt in die zwei algebraischen Bestandteile der gegenelektromotorischen Kraft E und des durch Ohm'schen Widerstand, bezw. durch den sog. effektiven Wechselstromwiderstand, verursachten Spannungsabfalls.

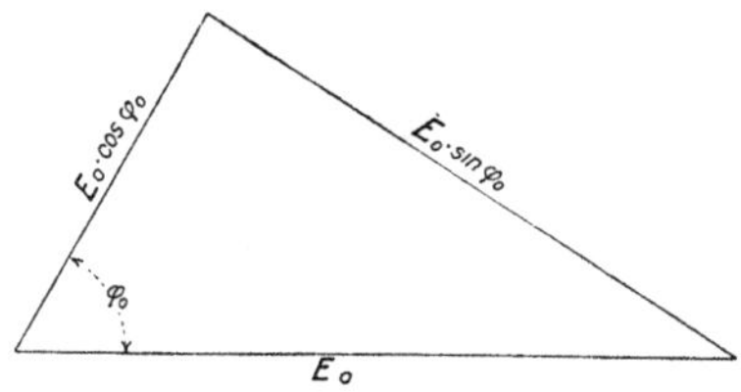

Abb. 73. Spannungs-Diagramm des verlustlosen Einphasen-Seriemotors.

Für die weitere Behandlung setzen wir nun zunächst ausdrücklich den *verlustlosen* Wechselstrom-Seriemotor voraus, wobei alle Wechselstromgrössen effektiv zu verstehen sind. Gegenelektromotorische Kraft und Spannungs-Wattkomponente sind alsdann identische Grössen, für die wir schreiben können:

$$E = E_o \cdot \cos \varphi_o = E_o \cdot \sqrt{1 - \sin^2 \varphi_o}$$

Bei Einführung der Stromstärke J folgt:

$$E = \sqrt{E_o^2 - \left(\frac{E_o^2 \cdot \sin^2 \varphi_o}{J^2}\right) \cdot J^2}$$

wobei dann der Ausdruck:

$$\frac{E_o \cdot \sin \varphi_o}{J}$$

dem Begriff der Motorreaktanz entspricht und in einfacher Weise durch Motorkonstante ausgedrückt werden kann. Anderseits ist die in Volt gemessene gegenelektromotorische Kraft E durch die Winkelgeschwindigkeit ω in der Sekunde, durch die Polzahl P, den pro Pol wirksamen magnetischen Kraftfluss Φ und die zwischen den Bürsten des Motors in Serie geschaltete Windungszahl W ausdrückbar, gemäss:

$$E = \frac{\omega}{\pi} \cdot P \cdot \Phi \cdot W \cdot 10^{-8}$$

Lösen wir die Gleichung auf nach ω, so folgt:

$$\omega = \frac{E \cdot 10^{+8}}{P \cdot \Phi \cdot W \cdot \frac{1}{\pi}} = \frac{E}{J \cdot \left(\frac{P \cdot \Phi \cdot W}{J} \cdot \frac{1}{\pi}\right) \cdot 10^{-8}}$$

Anderseits ist das in *mkg* ausgedrückte Drehmoment des Motorankers:

$$D = J \cdot \frac{P \cdot \Phi \cdot W}{\pi} \cdot \frac{10^{-8}}{9{,}81}$$

$$D = J^2 \cdot \frac{1}{9{,}81} \left(\frac{P \cdot \Phi \cdot W}{J} \cdot \frac{1}{\pi} \right) \cdot 10^{-8}$$

Den Ausdruck:

$$\left(\frac{P \cdot \Phi \cdot W}{J} \cdot \frac{1}{\pi} \right) \cdot 10^{-8}$$

der sowohl in der Formel für ω, als auch in derjenigen für D vorkommt, wollen wir nun durch Einführung der Begriffe „Normaldrehmoment" und „Normalgeschwindigkeit" des Motors durch Motorkonstante ausdrücken. Dabei lässt sich, wenn man die Normalleistung in *mkg/sec* durch:

$$\omega_n \cdot D_n = \frac{E_n \cdot J_n}{9{,}81}$$

aus der normalen Winkelgeschwindigkeit ω_n, dem normalen Drehmoment D_n, der normalen Wattkomponente der Spannung:

$$E_n = E_o \cdot \cos \varphi_n$$

und dem Normalstrom J_n in Ampère ausdrückt, mittels der obenstehenden Gleichungen bilden:

$$\frac{P \cdot \Phi \cdot W}{J} \cdot \frac{10^{-8}}{\pi} = \frac{E_n^2}{\omega_n^2} \cdot \frac{1}{D_n} \cdot \frac{1}{9{,}81} = \left(\frac{E_o \cdot \cos \varphi_n}{\omega_n} \right)^2 \cdot \frac{1}{D_n} \cdot \frac{1}{9{,}81}$$

Nennt man:

$$\left(\frac{\cos \varphi_n}{\omega_n} \right)^2 \cdot \frac{1}{D_n} \cdot \frac{1}{9{,}81} = C_n$$

die Motorkonstante für Normalleistung, so folgt:

$$\frac{P \cdot \Phi \cdot W}{J} \cdot \frac{10^{-8}}{\pi} = E_o{}^2 \cdot C_n.$$

Damit die linke Seite, und damit auch die rechte Seite dieser Gleichung tatsächlich Konstante seien, muss eine *geradlinige Magnetisierungskurve* des Motors vorausgesetzt werden. Dann folgt:

$$\begin{cases} \omega = \dfrac{E}{J} \cdot \dfrac{1}{E_o^2 \cdot C_n} \\ D = J^2 \cdot \dfrac{E_o^2 \cdot C_n}{9{,}81} \end{cases}$$

Es kann nun auch die schon erwähnte Motorreaktanz durch E_o und C_n ausgedrückt werden, wozu wiederum die Voraussetzung einer geradlinigen Magnetisierungskurve erforderlich ist; es gilt dann:

$$\frac{E_o \sin \varphi_n}{J_n} = \frac{E_o \sin \varphi_n}{E_n} \cdot \omega_n \cdot E_o^2 \cdot C_n = \omega_n \cdot \operatorname{tg} \varphi_n \cdot E_o^2 \cdot C_n$$

Mit dieser und den vorhergehenden Gleichungen folgt:

$$\left\{\begin{aligned} \omega &= \frac{\sqrt{E_o^2 - E_o^4 \cdot C_n^2 \cdot \operatorname{tg}^2 \varphi_n \cdot \omega_n^2 \cdot J^2}}{J \cdot E_o^2 \cdot C_n} \\ D &= J^2 \cdot \frac{E_o^2 \cdot C_n}{9{,}81} \end{aligned}\right.$$

Durch Elimination von J folgt weiter:

$$D \cdot (\omega^2 + \omega_n^2 \cdot \operatorname{tg}^2 \varphi_n) = \frac{1}{9{,}81} \cdot C_n$$

oder

$$D \cdot (\omega^2 + \omega_n^2 \cdot \operatorname{tg}^2 \varphi_n) = \frac{D_n \cdot \omega_n^2}{\cos^2 \varphi_n}$$

Diese Gleichung, die nicht nur für Wechselstrom-Seriemotoren, sondern auch für Gleichstrom-Seriemotoren gilt, für die dann:

$$\varphi_n = 0^o$$

zu setzen ist, liefert bei normaler Klemmenspannung E_o die gewünschte mechanische Charakteristik der Motoren.

Die Berücksichtigung einer allfälligen Spannungsregulierung erfordert nun die Behandlung des Problems für eine *variable* Spannung an den Motorklemmen. Die variable Spannung sei mit E_m bezeichnet und zur konstanten Spannung E_o in Beziehung gebracht durch:

$$E_m = m \cdot E_o$$

Im allgemeinen sei:

$$0 < m < 1$$

und nur ausnahmsweise sei:

$$1 < m < 1{,}25$$

zulässig. Gemäss der bereits gemachten Voraussetzung einer geradlinigen Magnetisierungscharakteristik muss nun, unabhängig von der wirksamen Klemmenspannung, deren wattlose Komponente für eine bestimmte Stromstärke einen konstanten Wert haben und desgleichen auch das wirksame Drehmoment. Es hat daher für die, einer Klemmenspannung E_m zugeordnete, gegenelektromotorische Kraft $E_m \cdot \cos \varphi_m$ zu gelten:

$$E_m \cdot \cos \varphi_m = \sqrt{E_m^2 - E_o^2 \sin^2 \varphi_o} = \sqrt{E_m^2 - J^2 \left(\frac{E_o \sin \varphi_o}{J}\right)^2}$$

weil die von m unabhängige Motorreaktanz für einen bestimmten Wert J den konstanten Betrag:

$$\frac{E_o \sin \varphi_o}{J}$$

besitzt. Das Drehmoment D ist ebenfalls unabhängig von m gemäss:

$$D = J^2 \cdot \frac{E_o^2 \cdot C_n}{9{,}81}$$

Bei gleichem Rechnungsgang wie vorhin folgt dann für eine, nach Massgabe des Parameters m, veränderliche Klemmenspannung:

$$D \cdot (\omega^2 + \omega_n^2 \cdot \operatorname{tg}^2 \varphi_n) = m^2 \cdot \frac{D_n \cdot \omega_n^2}{\cos^2 \varphi_n}$$

als Ausdruck der mechanischen Charakteristik, wofür auch die Form:

$$\text{I.} \qquad D(\omega^2 \cdot \cos^2 \varphi_n + \omega_n^2 \cdot \sin^2 \varphi_n) = m^2 \cdot D_n \cdot \omega_n^2$$

gelten kann. Die vorherige Beziehung für konstante Klemmenspannung E_o folgt aus der neuen allgemeineren Beziehung beim Ansatze $m = 1$.

Für die Beurteilung der Arbeitsweise der Wechselstrom-Seriemotoren sind weiter die elektrischen Grössen, Stromstärke und Leistungsfaktor, von Bedeutung. Aus unsern Ausdrücken für D folgt ohne weiteres:

$$J = \sqrt{\frac{D}{E_o^2 \cdot C_n} \cdot 9{,}81}$$

und damit:

$$\text{II.} \qquad J = 9{,}81 \frac{\omega_n}{E_o \cos \varphi_n} \cdot \sqrt{D \cdot D_n}$$

Bedeuten $\cos \varphi_o$ den mit der Belastung veränderlichen Wert des Leistungsfaktors bei der normalen Klemmenspannung E_o und $\cos \varphi_m$ den mit der Belastung veränderlichen Wert des Leistungsfaktors für eine reduzierte Spannung E_m, dann ist nach obenstehendem:

$$\cos \varphi_m = \frac{\sqrt{E_m^2 - E_o^2 \sin^2 \varphi_o}}{E_m}$$

$$\cos \varphi_m = \sqrt{1 - \frac{\sin^2 \varphi_o}{m^2}}$$

Es ist nun:

$$\cos \varphi_o = \frac{E}{E_o} = \frac{\omega \cdot J \cdot C_n \cdot E_o}{E_o} = \omega \cdot \sqrt{D_n \cdot C_n \cdot 9{,}81}$$

$$\cos \varphi_o = \sqrt{\frac{D}{D_n}} \cdot \omega \cdot \frac{\cos \varphi_n}{\omega_n}$$

woraus man mit Rücksicht auf die mechanische Charakteristik bilden kann:

$$\cos \varphi_o = \sqrt{1 - \frac{D}{D_n} \cdot \sin^2 \varphi_n}$$

oder:

$$\cos \varphi_o = \frac{1}{\sqrt{1 + \left(\frac{\omega_n}{\omega}\right)^2 \cdot \operatorname{tg}^2 \varphi_n}}$$

Für die allgemeinere Grösse $\cos \varphi_m$ folgen:

$$\text{III.} \quad \begin{cases} \cos \varphi_m = \sqrt{1 - \frac{1}{m^2} \cdot \frac{D}{D_n} \cdot \sin^2 \varphi_n} \\ \cos \varphi_m = \sqrt{1 - \frac{1}{1 + \left(\frac{\omega}{\omega_n}\right)^2 \cdot \operatorname{cotg}^2 \varphi_n}} \end{cases}$$

also Gleichungen, in denen $\cos \varphi_m$ entweder nur durch die Betriebsgrösse D, oder nur durch die Betriebsgrösse ω ausgedrückt ist. Aus der letztern Beziehung ergibt sich, dass bei Betrieb des Motors mit konstanter Geschwindigkeit auch der Leistungsfaktor konstant bleibt. Aus der letzten Beziehung folgt weiter auch das wichtige Verhalten des Motors bei Stillstand und gleichzeitiger Entwicklung von Drehmoment, indem dann:

$$\omega = 0, \quad \cos \varphi_m = 0, \quad \sin \varphi_o = m,$$

wobei mit:

$$m = \sin \varphi_n \cdot \sqrt{\frac{D}{D_n}}$$

zugleich das wichtige Gesetz der Spannungsregulierung folgt, um beim Stillstand, bezw. Anlauf, jedes beliebige Drehmoment D entwickeln zu können. Dieses Gesetz ergibt sich auch aus der mechanischen Charakteristik für $\omega = 0$, wenn dafür die besondere Form:

$$m = \frac{1}{\omega_n} \sqrt{\frac{D}{D_n} \left(\omega^2 \cos^2 \varphi_n + \omega_n^2 \sin^2 \varphi_n\right)}$$

gewählt wird.

Es ist bemerkenswert, dass unsere Beziehungen für den verlustlosen Motor sowohl für dessen motorisches, als auch für dessen generatorisches Verhalten im Sinne von Beziehungen der allgemeinen sog. Wechselstrom-Seriemaschine gelten. Das generatorische Verhalten ist für Bremswirkungen von praktischer Bedeutung. Um beide Wirkungen, die motorische und die generatorische, gemeinsam zu betrachten, geben wir der elektrischen Leistung in Watt:

$$L_e = J \cdot E_m \cdot \cos \varphi_m$$

bezw. der mechanischen Leistung in Watt:

$$L_m = \omega \cdot D \cdot 9{,}81$$

jeweilen das positive Vorzeichen, wenn es sich um einen von der Seriemaschine abgegebenen, und das negative Vorzeichen, wenn es sich um einen von der Seriemaschine aufgenommenen Effekt handelt. Von besonderem Interesse sind nun die Fälle des Betriebes bei konstanter Geschwindigkeit, bezw. bei konstantem Drehmoment, über die die Abbildungen 74 und 75 Aufschluss in Bezug auf das Verhalten der massgebenden Grössen erteilen.

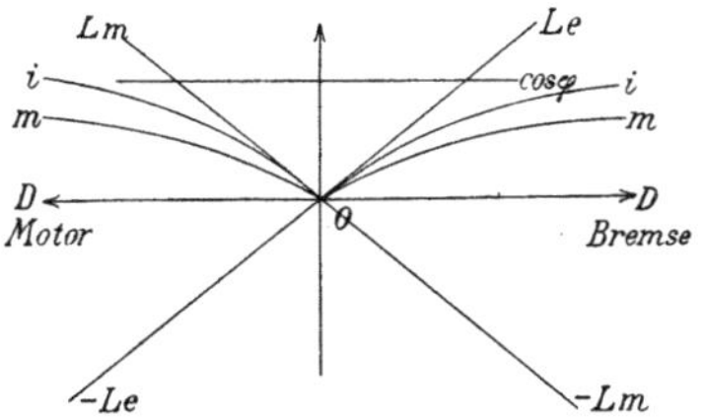

Abb. 74.

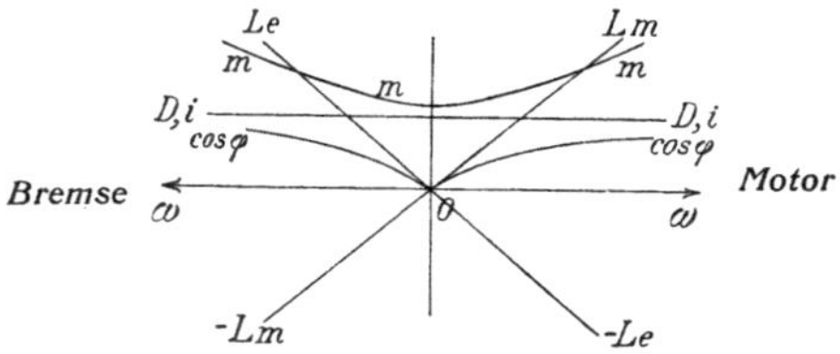

Abb. 75.

Betriebskurven der verlustlosen Einphasen-Seriemaschine bei konstanter Geschwindigkeit (Abb. 74) und bei konstantem Drehmoment (Abb. 75).

Es scheint uns der besondere Nutzen der abgeleiteten Beziehungen indessen darin zu liegen, dass sie es ermöglichen, schon aus der blossen Annahme der Normaldaten für irgendeinen Seriemotor sofort dessen hauptsächlichste Betriebseigenschaften präzise angeben zu können[1]). Wir möchten dies an Hand eines konkreten Zahlenbeispiels zeigen und gleichzeitig zahlenmässig den Vergleich des Motors für Einphasenbetrieb und für Gleichstrombetrieb durchführen.

Als *Beispiel* wählen wir einen Bahnmotor für die Normaldaten:

$$D_n = 450 \; mkg$$
$$\omega_n = 60 \text{ in der Sekunde}$$

der somit eine Normalleistung:

$$\omega_n \cdot D_n = 27\,000 \; mkg/sec = 360 \text{ PS}$$

bei 574 *Uml/min* entwickelt.

Für Gleichstrombetrieb sind:

$$\cos \varphi_n = 1 \quad , \quad \sin \varphi_n = 0$$

[1]) Vom Verfasser sind diese Beziehungen erstmals 1907 auf Seite 247 und 256 von Band IL der „Schweiz. Bauzeitung" demgemäss verwertet worden.

so dass die Gleichung für die mechanische Charakteristik lautet:

$$D \cdot \omega^2 = 1\,620\,000 \cdot m^2$$

Für Einphasenbetrieb muss für $\cos \varphi_n$ eine weitere Annahme gemacht werden und sei:

$$\cos \varphi_n = 0{,}90.$$

Dann lautet die Gleichung für die mechanische Charakteristik:

$$D \cdot (\omega^2 + 839{,}5) = 2000\,000 \cdot m^2$$

Wir geben nun dem Spannungsparameter m der Reihe nach die Zahlenwerte:

$$m = 1,\ m = {}^3/_4,\ m = {}^2/_4,\ m = {}^1/_4$$

und stellen in Abbildung 76 die sich hieraus ergebenden Kurvenbilder

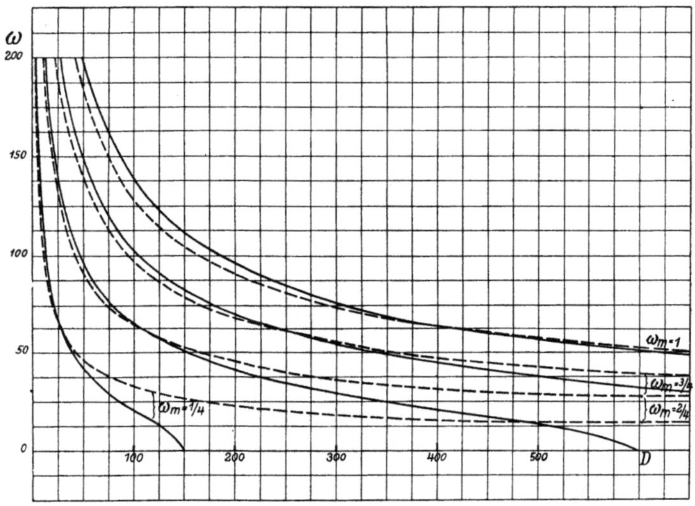

——— Wechselstrom, – – – Gleichstrom.

Abb. 76. Charakteristiken für konstante Spannungen mit $m = 1,\ {}^3/_4,\ {}^2/_4,\ {}^1/_4$.

für die mechanische Charakteristik dar; dabei bekommen wir Nullstellen der Kurven für Wechselstrombetrieb, die allgemein aus:

$$(D)_{\omega = o} = \frac{D_n}{\sin^2 \varphi_n} \cdot m$$

berechenbar sind. Die Vergleichung der einem bestimmten Spannungsparameter m zugeordneten Charakteristiken zeigt, dass man bei Wechselstrom gegenüber Gleichstrom im allgemeinen über einen etwas grössern Bereich der Geschwindigkeit, dagegen über einen wesentlich kleineren Bereich des Drehmomentes verfügt. Für die Normalgeschwindigkeit

$\omega = 60$ schneiden sich für jeden Parameter die Charakteristiken für Gleichstrom und Wechselstrom. In Abbildung 77 bringen wir die mechanische Charakteristik für Gleichstrom gemäss:

$$m = \frac{1}{1272}\left(\sqrt{D} \cdot \omega\right)$$

und für Wechselstrom gemäss:

$$m = \frac{\sqrt{D}}{1414} \cdot \sqrt{\omega^2 + 839{,}5}$$

für verschiedene, der Reihe nach konstant gehaltene Werte von ω zur Darstellung; die Abbildung zeigt somit die, an die Spannungsregulierung, unter der Voraussetzung konstanter Geschwindigkeit, gestellten

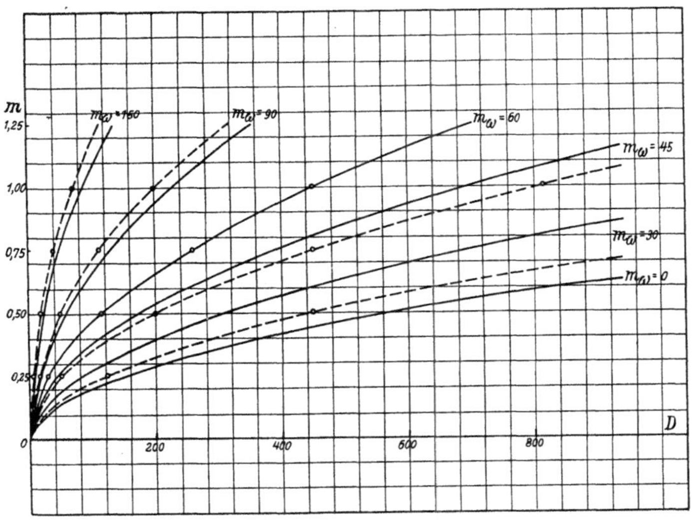

——— Wechselstrom, – – – Gleichstrom.

Abb. 77. Spannungs-Regulierkurven für konstante Geschwindigkeiten mit $\omega = 150$, 90, 60, 45, 30, 0. (Die runden Punkte entsprechen der Serie-Parallelschaltung von vier Gleichstrommotoren.)

Anforderungen. Für $\omega = 60$ fallen die Regulierkurven für beide Stromarten zusammen, für $\omega > 60$ liegt die Regulierkurve für Gleichstrom höher als diejenige für Wechselstrom, während für $\omega < 60$ die letztere höher liegt als die erstere, und zwar umsomehr, je kleiner ω angesetzt ist. Für $\omega = o$ ergibt sich bei Gleichstrom: $m = o$, bei Wechselstrom dagegen:

$$m = 0{,}436\sqrt{\frac{D}{450}}.$$

Für die praktische Ausführung der Spannungsregelung ist übrigens der verschiedenartige Wirkungsgrad und Regelungsgrad der Regulieranordnung auf Gleichstrom-Fahrzeugen gegenüber Wechselstrom-Fahrzeugen sehr bedeutungsvoll. In Abbildung 78 kommen endlich die rein elek-

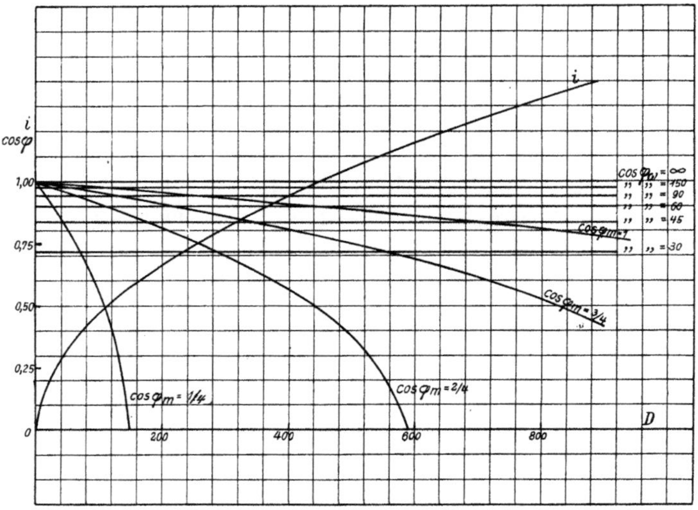

Abb. 78. Kurven des Leistungsfaktors bei Wechselstrom.
i = Stromstärke-Kurve für Gleich- und Wechselstrom.

trischen Daten, Stromstärke und Leistungsfaktor, zur Darstellung. Um die Stromstärke unabhängig von der Klemmenspannung zu veranschaulichen, ist, wie schon in den Abbildungen 74 und 75, an Stelle von J der Relativwert $i = \frac{J}{J_n}$, der für $J = J_n$, bezw. $D = D_n$ den Wert 1 besitzt, gewählt worden.

Die in den Abbildungen 76, 77, 78 aufgezeichneten Kurven gelten für verlustlose, ideale Motoren. Die mit Verlusten elektrischen und mechanischen Ursprungs behafteten, wirklichen Motoren weisen demgegenüber Kurven auf, die gewisse Abweichungen von unsern abstrakten Kurven zeigen. Diese Abweichungen betreffen in etwas höherem Masse die Kurven der Stromstärke und des Leistungsfaktors, während die Geschwindigkeits- und Spannungskurven weniger verändert werden; sämtliche Abweichungen der wirklichen Kurven gegenüber den abstrakten Kurven machen sich in viel höherem Masse bei kleineren als bei grossen Leistungen geltend. Die Abbildungen 79 und 80 zeigen das Verhalten bei Betrieb mit Gleichstrom und mit Einphasenstrom eines und desselben, für Einphasenbetrieb gebauten Motormodells; für denselben Motor sind in Abbildung 81 die tatsächlichen Kurven für motorischen und generatorischen Betrieb mit Einphasenstrom gegen-

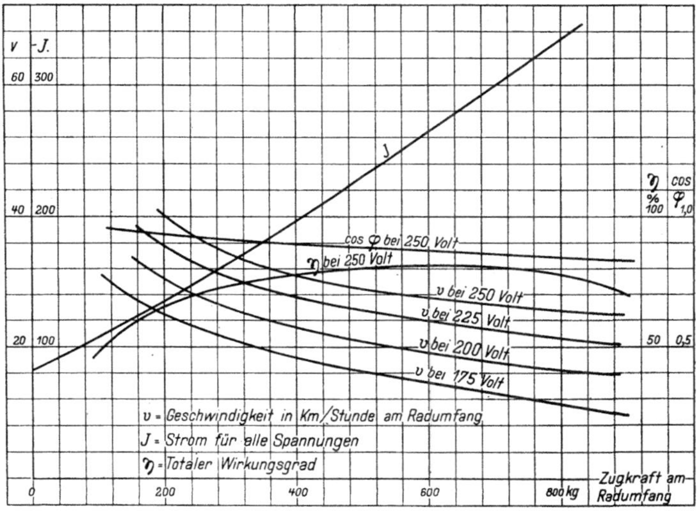

Abb. 79. Charakteristische Kurven des Wechselstrommotors Typ WB 40 der Maschinenfabrik Oerlikon für 20 Perioden, 60 *PS* und 750 *Uml/min* im normalen Betrieb.

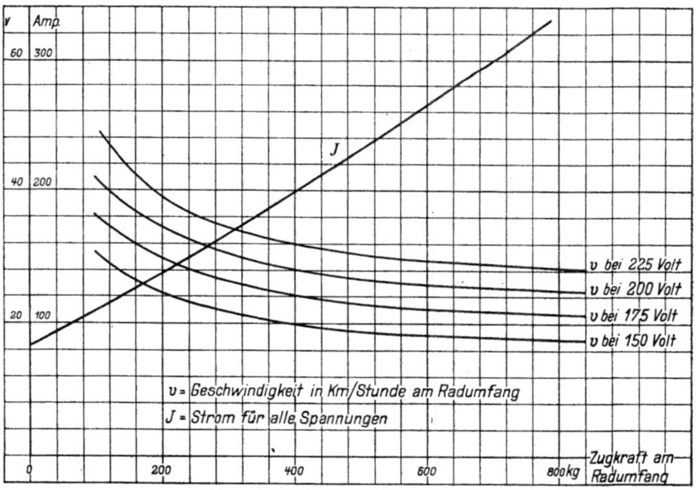

Abb. 80. Charakteristische Kurven des Motors W B 40 bei Betrieb als Gleichstrom-Seriemotor.

über gestellt, wobei das generatorische Verhalten mit Hülfe des Bremsverfahrens der sog. Gegenstrombremsung erzielt wurde[1]). Es kommt der Unterschied, den die abstrakten und die reellen Betriebskurven aufweisen, an kleinen Motoren, bei denen den Verlusten verhältnismässig mehr Gewicht zukommt, besonders deutlich zum Ausdruck; damit begründen wir die Auswahl, die mit den Abbildungen 79, 80 und 81 getroffen wurde.

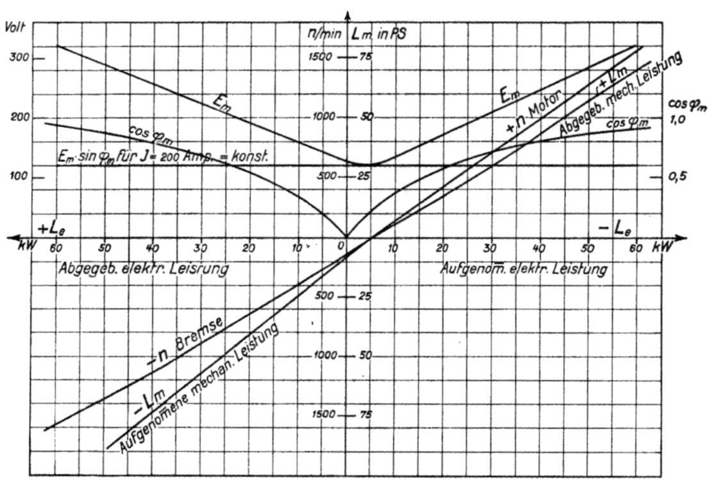

Abb. 81. Charakteristische Kurven des Motors WB 40 bei Betrieb als Motor und als Bremse mittels Wechselstrom von konstanter Stromstärke.

Mit Hülfe unserer analytischen Beziehungen lässt sich auch in einfacher Weise der Zusammenhang der wichtigsten Motordimensionen mit dem normalen Drehmoment, und damit also die Maschinenkonstante C der Seriemotoren für Gleichstrom und Einphasen-Wechselstrom, unter den Voraussetzungen der Verlustlosigkeit und der geradlinigen Magnetisierungskurve feststellen. Wir führen mit Q_n den Begriff der Ampèreleiter für 1 cm Ankerumfang bei Normalstrom ein und setzen:

$$Q_n = \frac{J_n \cdot W}{2 \cdot \pi \cdot D_a}$$

Indem ferner noch mit B_n die bei Normalstrom herrschende magnetische Induktion im Ankereisen und mit K eine Konstruktionskonstante $= \sim 1$ bezeichnet wird, folgt aus:

[1]) In „Elektrische Kraftbetriebe und Bahnen", 1907, Seite 361, erstmals vom Verfasser veröffentlicht. Vergl. auch des Verfassers Aufsatz auf Seite 217 und 223 von Band L der „Schweiz. Bauzeitung" von 1907.

$$D_n = J_n \cdot \frac{P \cdot \Phi \cdot W}{\pi} \cdot \frac{10^{-8}}{9{,}81}$$

der Ausdruck:

$$D_n = \frac{Q_n \cdot 2\,\pi \cdot D_a}{W} \cdot \frac{P \cdot \Phi \cdot W}{\pi} \cdot \frac{10^{-8}}{9{,}81} = \frac{\pi \cdot D_a^2 \cdot b_a \cdot Q_n \cdot B_n}{K} \cdot \frac{10^{-8}}{9{,}81}$$

Als Maschinenkonstante C benützten wir früher schon

$$C = \frac{1}{D_n} \cdot V = \frac{1}{D_n} \cdot \frac{\pi}{4} D_a^2 \cdot b_a$$

Es folgt somit:

$$C = \frac{K}{B_n \cdot Q_n} \cdot 9{,}81 \cdot 10^8$$

Für grössere Gleichstrom-Seriemotoren sind B_n und Q_n von solchen Werten, dass beiläufig etwa:

$$C = 250 \text{ bis } 300\ cm^3/mkg$$

als Mittelwert gelten kann. Für grössere Einphasen-Seriemotoren liegen die Verhältnisse derart, dass beiläufig ein Mittelwert

$$C = 300 \text{ bis } 350\ cm^3/mkg$$

angenommen werden kann.

Die Leistungsfähigkeit und Leistungsbezeichnung der Bahnmotoren soll indessen noch besonders behandelt werden.

2. Die Arbeitsweise der Repulsionsmotoren für Wechselstrom.

Unter der grossen Anzahl von Wechselstrom-Repulsionsmotoren, die zur Verwendung im Bahnbetriebe ersonnen wurden und namentlich je nach der Art der Erregung, bezw. als Motoren mit Ständererregung oder als Motoren mit Läufererregung, unter sich grössere oder kleinere Unterschiede in der Arbeitsweise zeigen, verdient die ursprüngliche, von *Elihu Thomson* erfundene, und hinsichtlich der Schaltung in Abbildung 82 schematisch dargestellte Anordnung, deswegen eine besondere Würdigung, weil diese Anordnung einerseits zu einer äusserst einfachen Regelung führt, und anderseits ihre Arbeitsweise derjenigen des Seriemotors besonders nahe kommt. Prinzipiell übereinstimmend, in Bezug auf die Regelungsmöglichkeit jedoch einen grossen Fortschritt verwirklichend, ist neben der Anordnung nach Thomson auch diejenige nach *M. Déri,* die wir in Abbildung 83 schematisch vorführen, gleichzeitig mitzuberücksichtigen. Der Unterschied der beiden Anordnungen liegt nach den Abbildungen 82 und 83 nämlich darin, dass für das zweipolige Schema beim Thomson-Motor *ein* Bürstensatz, beim Déri-Motor dagegen *zwei* Bürstensätze benötigt werden.

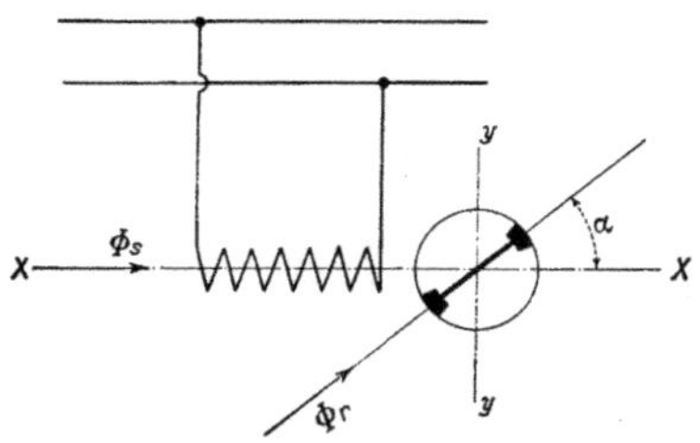

Abb. 82.

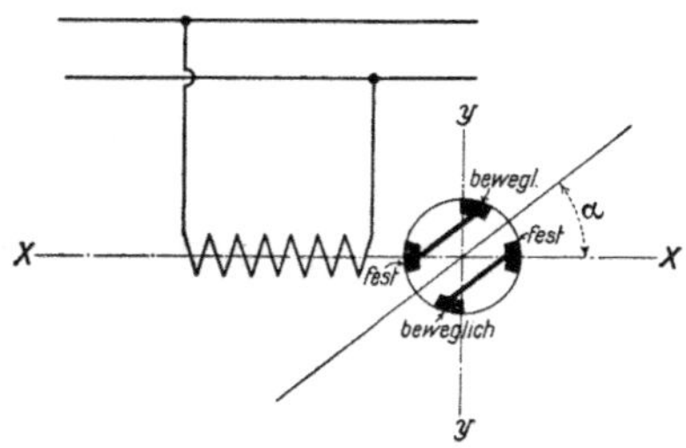

Abb. 83.

Schaltungsschemata der Repulsionsmotoren nach E. Thomson (Abb. 82) und nach M. Déri (Abb. 83).

Sehen wir für unsere beiden Bauarten von Repulsionsmotoren von der Möglichkeit einer Bürstenverstellung und damit einer Verstellung der Achse der Läuferwicklung zunächst ab, dann haben wir den Fall vor uns, dass die für den verlustlosen Seriemotor abgeleiteten Beziehungen ohne weiteres auch für den verlustlosen Repulsionsmotor gelten. Betreiben wir nämlich den Repulsionsmotor bei fester Achse der Läuferwicklung mit einer konstanten Klemmenspannung E_o an der Ständerwicklung, dann kann gemäss Abbildung 73 ein jeder Betriebszustand durch das rechtwinklige Dreieck der Spannungen, mit E_o als Hypothenuse und mit $E_o \cdot \cos \varphi_o$ sowie $E_o \cdot \sin \varphi_o$ als Katheten, dargestellt werden, wobei φ_o wiederum den Winkel der Phasenverschiebung bedeutet. Wird weiter, anstelle der konstanten Spannung E_o, mittels einer ausserhalb des Motors liegenden Spannungsregelung dem Motor eine variable Spannung E_m nach Massgabe des Parameters:

$$m = \frac{E_m}{E_o}$$

aufgedrückt, so zeigen sich beim Repulsionsmotor auch wieder die entsprechenden Eigenschaften des Seriemotors. Das Verfahren der Regelung von Repulsionsmotoren nach Thomson'scher Schaltung durch eine solche ausserhalb des Motors liegende Spannungsänderung ist übrigens für die Ausrüstung der Motorwagen der Strassenbahn von St. Avold praktisch einmal zur Anwendung gekommen[1]).

Ein der Eigenart des Repulsionsmotors weitaus besser angepasstes Regelungsverfahren ergibt sich nun bei Benützung der Bürstenverstellung

[1]) Nach „E. T. Z." 1911, Seite 11.

und Speisung des Motors durch die konstante Klemmenspannnung E_o. Für dieses Regelungsverfahren gelten je für eine einzelne Bürstenstellung formell die frühern Beziehungen. Um den Zusammenhang der Beziehungen bei allen Bürstenstellungen aufzufinden, geht man am besten, an Hand der von *H. Goerges* aufgestellten Betrachtungsweise[1]), wie folgt, vor: In der Richtung X der Wicklungsachse des Ständers der Schemata gemäss den Abbildungen 82 und 83 wirkt der vom äussern Strom J erregte magnetische Kraftfluss Φ_s; in Richtung der Wicklungsachse des Läufers wirkt der vom Läuferstrom erregte Rotor-Kraftfluss Φ_r. Bei einem Bürstenwinkel α wirkt nun insgesamt in der X-Richtung der Kraftfluss:

$$\Phi_x = \Phi_s + \Phi_r \cdot \sin \alpha$$

In der zu X senkrechten Richtung Y wirkt nur der Kraftfluss:

$$\Phi_y = \Phi_r \cdot \cos \alpha$$

Gemäss seiner Eigenschaft als Induktionsmotor, bezw. als sog. „allgemeiner Transformator", muss nun der Repulsionsmotor hinsichtlich der durch transformatorische Induktion erzeugten Spannungen auch nach dem Schema des „allgemeinen Transformators" behandelt werden können. Demgemäss geben für einen bestimmten Winkel α der Bürstenstellung die Spannungsgrössen E_o und $E_o \cdot \sin \varphi_o$ im Diagramm nach Abbildung 73 die zu den Kraftflüssen Φ_x und Φ_s senkrechten Richtungen; E_o muss nämlich durch Φ_x, $E_o \cdot \sin \varphi_o$ durch Φ_s induziert werden. Nun ist $E_o \cdot \sin \varphi_o$ die wegen Selbstinduktion in der Statorwicklung von Φ_s herrührende Spannung, aber nur insoweit, als sie nicht durch gegenseitige Induktion vom Läufer her aufgehoben wird; es ist daher Abbildung 73 nicht etwa das vollständige Transformator-Diagramm. Dasselbe ist vielmehr erst im Linienzug ABD der Abbildung 84 gegeben, in der durch den Linienzug ABC das in diese Figur hineingenommene Diagramm nach Abbildung 73 mitenthalten ist. Dabei stellt die vorerst noch unbekannte Strecke $\overline{DC}$ die vom Läufer herrührende, gegenseitige Induktion dar, die mit $\overline{CA}$ zusammen die totale Stator-Selbstinduktionsspannung ergibt; die vorerst ebenfalls unbekannte Spannungsgrösse $\overline{DB}$ muss ohne weiteres transformatorisch vom Rotorfelde Φ_r in die Statorwicklung übertragen sein und daher die zu Φ_r senkrechte Richtung darstellen. Das Transformatordiagramm ABD ist dann richtig vervollständigt, insofern als $E_o = \overline{AB}$ die aus den, vom Primärflux und vom Sekundärflux induzierten Spannungen $\overline{AD}$ und $\overline{BD}$ gebildete Resultierende darstellt. Senkrecht zu den Seiten des Spannungsdreiecks

[1]) Nach „E. T. Z." 1907, Seite 730 und 758.

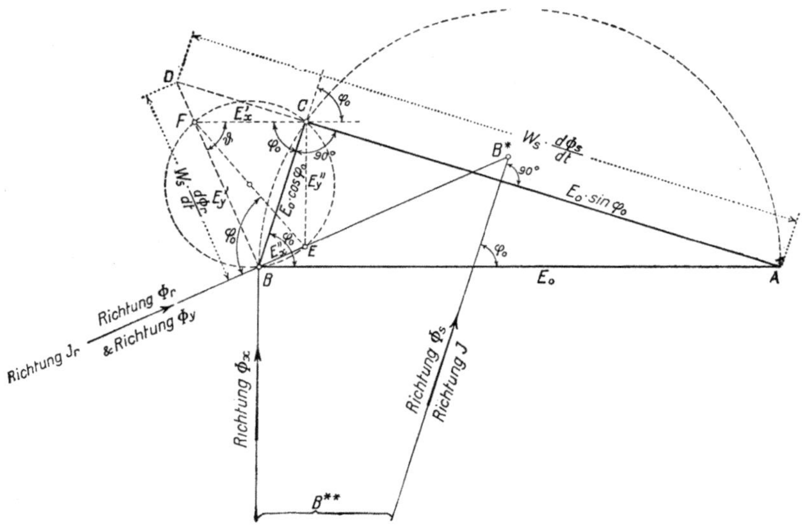

Abb. 84. Vollständiges Diagramm des verlustlosen Repulsionsmotors; mit W_s ist eine, die Zahl der Statorwindungen enthaltende Konstante bezeichnet.

ABD stehen die Seiten des Kraftflussdreiecks BB^*B^{**}; es ist $\overline{BB^{**}}$ der resultierende Flux Φ_x, $\overline{B^*B^{**}}$ der Primärflux Φ_s und $\overline{BB^*}$ der Sekundärflux Φ_r. Es stellt $\overline{BB^*}$ zugleich auch die Richtung des Fluxes Φ_y dar, der räumlich, aber nicht zeitlich, zu Φ_x senkrecht steht. Vom Dreieck ABC ausgehend, sind somit auch die Dreiecke ABD, sowie BB^*B^{**}, ersteres nach Grösse und Richtung, letzteres nur den Richtungen nach, gegeben, sobald man die Richtung $\overline{BD}$ oder die zu ihr senkrechte Richtung $\overline{BB^*}$ kennt. Dazu verhilft nun die Betrachtung der Vorgänge im Rotor, bezw. die Analyse der Spannungsgrösse $E_o \cdot \cos \varphi_o$. Da wir einen verlustlosen Motor voraussetzten, so muss $E_o \cdot \cos \varphi_o$ ohne weiteres durch Rotorspannungen, und zwar durch arbeitsbildende Rotorspannungen, ausdrückbar sein. Es werden die Verhältnisse im Rotor am zweckmässigsten unter Zugrundelegung der beiden Kraftflüsse Φ_x und Φ_y und unter der Voraussetzung einer Zerlegung der Rotorwicklung in zwei ideelle Wicklungen, deren Achsen in die Richtungen X und Y fallen, betrachtet. Dann treten nämlich in jeder dieser Wicklungen zwei elektromotorische Kräfte auf, deren Grösse und Richtung durch Φ_x und Φ_y bestimmt werden, und von denen je eine durch transformatorische Induzierung, und je eine durch dynamische Induzierung bei der Rotation, hervorgebracht werden. Bei insgesamt W Rotorwindungen haben die zwei ideellen Wicklungsteile $W \cdot \cos\alpha$ und $W \cdot \sin\alpha$ Einzelwindungen. Bezeichnet man mit E_x' und E_y' die transformatorisch induzierten elektromotorischen Kräfte in den beiden ideellen Wicklungsteilen, so gilt das Verhältnis:

$$\frac{E_x'}{E_y'} = \frac{W \cdot \cos\alpha}{W \cdot \sin\alpha} \cdot \frac{\Phi_x}{\Phi_y} = \operatorname{cotg}\alpha \cdot \frac{\Phi_x}{\Phi_y}$$

Bezeichnet man mit E_x'' und E_y'' die dynamisch induzierten elektromotorischen Kräfte in denselben Wicklungsteilen, so gilt das Verhältnis:

$$\frac{E_x''}{E_y''} = \frac{W \cdot \cos\alpha}{W \cdot \sin\alpha} \cdot \frac{\Phi_y}{\Phi_x} = \operatorname{cotg}\alpha \cdot \frac{\Phi_y}{\Phi_x}$$

Da also durch Φ_x transformatorisch E_x', dynamisch aber E_y'', durch Φ_y transformatorisch E_y', dynamisch aber E_x'' induziert wird, so muss die Richtung von E_x'' parallel Φ_y, die Richtung von E_y'' parallel Φ_x sein. Da aber E_x'' und E_y'' die einzigen arbeitsbildenden elektromotorischen Kräfte sein können, so muss ihre Resultierende gleich $E_o \cdot \cos\varphi_o$ sein. Für den verlustlosen Motor muss weiter die Vektorsumme der vier Rotorspannungen, die je zu zweien auf einander senkrecht stehen, verschwinden. Es kann daher in Abbildung 84 über der Strecke $\overline{BC}$ ohne weiteres das Dreieck BEC einerseits, und das Dreieck BFC anderseits errichtet werden, wobei, wegen der rechten Winkel bei B und bei C, $\overline{EF}$ zum Durchmesser eines Kreises wird, auf dem die Ecken B, E, C, F des Spannungsviereckes liegen. Damit werden aber auch die Richtungen $\overline{BD}$ und $\overline{BB^*}$ festgelegt und zugleich die Dreiecke der Statorspannungen und der Kraftflüsse, d. h. die Abbildung 84 ist endgültig bestimmt.

Um nun die uns hauptsächlich interessierenden Beziehungen zu erhalten, haben wir uns mit den Spannungsverhältnissen $\frac{E_x'}{E_y'}$ und $\frac{E_x''}{E_y''}$ zu befassen. Für die Grösse der transformatorisch erzeugten Spannungen entscheidet neben den Fluxgrössen die Periodenzahl, für die Grösse der dynamisch erzeugten Spannungen entscheidet neben den Fluxgrössen die Umdrehungszahl des Läufers; für Verhältniswerte transformatorischer und dynamischer Spannungen, die von demselben Kraftfluss induziert werden, ist daher bestimmend der Synchronimusgrad:

$$k = \frac{\omega}{\omega_n}$$

wenn, pro Sekunde, mit ω die variable Drehzahl des Läufers und mit ω_n die sog. synchrone, durch die Periodenzahl festliegende, Drehzahl des Läufers bezeichnet wird, die bei Repulsionsmotoren mit der normalen Drehzahl übereinstimmt, und bei der das normale Drehmoment und die normale Leistung entwickelt werden. Es gilt nun ohne weiteres:

$$\frac{E_x'}{E_x''} = \frac{W \cdot \cos\alpha}{W \cdot \cos\alpha} \cdot \frac{1}{k} \cdot \frac{\Phi_x}{\Phi_y} = \frac{1}{k} \cdot \frac{\Phi_x}{\Phi_y}$$

$$\frac{E_y'}{E_y''} = \frac{W \cdot \sin\alpha}{W \cdot \sin\alpha} \cdot \frac{1}{k} \cdot \frac{\Phi_y}{\Phi_x} = \frac{1}{k} \cdot \frac{\Phi_y}{\Phi_x}$$

Das Spannungsviereck $BFCE$ in Abbildung 84 ergibt den Zusammenhang:

$$(E_y')^2 + (E_x'')^2 = (E_y'')^2 + (E_x')^2.$$

Wird Glied für Glied dieser Beziehung durch $(E_x')^2$ dividiert, so folgt:

$$\left(\frac{\Phi_y}{\Phi_x}\right)^2 \cdot (\text{tg}^2\,\alpha + k^2) = 1 + k^2 \cdot \text{tg}^2\,\alpha$$

und damit:

$$\left(\frac{\Phi_y}{\Phi_x}\right) = \sqrt{\frac{1 + k^2 \cdot \text{tg}^2\,\alpha}{\text{tg}^2\,\alpha + k^2}}$$

Für die im verlustlosen Motor umgesetzte Leistung L in Watt gilt ohne weiteres:

$$L = 9{,}81 \cdot \omega \cdot D = J \cdot E_o \cdot \cos\varphi_o$$

wofür man bei Benützung des Rotorstromes J_r und der Rotorspannungen auch setzen kann:

$$L = J_r \cdot (E_x'' + E_y'' \cdot \cos\vartheta)$$

Es haben J_r und E_x'' dieselbe Richtung, während eine Phasenverschiebung ϑ zwischen J_r und E''_y, bezw. zwischen den Diagrammstrecken $\overline{BB^*}$ und $\overline{CE}$ besteht. Der Winkel ϑ kommt im Spannungsviereck $BFCE$ auch an der Ecke F zwischen E'_x und E_y' vor, wobei er durch $\overline{FE}$ in zwei Einzelwinkel zerlegt wird, deren sin und cos ohne weiteres aus den vier Rotorspannungen angegeben werden können. Man hat daher:

$$\cos\vartheta = \frac{E_x' \cdot E_y' - E_x'' \cdot E_y''}{(E'_x)^2 + (E''_y)^2}$$

und kann schreiben:

$$L = J_r \cdot E_x'' \cdot \left(1 + \frac{E_y''}{E_x''}\cos\vartheta\right) = J_r \cdot E_x''\left(1 + \frac{1 - k^2}{\text{cotg}^2\,\alpha + k^2}\right)$$

$$= J_r \cdot E_x'' \cdot \frac{1 + \text{tg}^2\,\alpha}{1 + k^2 \cdot \text{tg}^2\,\alpha}$$

Bei Einführung einer Konstruktionskonstanten A' kann gesetzt werden:

$$J_r = A' \cdot \frac{\Phi_y}{W \cdot \sin \alpha}$$

weil Φ_y durch die Ampèrewindungen $J_r \cdot W \cdot \sin \alpha$ allein erzeugt wird. Anderseits ist E_x'' proportional zu:

$$W \cdot \cos \alpha \cdot k \cdot \Phi_y$$

so dass unter Benutzung der weitern Konstruktionskonstanten A'' sowie A geschrieben werden kann:

$$L = A'' \cdot k \cdot \frac{1}{\operatorname{tg} \alpha} \cdot \Phi_y{}^2 \cdot \frac{1 + \operatorname{tg}^2 \alpha}{1 + k_2 \cdot \operatorname{tg}^2 \alpha}$$

$$= A \cdot \Phi_x{}^2 \cdot \frac{(1 + \operatorname{tg}^2 \alpha) \cdot \omega}{\operatorname{tg} \alpha \, (\operatorname{tg}^2 \alpha + k^2)} = D \cdot \omega \cdot 9{,}81$$

und damit auch:

$$D = (A \cdot \Phi_x{}^2) \cdot \frac{1 + \operatorname{tg}^2 \alpha}{(\operatorname{tg} \alpha) \cdot (\operatorname{tg}^2 \alpha + k^2)} \cdot \frac{1}{9{,}81}$$

Unter Benutzung der Beziehung:

$$k = \frac{\omega}{\omega_n}$$

schreiben wir nun:

$$D = (A \cdot \Phi_x{}^2) \cdot \frac{1 + \operatorname{tg}^2 \alpha}{\operatorname{tg} \alpha} \cdot \frac{\omega_n{}^2}{\omega_n{}^2 \cdot \operatorname{tg}^2 \alpha + \omega^2} \cdot \frac{1}{9{,}81}$$

und haben damit bereits einen, für alle Bürstenstellungen allgemein gültigen Zusammenhang zwischen Drehmoment und Winkelgeschwindigkeit. Die Konstante A ergibt sich bei Einführung der Werte des Normaldrehmomentes D_n und der Normalgeschwindigkeit ω_n, die für einen Normalwinkel α_n der Bürstenstellung bestehen. Als Normalwinkel α_n gilt nun derjenige, für den mit $\Phi_y = \Phi_x$ ein richtiges magnetisches Drehfeld besteht, wobei:

$$\operatorname{tg} \alpha = \operatorname{tg} \alpha_n = 1 \quad ; \quad \alpha = \alpha_n = 45^0$$

und die Normalgeschwindigkeit mit der sog. synchronen Geschwindigkeit identisch ist. Es folgt dann:

$$D_n = (A \cdot \Phi_x{}^2) \cdot \frac{1 + \operatorname{tg}^2 \alpha_n}{\operatorname{tg} \alpha_n} \cdot \frac{\omega_n{}^2}{\omega_n{}^2 \operatorname{tg}^2 \alpha_n + \omega_n{}^2} \cdot \frac{1}{9{,}81}$$

$$= (A \cdot \Phi_x{}^2) \cdot \frac{2\,\omega_n{}^2}{2\,\omega_n{}^2} \cdot \frac{1}{9{,}81}$$

so dass:

$$A \cdot \Phi_x{}^2 = 9{,}81 \cdot D_n$$

da für die konstante Klemmenspannung E_o auch Φ_x eine Konstante sein muss. Es folgt nun:

$$D = D_n \cdot \frac{1 + \mathrm{tg}^2\,\alpha}{\mathrm{tg}\,\alpha \left(\mathrm{tg}^2\,\alpha + \left(\frac{\omega}{\omega_n}\right)^2\right)}$$

wofür auch gesetzt werden kann:

I. $$D \cdot (\omega^2 \cdot \cos^2\alpha + \omega_n^2 \cdot \sin^2\alpha) = \frac{1}{\mathrm{tg}\,\alpha} \cdot D_n \cdot \omega_n^2$$

Damit haben wir für den Repulsionsmotor einen allgemein gültigen Ausdruck der mechanischen Charakteristik, der zudem die nahe Verwandtschaft des Repulsionsmotors mit dem Seriemotor deutlich zum Ausdruck bringt.

Dem Bürstenwinkel:

$$\alpha = 90^0$$

entspricht der *Leerlauf* des Repulsionsmotors. Von dieser Bürstenstellung aus wird die Verstellung in der einen oder andern Richtung am Kollektorumfang bei der Inbetriebsetzung des Motors vorgenommen und dabei der eine oder der andere Umdrehungssinn des Rotors erzielt.

Dem Bürstenwinkel:

$$\alpha = 0^0$$

entspricht der *Kurzschluss* des Repulsionsmotors, für den nach Formel I das Drehmoment und daher auch der Statorstrom unendlich gross werden sollten. In Wirklichkeit ist jedoch für $\alpha = 0^0$ das Drehmoment gleich null und der Statorstrom von einem endlichen Betrage; in der Nähe von $\alpha = 0^0$ gibt es dann in Wirklichkeit auch kein ins Unendliche anwachsendes Drehmoment, sondern ein endliches Maximum desselben, das wir jedoch für unsere Annahme eines verlustlosen, mit geradliniger Magnetisierungskurve vorausgesetzten Motors ohne Rotorstreuung, nicht bestimmen können. Alle unsere rechnerischen Beziehungen erweisen sich also bei kleinen Winkeln α als prinzipiell unrichtig. Praktisch ist dies jedoch ohne wesentliche Bedeutung, weil die den kleinen Winkeln α entsprechenden Bürstenstellungen wegen der hohen Stromstärken im tatsächlichen Betriebe vermieden werden.

Für den Ansatz:

$$\omega = 0$$

liefert Formel I die wichtige Regulierbeziehung für den *Anlauf* des Repulsionsmotors. Es ergibt sich:

$$\omega = 0 \quad , \quad D \cdot \sin^2\alpha = D_n \cdot \frac{1}{\mathrm{tg}\,\alpha}$$

wofür auch gesetzt werden kann:

$$\frac{D}{D_n} = \frac{1 + \operatorname{cotg}^2 \alpha}{\operatorname{tg} \alpha} .$$

Um nun auch die elektrischen Grössen, Stromstärke und Leistungsfaktor, durch analytische Beziehungen mit den mechanischen Grössen in Zusammenhang zu bringen, müssen wir den Winkel φ_o in den Abbildungen 73 und 84 zu Hülfe nehmen. Im Viereck $B\,F\,C\,E$ tritt der Winkel φ_o an der Ecke C zwischen den Strecken $\overline{CF}$ und $\overline{CB}$ auf; da aber diese Strecken, sowie auch die von E ausgehenden Strecken $\overline{EF}$ und $\overline{EB}$ über demselben Kreisbogen $\widehat{FB}$ stehen, so muss der Winkel φ_o auch an der Ecke E zwischen $\overline{EF}$ und $\overline{EB}$ auftreten. Aus dem rechtwinkligen Dreiecke $B\,F\,E$ folgt dann:

$$\operatorname{tg} \varphi_o = \frac{E_y''}{E_x''} = \frac{1}{k} \cdot \operatorname{tg} \alpha$$

Damit ist aber auch der Leistungsfaktor bestimmt, gemäss:

$$\text{II.} \qquad \cos \varphi_o = \frac{1}{\sqrt{1 + \left(\frac{1}{k}\right)^2 \cdot \operatorname{tg}^2 \alpha}} = \frac{1}{\sqrt{1 + \left(\frac{\omega_n}{\omega}\right)^2 \cdot \operatorname{tg}^2 \alpha}}$$

Auch der Statorstrom lässt sich jetzt ausdrücken, da $E_o \cdot \sin \varphi_o$ ihm, sowie dem Kraftflusse Φ_s proportional sind. Es folgt $\sin \varphi_o$ aus $\operatorname{tg} \varphi_o$ gemäss:

$$\sin \varphi_o = \frac{\frac{1}{k} \cdot \operatorname{tg} \alpha}{\sqrt{1 + \left(\frac{1}{k}\right)^2 \cdot \operatorname{tg}^2 \alpha}}$$

und weiter ist:

$$J = B \cdot \sin \varphi_o = B \cdot \frac{\operatorname{tg} \alpha}{\sqrt{k^2 + \operatorname{tg}^2 \alpha}}$$

Anstelle einer direkten Bestimmung der Proportionalitätskonstanten B erweist sich, um J mit mechanischen Grössen in Beziehung zu bringen, zweckmässiger die Benützung der Effektformel:

$$L = J \cdot E_o \cdot \cos \varphi_o = 9{,}81 \cdot D \cdot \omega$$

Bei Einsetzen von:

$$\cos \varphi_o = \frac{1}{\sqrt{1 + \left(\frac{\omega_n}{\omega}\right)^2 \cdot \operatorname{tg}^2 \alpha}} = \frac{\omega \cdot \operatorname{cotg} \alpha}{\sqrt{\omega^2 \cdot \operatorname{cotg}^2 \alpha + \omega_n^2}}$$

und bei Benutzung von Formel I folgt:

$$L = J \cdot E_o \frac{\omega \cdot \operatorname{cotg} \alpha}{\sqrt{\left(\frac{1 + \operatorname{tg}^2 \alpha}{\operatorname{tg} \alpha}\right) \cdot \left(\frac{D_n}{D}\right) \cdot \omega_n^2 \cdot \operatorname{cotg}^2 \alpha}} = 9,81 \cdot D \cdot \omega$$

und damit die gewünschte Beziehung:

$$\text{III.} \qquad J = \frac{9,81}{E_o} \cdot \omega_n \cdot \sqrt{\frac{1 + \operatorname{tg}^2 \alpha}{\operatorname{tg} \alpha}} \cdot \sqrt{D \cdot D_n}$$

die ebenfalls eine bemerkenswerte Verwandtschaft mit der entsprechenden, für den Seriemotor gültigen Beziehung aufweist.

Von besonderem Interesse ist der Statorstrom beim *Anlauf* des Repulsionsmotors, wofür wir:

$$\omega = 0 \qquad , \qquad \frac{D}{D_n} = \frac{1 + \operatorname{cotg}^2 \alpha}{\operatorname{tg} \alpha}$$

fanden. Unter Benützung von Formel III folgt für den Anlauf:

$$\omega = 0 \qquad , \qquad J = \frac{\omega_n}{E_o} \cdot 9,81 \cdot \operatorname{tg} \alpha \cdot D$$

Es stellen das Produkt $J \cdot E_o$ die Voltampère-Aufnahme des Motors und der Ausdruck $\frac{J \cdot E_o}{D}$ diese Aufnahme bezogen auf die Einheit des entwickelten Drehmomentes dar, wobei:

$$\frac{J \cdot E_o}{D} = 9,81 \cdot \omega_n \cdot \operatorname{tg} \alpha \,.$$

Die entsprechende Beziehung für den Anlauf des Seriemotors folgt zu:

$$\frac{m \cdot E_o \cdot J}{D} = 9,81 \cdot \omega_n \cdot \operatorname{tg} \varphi_n \,.$$

In entsprechender Weise, wie es für den Seriemotor gezeigt wurde, liessen sich mit Hülfe unserer Formeln I, II, III nun auch für den Repulsionsmotor, auf Grund der Annahme der Normaldaten für einen Motor irgend welcher Grösse, Betriebskurven für den verlustlosen Betrieb eines solchen Motors aufstellen. Solche ideale Kurven könnten dann ebenfalls den experimentell ermittelten Kurven wirklicher Motoren gegenüber gestellt werden, wobei sich, abgesehen von den praktisch meist bedeutungslosen Einstellungen sehr kleiner Bürstenwinkel α, eine ähnlich gute Annäherung der idealen an die wirklichen Betriebskurven ergeben würde, wie eine solche beim Seriemotor festgestellt werden konnte. Da aber ein solcher Vergleich ohne tatsächlichen Wert wäre, so nehmen wir von ihm Umgang und beschränken uns auf die durch Abbildung 85 vermittelte Wiedergabe tatsächlicher Betriebskurven eines Repulsionsmotors für Déri-Schaltung.

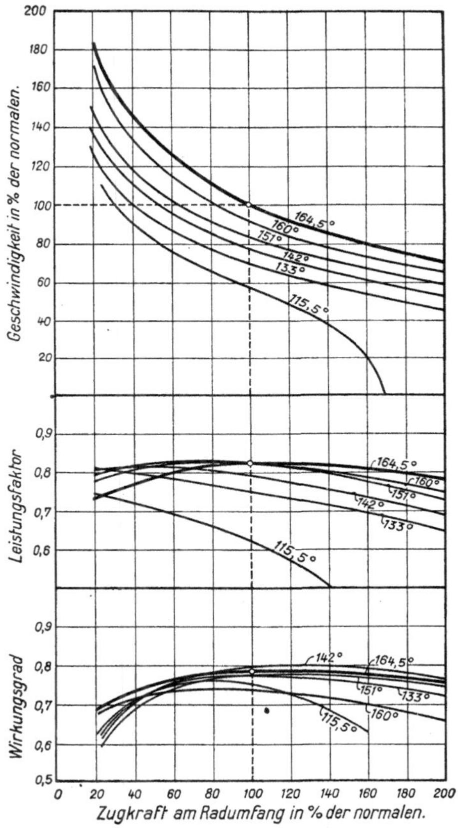

Abb. 85. Charakteristische Kurven eines Repulsionsmotors nach Bauart Déri für 350 *PS*, 1000 Volt, $16^2/_3$ Perioden, 167 *Uml/min*, der A.-G. Brown, Boveri & Cie. Die angegebenen Bürsten-Verstellungswinkel beziehen sich auf die Verstellung jeder beweglichen Bürste aus der Leerlaufstellung und sind, mit Bezugnahme auf das Schema in Abbildung 83, je gleich 2α.

Es soll noch darauf hingewiesen werden, dass gemäss dem Ausdruck:

$$L = J_r \cdot (E_x'' + E_y'' \cdot \cos \vartheta)$$

die Leistung des Repulsionsmotors sich aus zwei Bestandteilen zusammen setzt, von denen der eine auf der Einwirkung des Feldes Φ_x auf die Wicklung $W \cdot \sin \alpha$, der andere auf der Einwirkung des Feldes Φ_y auf die Wicklung $W \cdot \cos \alpha$ beruht. Jeder Leistungs-Bestandteil verläuft zeitlich nach einer Sinuskurve, und zwar mit einer Periodenzahl $2 \cdot \nu$, wenn mit ν die Periodenzahl des speisenden Wechselstroms bezeichnet wird. Es kann also die Leistung durch:

$$L = L_o + L_w \cdot \sin (2 \pi \nu t)$$

dargestellt werden, wobei mit L_o der mittlere Leistungswert und L_w die Amplitude des wechselnden, positiven oder negativen Zusatzes bedeutet. Dieselbe Art der Darstellung ist natürlich ohne weiteres auch für das Drehmoment zulässig.

Beim Seriemotor ist für unsere vereinfachenden analytischen Annahmen L_o ständig gleich null, während beim Repulsionsmotor auch bei unsern vereinfachenden Annahmen im allgemeinen beide Bestandteile von L auftreten.

3. Die Arbeitsweise der Induktionsmotoren für Drehstrom, insbesondere bei Stufenregelung der Geschwindigkeit.

Bei der Betrachtung der Eigenart der Zugkraft verschiedener Bahnmotoren im Hinblick auf den Kraftbedarf am Radumfang erkannten wir die geringere Eignung der sog. Nebenschlusscharakteristik gegenüber der Reihenschlusscharakteristik. Da der gewöhnliche asynchrone Induktionsmotor für Drehstrom ebenfalls eine Nebenschlusscharakteristik besitzt, so muss er, um als Bahnmotor eine höhere Wertschätzung zu erfahren, hinsichtlich der mechanischen Charakteristik verbessert werden, was mittels der sogen. Stufenregelung der Geschwindigkeit erfolgt. Vom Standpunkt der erzielten mechanischen Charakteristik aus, leisten zwar die Methoden der Stufenregelung nicht mehr, als was auch mittels variabler Rotorwiderstände hervorgebracht werden könnte; es arbeitet jedoch die Stufenregelung verhältnismässig wirtschaftlich, während die Regelung mittels des Rotorwiderstandes höchst unwirtschaftlich ist. Von den verschiedenen Verfahren der Stufenregelung, die denkbar oder anwendbar scheinen, kommen für die Anordnung auf elektrischen Fahrzeugen allein die sog. Polumschaltung und die sog. Kaskadenschaltung in Betracht.

Wir betrachten zunächst die Arbeitsweise des gewöhnlichen Drehstrommotors, den wir wiederum bei vereinfachenden Annahmen untersuchen; es sei wiederum eine geradlinige Magnetisierungskurve vorausgesetzt; im weitern vernachlässigen wir alle Verluste mit Ausnahme des Stromwärmeverlustes im Sekundärteil; auch bleibe vorerst die magnetische Streuung ausser Betracht, um aber nachträglich mitberücksichtigt zu werden. Beim idealen, sinusförmig abgeschatteten Drehfeld kann die nach Abbildung 86 auf den Sekundärteil des Motors bezogene elektromotorische Kraft E_2 in die Wattkomponente $E_2 \cdot \cos \varphi_2$ und in die wattlose Komponente $E_2 \cdot \sin \varphi_2$ bei Einführung des sekundären Phasenwinkels φ_2 zerlegt werden. Irgend eine, auf die Sekunde be-

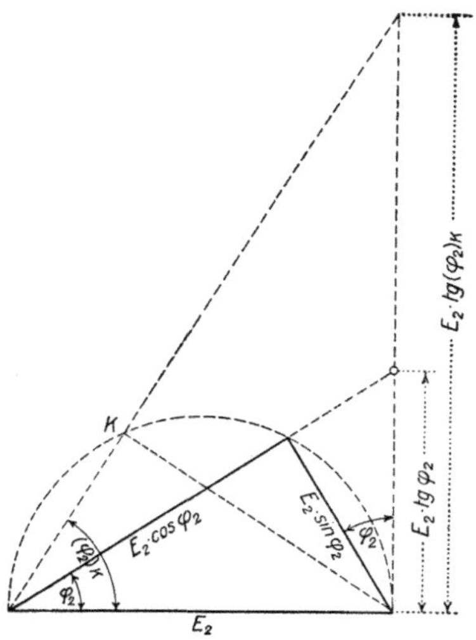

Abb. 86. Diagramm der sekundären Spannungsgrössen des normalen Drehstrommotors.

zogene, Winkelgeschwindigkeit ω des Motors ist mit der ebenfalls auf die Sekunde bezogenen Winkelgeschwindigkeit ω_o des Drehfeldes und mit der sog. Schlüpfung s für den gewöhnlichen Drehstrommotor durch die Beziehung:

$$\frac{\omega_o - \omega}{\omega_o} = s$$

festgelegt, wobei $\omega \leqq \omega_o$ sein kann, und wobei:

$$\omega_o = \frac{4\,\pi\,\nu}{P}$$

durch die Periodenzahl ν in der Sekunde des speisenden Drehstroms und durch die Polzahl P des Motors bestimmt ist; es ist dann die wattlose Spannungskomponente $E_2 \cdot \sin \varphi_2$ lediglich durch den in Ampère gemessenen, veränderlichen sekundären Motorstrom I_2 und die unveränderliche sekundäre Motorreaktanz x_2 gegeben, während die Wattkomponente $E_2 \cdot \cos \varphi_2$ der in Volt gemessenen Spannung, nach Massgabe des unveränderlichen, sekundären effektiven Widerstandes w_2, aus dem sekundären Stromwärmeverlust und der nutzbaren mechanischen Leistung pro Einheit des Sekundärstromes bestimmt ist.

Für $\omega = 0$, welcher Belastungspunkt dem Stillstand, oder im Diagramm nach Abbildung 86, dem Kurzschlusspunkt K entspricht, ist dann:

$$\omega = 0 \quad , \quad (s)_k = 1 = \operatorname{tg} (\varphi_2)_k \cdot E_2$$

$$E_2 \cdot \cos (\varphi_2)_k = w_2 \cdot (J_2)_k$$

Der Index k soll die Zugehörigkeit der variablen Grössen zum Kurzschlusspunkt andeuten. Es ist ferner:

$$E_2 \cdot \sin (\varphi_2)_k = x_2 \cdot (J_2)_k$$

$$\operatorname{tg} (\varphi_2)_k = \frac{x_2}{w_2}$$

Für jeden andern Betriebszustand mit $0 < \omega \leqq \omega_o$ muss gelten:

$$0 < \omega \leqq \omega_o \quad , \quad s = \frac{E_2 \operatorname{tg} \varphi_2}{E_2 \operatorname{tg} (\varphi_2)_k} = \frac{\operatorname{tg} \varphi_2}{\operatorname{tg} (\varphi_2)_k} = \frac{w_2}{x_2} \cdot \operatorname{tg} \varphi_2$$

$$E_2 \cdot \sin \varphi_2 = x_2 \cdot J_2$$

$$E_2 \cdot \cos \varphi_2 = D \cdot \omega_o \cdot \frac{1}{m \cdot J_2} \cdot 9{,}81$$

wobei mit D das Drehmoment des rotierenden Teils des Motors, des sog. Rotors, in *mkg*, und mit m die sekundäre Phasenzahl bezeichnet sein mögen; die letztere der angeschriebenen Beziehungen ist durch die allgemeine Drehmomentbestimmung aus magnetischem Kraftfluss und Stromstärke erhältlich.

Die Elimination von J_2 aus den zwei letzten Gleichungen und die Einsetzung von:

$$\operatorname{tg} \varphi_2 = s \cdot \frac{x_2}{w_2}$$

liefert:

$$D \cdot \left[1 + s^2 \cdot \left(\frac{x_2}{w_2}\right)^2\right] = \frac{m \cdot E_2^2}{w_2 \cdot \omega_o} \cdot s \cdot \frac{1}{9,81}$$

woraus bereits die mechanische Charakteristik mit

$$D = \frac{m}{\omega_o} \cdot E_2^2 \cdot \frac{w_2 \cdot s}{w_2{}^2 + x_2{}^2 \cdot s^2} \cdot \frac{1}{9,81}$$

hervorgeht. Weil D ein Maximum besitzt, für das:

$$(s)_{D max} = s_m = \frac{w_2}{x_2}$$

so dass:

$$D_{max} = \frac{m}{2 \cdot \omega_o} \cdot E_2^2 \cdot \frac{1}{x_2} \cdot \frac{1}{9,81}$$

kann man schliesslich schreiben:

$$D = 2\, D_{max} \,.\, s_m \cdot \frac{s}{s^2 + s_m{}^2}$$

wodurch die mechanische Charakteristik aus der nominellen Leistung und der nominellen Geschwindigkeit analytisch festgelegt ist, da die nominelle Leistung und Geschwindigkeit mit dem durch D_{max} und s_m festgelegten Betriebszustande in einem festen Zusammenhang stehen, auf den noch zurückzukommen ist.

Da die Grösse:

$$s_m = \frac{w_2}{x_2} = \operatorname{cotg} (\varphi_2)_k$$

durch den Kurzschlussversuch des Motors als äusserst wichtige Motorkonstante gegeben sein muss, und da:

$$D_{max} = \frac{m}{2\, \omega_o} \cdot E_2^2 \cdot \frac{1}{x_2} \cdot \frac{1}{9,81}$$

wie noch gezeigt werden wird, die wichtigsten Motordimensionen enthält, so weist die Gleichung für D ausser den Variablen D und s tatsächlich lauter Motorkonstante auf, die auf einfache Weise aus den nominellen Motordaten erhältlich sind. Wird diese Gleichung nach s aufgelöst, so folgt:

$$s = s_m \cdot \frac{D_{max}}{D}\left[1 \pm \sqrt{1 - \left(\frac{D}{D_{max}}\right)^2}\right] .$$

Vor der Quadratwurzel braucht lediglich das negative Vorzeichen berücksichtigt zu werden, wenn man, wie das für das motorische Verhalten der Asynchronmaschine zutrifft, nur zwischen 0 und + 1 liegende Schlüpfungen zulässt. Indem ferner die Winkelgeschwindigkeit ω wieder eingeführt wird, folgt:

$$\omega = \omega_o \cdot \left[1 - s_m \cdot \frac{D_{max}}{D}\left(1 - \sqrt{1 - \left(\frac{D}{D_{max}}\right)^2}\right)\right]$$

als Zusammenhang zwischen Winkelgeschwindigkeit und Drehmoment für den gewöhnlichen asynchronen Drehstrommotor; dieser Zusammenhang ist in Abbildung 87 im rechtwinkligen Koordinatensystem als Schaulinie dargestellt. Für den Betrieb ist nun die Kurve nach Abbildung 87 nicht in ihrem ganzen Verlaufe verwendbar, sondern nur zwischen $D = 0$ und $D = D_1$, infolge der Werte, die die Stromstärke J_2 und der Leistungsfaktor $\cos \varphi_2$ annehmen. Den Verlauf von J_2 und $\cos \varphi_2$, als Funktionen von D, erhält man folgenderweise. Es ist:

$$\operatorname{tg} \varphi_2 = s \cdot \frac{x_2}{w_2} = \frac{s}{s_m}$$

$$\cos \varphi_2 = \frac{1}{\sqrt{1 + \left(\frac{s}{s_m}\right)^2}} = \frac{\omega_o \cdot D_{max}}{m \cdot E_2 \sqrt{\frac{1}{2\left[1 - \sqrt{1 - \left(\frac{D}{D_{max}}\right)^2}\right]}}} \cdot 9{,}81$$

$$= \frac{\omega_o \cdot D_{max}}{m \cdot E_2} \cdot \sqrt{2\left[1 - \sqrt{1 - \left(\frac{D}{D_{max}}\right)^2}\right]} \cdot 9{,}81$$

Durch Aufzeichnung der Kurven $\cos \varphi_2$ und I_2 als Funktionen von D, wobei noch E_2 nach Seite 132 durch D_{max} auszudrücken ist, kann man sich ohne weiteres von der Richtigkeit der Behauptung überzeugen, der Verlauf nach Abbildung 87 sei nur zwischen $D = 0$ und $D = D_1$ brauchbar. Es kann daher der Verlauf nach Abbildung 87 auch nicht unverändert für das Anfahren benutzt werden, das vom Werte $D = D_a$ bei $\omega = 0$ ausgehend, über den Punkt B für $D = D_{max}$, nach dem Punkte A für $D = D_1$ bei $\omega = \omega_1$, zu erfolgen hätte. Die besondere Form der Abbildung 87, bei der Anfahren und Fahren gemäss einer und derselben Geschwindigkeit-Zugkraft-Linie erfolgen könnte, ist analytisch aus dem Ansatze

$$s_m = 1 \quad , \quad w_2 = x_2$$

zu bilden, wobei $D_a = D_{max}$ und wobei:

$$\omega = \omega_o \left[1 - \frac{D_{max}}{D} \cdot \left(1 - \sqrt{1 - \left(\frac{D}{D_{max}}\right)^2}\right)\right]$$

wird, wie in Abbildung 88 veranschaulicht ist. Leider befriedigen aber für diese Lösung die elektrischen Grössen erst recht nicht, obschon, vom Standpunkt der mechanischen Charakteristik aus, der Verlauf der Abbildung 88 der für die Traktion wünschbare wäre, da er die Koordinierung grösserer Zugkräften mit kleinern Geschwindigkeiten ohne

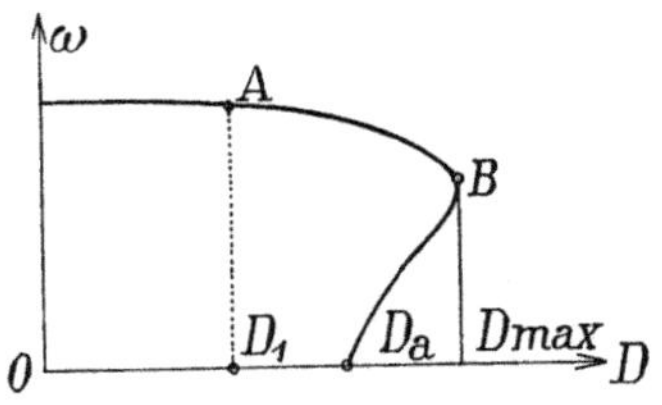

Abb. 87. Mechanische Charakteristik des normalen Drehstrommotors.

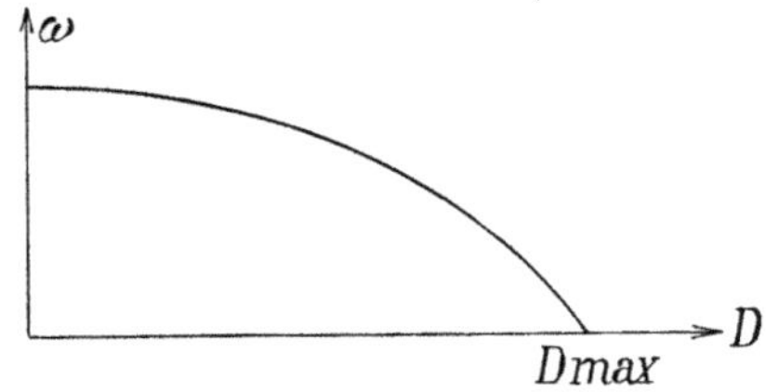

Abb. 88. Mechanische Charakteristik des Drehstrommotors mit grossem Rotorwiderstand.

weiteres und die Einhaltung bestimmter Geschwindigkeiten bei verschiedenen Zugkräften durch Einrichtung eines variablen E_2 zu befriedigen vermöchte. Da also von einer mechanischen Charakteristik nach Abbildung 88 Abstand genommen und die Charakteristik nach Abbildung 87 in Betracht gezogen werden muss, so sind nun für das Anfahren, zwischen den Werten $\omega = 0$ und $\omega = \omega_1$ bei Punkt A, Lösungen mit variablem Widerstand w_2 oder variabler Spannung E_2 zu verwenden.

Betrachten wir daher zunächst die Anfahrt bei konstantem E_2 und veränderlichem w_2. Für irgend ein D der Abbildung 87, also z. B. für $D = D_1$ kann man durch Aenderung von w_2 für alle ω zwischen 0 und ω_1 den Wert $D = D_1$ unverändert halten, d. h. in Abbildung 87 die Vertikale $D_1\,A$ als Anfahr-Geschwindigkeitslinie herstellen. Das Gesetz dieser Aenderung folgt aus:

$$D = D_1 = \frac{1}{9{,}81} \cdot \frac{m \cdot E_2^2}{\omega_o} \cdot \frac{w_2 \cdot s}{w_2^2 + x_2^2 \cdot s^2} = \text{konstant}$$

und führt auf die Bedingung, dass sich w_2 und s proportional ändern müssen. Soll die Abhängigkeit des Anfangswertes D_1 bei $\omega = 0$ und also bei $s = 1$ veranschaulicht werden, so führt dies auf die Bedingungsgleichung:

$$D_1 = \frac{1}{9{,}81} \cdot \frac{m \cdot E_2^2}{\omega_o} \cdot \frac{w_2}{x_2^2 + w_2^2} = \text{konstant}$$

und ergibt das Schaubild der Regulierkurve nach Abbildung 89. Man kann durch Aenderung von w_2 selbstverständlich auch andere Bedingungen, als $D = D_1 =$ konstant, verwirklichen, auf die wir aber nicht weiter eintreten.

Was nun die Anfahr-Einrichtung für unveränderliches w_2 und veränderliches E_2 betrifft, so ist zu bemerken, dass man für jedes bestimmte E_2 eine Kurve nach Abbildung 87 erhält, wie sie durch die Zahlenwerte von E_2 und D_{max} in der entsprechenden Gleichung gerade festgelegt ist. Den Zusammenhang aller Punkte D_1 für $\omega = 0$ und $s = 1$, die für ein konstantes w_2 bei variablem E_2 zu erhalten sind, kann man bestimmen aus:

$$D_1 = \frac{m \cdot E_2^2}{\omega_o} \cdot \frac{w_2}{x_2^2 + w_2^2} \cdot \frac{1}{9,81}$$

woraus folgt:

$$E_2 = \sqrt{\frac{D_1 \cdot \omega_o}{m} \cdot \frac{x_2^2 + w_2^2}{w_2} \cdot 9,81}$$

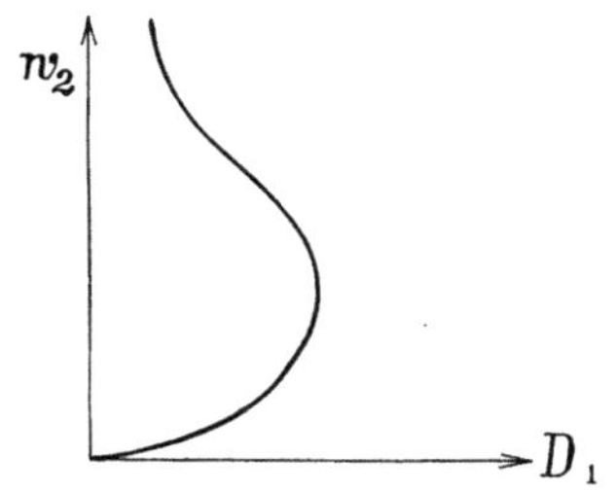

Abb. 89. Widerstands-Regulierkurve des normalen Drehstrommotors.

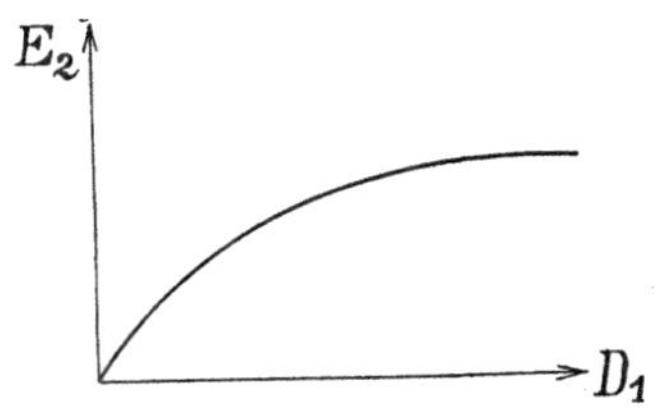

Abb. 90. Spannungs-Regulierkurve des normalen Drehstrommotors.

als Zusammenhang zwischen E_2 und D_1, den wir in Abbildung 90 durch ein Kurvenbild darstellen. Dabei ist:

$$J_2 = \sqrt{\frac{D_1 \cdot \omega_o}{m \cdot w_2} \cdot 9,81}$$

und:

$$\cos \varphi_2 = \frac{w_2}{\sqrt{x^2 + w_2^2}} = \text{konstant.}$$

Selbstverständlich lassen sich auch Anfahr-Beziehungen dadurch herstellen, dass sowohl E_2 als auch w_2 veränderlich gemacht werden; doch soll hierauf nicht weiter eingetreten werden.

Bisher haben wir von der Stufenregelung noch keinen Gebrauch gemacht und die Verhältnisse der gewöhnlichen Drehstrommotoren beleuchtet, die mit Rücksicht auf die weitere Erörterung des Themas vollständig behandelt werden mussten. Um nun an die Betrachtung der Leistungsfähigkeit der Methoden der Stufenregelung zu gehen, haben wir in unserer analytischen Entwicklung vom Sekundärkreis auf den Primärkreis des Motors überzutreten.

Indem wir zunächst die sog. Streuung, d. h. den Einfluss der magnetischen Widerstände und der Wicklungsfaktoren vernachlässigen, können wir schreiben:

$$\frac{E_1}{E_2} = \frac{N_1}{N_2}$$

wobei wir mit E_1 und E_2 die primäre und sekundäre elektromotorische Kraft, und mit N_1 und N_2 die primäre und sekundäre Windungszahl pro Phase bezeichnen. Infolge der Vernachlässigung von Verlusten im Primärteil fallen für diesen die Begriffe Spannung und elektromotorische Kraft zusammen. Das in die Gleichung der mechanischen Charakteristik einzusetzende Maximaldrehmoment erhält dann die Form:

$$D_{max} = \frac{m \cdot E_1^2}{2 \cdot \omega_0 \cdot x_2} \cdot \left(\frac{N_2}{N_1}\right)^2 \cdot \frac{1}{9,81}$$

Für die zwei nunmehr zu betrachtenden Verfahren der Stufenregelung, nämlich die Methode der Polumschaltung und die Methode der Kaskadenschaltung, ist jetzt die Winkelgeschwindigkeit ω_0 neu festzusetzen. Es muss nun nämlich für die Polumschaltung die Veränderlichkeit der Polzahl durch einen Umschaltmodul α, und für die Kaskadenschaltung die Veränderlichkeit des Motoranschlusses durch einen Umschaltmodul β eingeführt werden. Auf die sekundären Grössen wirken die zwei Verfahren der Stufenregelung derart ein, dass im Ausdruck für D_{max} das Verhältnis $\frac{N_2^2}{x_2}$ und die Grösse m, sowie auch s_m im analytischen Ausdruck für die mechanische Charakteristik stets unverändert bleiben. Anderseits ist bei der Polumschaltung, wie noch gezeigt werden wird, die primäre Windungszahl N_1 nicht unbedingt unveränderlich. Bei der Polumschaltung und bei der Kaskadenschaltung kann schliesslich gleichzeitig mit der Stufenregelung auch eine Regelung der primären Spannung E_1, mittels einer auf dem Triebfahrzeug angeordneten Spannungsregelung, vorgenommen werden, worauf auch noch zurückzukommen ist.

Indem wir zuerst die Verhältnisse bei der *Polumschaltung* ins Auge fassen, wollen wir festsetzen, es sei der Umschaltmodul α derart definiert, dass $\alpha_{max} \cdot P$ die höchste, $\alpha \cdot P$ irgend eine, und P die niedrigste Polzahl für einen Drehstrommotor mit umschaltbarer Polzahl sei. Es kann dabei $\alpha \cdot P$ nur eine ganze und gerade Zahl sein. Ist $P = 2$, so ist α der Reihe nach $= 1, = 2, = 3, \ldots\ldots$ Ist $P = 4$, so kann α der Reihe nach $= 1, = 1{,}5, = 2, = 2{,}5, = 3, \ldots\ldots$ sein; usw. Wenn dann für die niedrigste Polzahl P die Gleichung:

$$\omega_o = \frac{4\,\pi\,\nu}{P}$$

gilt, so folgt für irgend eine Polzahl $\alpha \cdot P$:

$$(\omega_o)_\alpha = \frac{4\,\pi\,\nu}{\alpha \cdot P} = \frac{\omega_o}{\alpha}$$

und besteht der Zusammenhang:

$$\frac{(\omega_o)_{\alpha\,max}}{(\omega_o)_\alpha} = \frac{\alpha}{\alpha_{max}}$$

Die Polumschaltung kann nun entweder derart vorgenommen werden, dass die primäre Windungszahl für alle Stufen unverändert und gleich N_1 ist, oder derart, dass die primäre Windungszahl veränderlich und für die dem Modul α entsprechende Stufe gleich $\left(\frac{\alpha}{\alpha_{max}}\right) \cdot N_1$ ist.

Unter der Voraussetzung einer für alle Stufen unveränderlichen Windungszahl N_1 erhält man für das Maximaldrehmoment der Stufe α:

$$(D_{max})_\alpha = \frac{m \cdot E_1^2}{2 \cdot x_2 \cdot (\omega_o)_{\alpha\,max}} \cdot \frac{\alpha}{\alpha_{max}} \cdot \left(\frac{N_2}{N_1}\right)^2 \cdot \frac{1}{9{,}81}$$

woraus sich ergibt, dass $(D_{max})_\alpha$ dem Modul α direkt proportional ist. Die Kurvenschar der mechanischen Charakteristiken für alle Stufen ergibt dann bei konstantem E_1 ein Schaubild, das für die besondern Module $\alpha = 2, = 3, = 4, = 6$, aus der Abbildung 91 zu ersehen ist. Diese Art der Regelung liefert somit Motoren mit einem maximalen Drehmoment, das für jede Stufe der entsprechenden synchronen Umdrehungszahl umgekehrt proportional ist, d. h. Motoren mit konstanter Maximalleistung für alle Stufen.

Unter der Voraussetzung einer Polumschaltung mit einer Windungszahl $\left(\frac{\alpha}{\alpha_{max}} \cdot N_1\right)$ für die beliebige, dem Modul α entsprechende Stufenzahl, ergibt sich dann für das, der Stufe α entsprechende Maximaldrehmoment:

$$(D_{max})_\alpha = \frac{m \cdot E_1^2}{2 \cdot x_2 \cdot (\omega_o)_{\alpha\,max}} \cdot \frac{\alpha}{\alpha_{max}} \cdot \left(\frac{N_2}{N_1} \cdot \frac{\alpha_{max}}{\alpha}\right)^2 \cdot \frac{1}{9{,}81}$$

$$= \frac{m \cdot E_1^2}{2 \cdot x_2 \cdot (\omega_o)_{\alpha\,max}} \cdot \frac{\alpha_{max}}{\alpha} \cdot \left(\frac{N_2}{N_1}\right)^2 \cdot \frac{1}{9{,}81}$$

woraus folgt, dass $(D_{max})_\alpha$ dem Modul α umgekehrt proportional ist. Die Kurvenschar der mechanischen Charakteristiken für alle Stufen ergibt dann bei konstantem E_1 ein Schaubild, das für die besondern Module $\alpha = 2, = 3, = 4, = 6$ aus der Abbildung 92 zu ersehen ist. Diese Art der Regelung liefert somit Motoren mit einem maximalen Drehmoment, das für jede Stufe der entsprechenden synchronen Umdrehungszahl direkt proportional ist, also Motoren, deren Leistungen sich verhalten, wie die Quadrate der synchronen Umdrehungszahlen der entsprechenden Stufe.

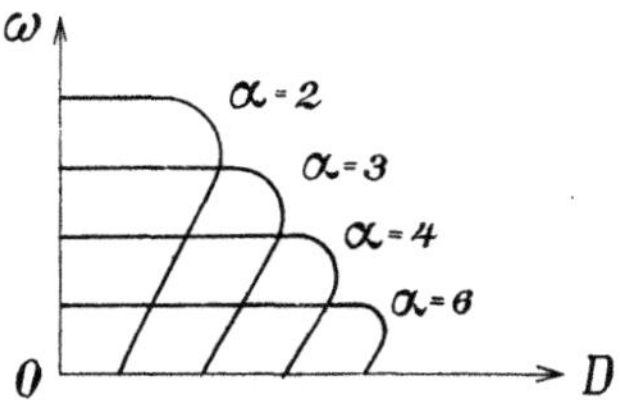

Abb. 91.

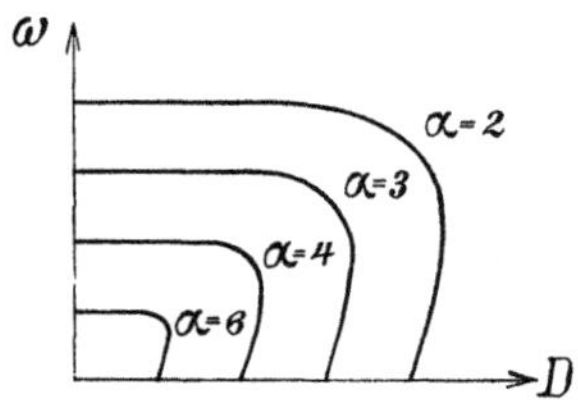

Abb. 92.

Mechanische Charakteristiken der idealen Stufenregelung von Drehstrommotoren auf konstante Leistung (Abb. 91) oder auf Drehmomentssteigerung bei Geschwindigkeitssteigerung (Abb. 92).

Im Hinblick auf die Eignung für die normale elektrische Zugförderung ist zu erkennen, dass das der Abbildung 91 entsprechende Verfahren allen Ansprüchen genügt; das der Abbildung 92 entsprechende Verfahren genügt jedoch bei konstantem E_1 nicht, sondern erst bei Regelung der Spannung E_1 proportional α^2. Die Polumschaltung gemäss Abbildung 91 mit konstanter Windungszahl N_1 führt zu einer auf den verschiedenen Schaltstufen unkonstanten magnetischen Sättigung, da diese proportional $(E_1 \cdot \alpha)$ ausfällt, während die andere Methode mit einer durch $\left(\frac{\alpha}{\alpha_{max}} \cdot N_1\right)$ dargestellten Windungszahl bei konstantem E_1 zu einer konstanten magnetischen Sättigung führt.

Wir behandeln nun die *Kaskadenschaltung* unter den gleichen Voraussetzungen wie bisher, und definieren den Umschaltmodul β derart, dass für die höchste synchrone Winkelgeschwindigkeit ω_o, mit allen in Betracht fallenden Motoren in Parallelschaltung, und für die bei einer Anzahl β in Kaskade geschalteter Motoren entstehende niedrigere synchrone Winkelgeschwindigkeit $(\omega_o)_\beta$ der Zusammenhang:

$$(\omega_o) = \beta \cdot (\omega_o)_\beta$$

gelten soll. Wenn dann E_2 die sekundäre elektromotorische Kraft der parallel laufenden Motoren ist, so ist für die Anzahl β in Kaskade geschalteter Motoren pro Motor die sekundäre elektromotorische Kraft $(E_2)_\beta$ wirksam, wobei:

$$E_2 = \beta \cdot (E_2)_\beta$$

und wobei wir voraussetzen, dass sämtliche, für die Kaskadenschaltung zu verwendende Motoren übereinstimmende elektrische Konstanten besitzen. Der Ausdruck für das jeder Stufe entsprechende maximale Drehmoment erlangt dann, weil auch

$$E_1 = \beta_1 \cdot (E_1)_\beta$$

gesetzt werden kann, die Form:

$$(D_{max})_\beta = \frac{m \cdot \left(\frac{E_1}{\beta}\right)^2}{2 \cdot x_2 \cdot \left(\frac{\omega_o}{\beta}\right)} \cdot \left(\frac{N_2}{N_1}\right)^2 \cdot \frac{1}{9{,}81} = \frac{m \cdot E_1^2}{2 \cdot x_2 \cdot \omega_o} \cdot \frac{1}{\beta} \cdot \left(\frac{N_2}{N_1}\right)^2 \cdot \frac{1}{9{,}81}$$

sodass also $(D_{max})_\beta$ dem Modul β umgekehrt proportional ist. Die Zusammenstellung der mechanischen Charakteristiken aller Stufen ergibt dann bei konstantem E_1 für die Module $\beta = 2, = 3, = 4, = 6$ wiederum das Schaubild nach Abbildung 92, wobei einfach β anstelle von α zu setzen ist.

Auch für die Kaskadenschaltung kann eine Regelung der primären Spannung E_1 zur Anwendung kommen und sind dann entsprechende Resultate, wie für den Fall der Polumschaltung, erhältlich.

Wir haben nun an unsern analytischen Betrachtungen eine schwerwiegende Korrektion anzubringen, indem wir die aus Gründen der bessern Uebersicht bisher vernachlässigte *Streuung* in Berücksichtigung ziehen. Bei Berücksichtigung der Streuung gilt dann die Beziehung:

$$\frac{E_1}{E_2} = \frac{N_1}{N_2} \quad \text{oder} \quad \frac{N_1}{N_2} \cdot \frac{E_2}{E_1} = 1$$

nicht mehr, sondern es ist zu setzen:

$$\frac{N_1}{N_2} \cdot \frac{E_2}{E_1} = \frac{1}{1 + \sigma}$$

wobei der Koeffizient σ, für den:

$$0 < \sigma < 1$$

gilt, als sog. Streuungskoeffizient eingeführt wird. In die Ausdrücke für das maximale Drehmoment, sowohl der gewöhnlichen als auch der mittels Stufenschaltung geregelten, Drehstrommotoren ist dann der Faktor:

$$\left(\frac{1}{1 + \sigma}\right)^2$$

einzuführen, sodass für D_{max} allgemein zu schreiben ist:

$$D_{max} = \frac{m \cdot E_1^2}{2 \cdot \omega_o \cdot x_2} \cdot \left(\frac{N_2}{N_1}\right)^2 \cdot \left(\frac{1}{1+\sigma}\right)^2 \cdot \frac{1}{9{,}81}.$$

Für die Berücksichtigung der Streuung bei der Polumschaltung und bei der Kaskadenschaltung ist nun wesentlich, dass der Koeffizient σ von Stufe zu Stufe nicht unveränderlich bleibt. Hingegen kann, unter der Voraussetzung günstiger Wicklungsanordnungen, das für die Verhältnisse der Praxis mit genügender Genauigkeit geltende Gesetz der Aenderung von σ von Stufe zu Stufe angegeben werden.

Bei der Polumschaltung darf man nämlich, wenn der niedrigsten Polzahl P der Koeffizient σ entspricht, für die gemäss dem Modul α höhere Polzahl $\alpha \cdot P$ den Koeffizienten σ_α berechnen aus:

$$\left(1 + \frac{1}{\sigma}\right) = \alpha \cdot \left(1 + \frac{1}{\sigma_\alpha}\right).$$

Analog darf man bei der Kaskadenschaltung, wenn jedem der parallel geschalteten Motoren der Koeffizient σ entspricht, für die gemäss dem Modul β entstehenden Koeffizienten σ_β der β Motoren den Ansatz machen:

$$\left(1 + \frac{1}{\sigma}\right) = \beta^2 \cdot \left(1 + \frac{1}{\sigma_\beta}\right).$$

Die Ausdrücke, die dann in der Formel für D_{max} zur Berücksichtigung der Streuung, sowohl bei Polumschaltung als auch bei Kaskadenschaltung auftreten müssen, lauten nun:

bei Polumschaltung: $$\left(\frac{1}{1+\sigma_\alpha}\right)^2 = \left(1 - \frac{\alpha \cdot \sigma}{1+\sigma}\right)^2$$

und

bei Kaskadenschaltung: $$\left(\frac{1}{1+\sigma_\beta}\right)^2 = \left(1 - \frac{\beta^2 \cdot \sigma}{1+\sigma}\right)^2$$

Das Maximaldrehmoment ergibt sich also, zufolge der Streuung, anders bei der Kaskadenschaltung, als bei der Polumschaltung, was an Hand eines Zahlenbeispiels anschaulich gezeigt werden soll. Wir betrachten das Beispiel:

$$\alpha = \beta = 1, = 2, = 3, = 4, = 6$$

und setzen voraus, es sei weiter:

$$\sigma = 0{,}05.$$

Dann liefert die Ausrechnung:

$\alpha = \beta$	$\left(1 - \frac{\alpha \cdot \sigma}{1+\sigma}\right)^2$	$\left(1 - \frac{\beta^2 \cdot \sigma}{1+\sigma}\right)^2$
$= 1$	$= 0{,}91$	$= 0{,}91$
$= 2$	$= 0{,}82$	$= 0{,}66$
$= 3$	$= 0{,}73$	$= 0{,}33$
$= 4$	$= 0{,}66$	$= 0{,}06$
$= 6$	$= 0{,}51$	= negativ

Das Beispiel zeigt schlagend, dass in Hinsicht auf die Anzahl praktisch brauchbarer Stufen die Kaskadenschaltung der Polumschaltung erheblich nachsteht; dieses Resultat erklärt, warum bei Kaskadenschaltung nie mehr als zwei Stufen praktisch in Benutzung genommen werden. Auch für die Polumschaltung werden zwar meist nur zwei Stufen für dieselbe Wicklung benutzt, jedoch liegt der Grund dafür nicht in der unbefriedigenden Arbeitsweise, sondern in der Komplikation der Schalterverbindungen.

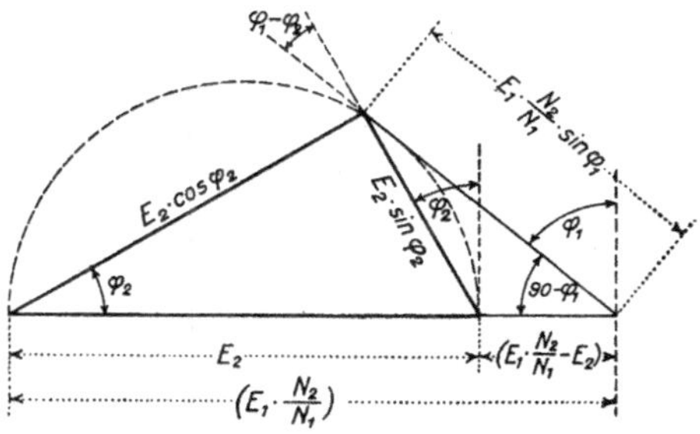

Abb. 93. Diagramm der sekundären und primären Spannungsgrössen des normalen Drehstrommotors.

Infolge des Auftretens der Streuung ergeben sich auch die elektrischen Grössen, Strom und Leistungsfaktor, primär wesentlich anders, als sekundär. In Abbildung 93 ist das Spannungsdiagramm des gewöhnlichen Drehstrommotores erweitert durch Angabe der sich bei Streuung einstellenden primären Werte; gemäss diesem Diagramm lässt sich über der festliegenden Grösse

$$E_1 \cdot \frac{N_2}{N_1} - E_2$$

und den gemäss der Belastung variierenden Grössen

$$E_2 \cdot \sin \varphi_2 \quad \text{und} \quad E_1 \cdot \frac{N_2}{N_1} \cdot \sin \varphi_1$$

ein Dreieck bilden, aus dem die Beziehungen folgen:

$$\frac{\sin(\varphi_1 - \varphi_2)}{\sin(90 - \varphi_1)} = \frac{E_1 \cdot \frac{N_2}{N_1} - E_2}{E_2 \cdot \sin \varphi_2} = \frac{\sigma}{\sin \varphi_2}$$

$$\operatorname{tg} \varphi_1 = \frac{1}{\cos \varphi_2} \cdot \left(\sin \varphi_2 + \frac{\sigma}{\sin \varphi_2}\right)$$

$$\cos \varphi_1 = \frac{\cos \varphi_2}{\sqrt{1 + 2\sigma + \sigma^2 \cdot \frac{1}{\sin^2 \varphi_2}}}$$

Da wir ferner alle Verluste, ausser den sekundären Kupferverlusten vernachlässigen, so gilt mit $m = 3$ für Primär- und Sekundärteil:

$$N_1 \cdot J_1 \cdot \cos \varphi_1 = N_2 \cdot J_2 \cos \varphi_2$$

woraus folgt:

$$J_1 = J_2 \cdot \frac{N_2}{N_1} \cdot \frac{\cos \varphi_2}{\cos \varphi_1}$$

$$J_1 = J_2 \cdot \frac{N_2}{N_1} \cdot \sqrt{1 + 2\,\sigma + \sigma^2 \cdot \frac{1}{\sin^2 \varphi_2}}$$

womit die primären Grössen zu den sekundären Grössen in Zusammenhang gebracht sind. Mittels der Beziehungen:

$$\cos \varphi_2 = \frac{s_m}{\sqrt{s_m^{\,2} + s^2}} \quad \text{und} \quad \frac{1}{\sin^2 \varphi_2} = 1 + \left(\frac{s_m}{s}\right)^2$$

folgt nun der primäre Leistungsfaktor:

$$\cos \varphi_1 = \frac{s_m}{\sqrt{\left(s_m^{\,2} + s^2\right) \cdot \left(1 + 2 \cdot \sigma + \sigma^2 \cdot \left[1 + \frac{s_m^{\,2}}{s^2}\right]\right)}}$$

in Funktion der Schlüpfung s. Es besitzt $\cos \varphi_1$ ein Maximum, das aus:

$$\frac{d\,(\cos \varphi_1)}{ds} = 0$$

für die Schlüpfung:

$$s = s_m \cdot \sqrt{\frac{\sigma}{1 + \sigma}}$$

zu:

$$\cos\,(\varphi_1)_{max} = \frac{1}{1 + 2\,\sigma}$$

folgt. Weiter folgt, wenn m bei primär und sekundär ungleicher Phasenzahl sinngemäss definiert wird, mit Hülfe der Beziehung:

$$\frac{N_2}{N_1} \cdot \frac{1}{E_2} = \frac{1 + \sigma}{E_1}$$

der Ausdruck für die primäre Stromstärke ganz allgemein zu:

$$J_1 = \frac{\omega_0 \cdot D}{m \cdot E_1} \cdot (1 + \sigma) \cdot \sqrt{1 + 2\,\sigma + \sigma^2 \cdot \left(1 + \frac{s_m^2}{s^2}\right)} \cdot \sqrt{\frac{s^2 + s_m^{\,2}}{s_m^{\,2}}} \cdot 9{,}81$$

$$J_1 = \frac{2 \cdot D_{max} \cdot \omega_0}{m \cdot E_1} \cdot \frac{1 + \sigma}{\sqrt{1 + \frac{s_m^{\,2}}{s^2}}} \cdot \sqrt{1 + 2\,\sigma + \sigma^2 \cdot \left(1 + \frac{s_m^{\,2}}{s^2}\right)} \cdot 9{,}81$$

Es erscheint also J_1, wie $\cos \varphi_1$, in Funktion der Schlüpfung s.

Aus dieser Gleichung ergibt sich für $s = 0$ der Strom J_1 in der unbestimmten Form $\frac{0}{0}$; man kann daher aus dieser Gleichung den sog.

Leerlaufstrom nicht berechnen, was übrigens auch aus der Entstehungsweise der Gleichung naheliegend erscheint.

Unter Benutzung der Gleichung für die mechanische Charakteristik:

$$\text{I.} \qquad D = 2\, D_{max} \cdot s_m \cdot \frac{s}{s^2 + s_m^{\,2}}$$

lassen sich die elektrischen Grössen $\cos \varphi_1$ und J_1 auch als Funktionen des Drehmomentes aufstellen, wobei man mittels der mit dem Drehmomente D variablen Hülfsgrössen h_1 und h_2:

$$\begin{cases} h_1 = 1 \pm \sqrt{1 - \left(\frac{D}{D_{max}}\right)^2} \\ h_2 = 1 + 2 \cdot \sigma + \sigma^2 \cdot \left(1 + \left(\frac{D}{D_{max}}\right)^2 \cdot \frac{1}{h_1}\right) \end{cases}$$

erhält:

$$\text{II.} \quad \cos \varphi_1 = \sqrt{\frac{1}{\left(1 + \left(\frac{D_{max}}{D}\right)^2 \cdot h_1^2\right) \cdot h_2}}$$

$$\text{III.} \qquad J_1 = \frac{9{,}81}{E_1} \cdot \frac{2\, \omega_o \cdot D_{max}}{m} \cdot (1 + \sigma) \cdot \sqrt{\frac{h_2}{1 + \left(\frac{D}{D_{max}}\right)^2 \cdot \frac{1}{h_1}}}$$

Weil für die getroffene Voraussetzung des mit einer geradlinigen Magnetisierungscharakteristik behafteten und, abgesehen von den sekundären Stromwärmeverlusten, verlustlosen asynchronen Drehstrommotors die elektrische Leistung L_e in Watt gemäss der Beziehung

$$L_e = m \cdot E_2 \cdot J_2 \cdot \cos \varphi_2 = D \cdot \omega_o \cdot \frac{1}{9{,}81}$$

dem Drehmomente D direkt proportional ist, und weil die mechanische Leistung L_m in *mkg/sec* einfach aus:

$$L_m = \omega \cdot D = \omega_o \cdot D \cdot (1 - s)$$

darstellbar ist, so bietet sich die Möglichkeit einer äusserst übersichtlichen graphischen Darstellung der Arbeitsweise unseres Motors, und zwar nicht nur für Schlüpfungen zwischen 0 und 1, sondern zwischen $-\infty$ und $+\infty$, wobei ausser dem eigentlichen motorischen auch noch das vollständige generatorische Verhalten des Motors als allgemeiner sog. Mehrphasen-Asynchronmaschine gekennzeichnet wird.

Einem konkreten *Zahlenbeispiel* muss ein bestimmter Motor mit einem bestimmten Werte D_{max} bei Normalspannung und bei einer

Schlüpfung s_m, bezw. mit einem bestimmten Normaldrehmoment D_n bei einem Schlüpfungswerte s_n, zu Grunde gelegt werden. Man kann auf Grund der Erfahrung diesen Schlüpfungswert s_n derart definieren, dass ihm ungefähr der halbe Wert der maximalen Leistung, bezw. eben die nominelle oder normale Leistung entspricht, und kann setzen:

$$s_n = s_m \cdot \sqrt{\frac{1}{63}}$$

wobei das entsprechende Drehmoment durch Gleichung I zu:

$$(D)_{s\,n} = D_n = D_{max} \cdot 0{,}248$$

resultiert; die entsprechende Leistung wird dann in der Tat ungefähr dem halben Leistungsmaximum gleich.

Für das Zahlenbeispiel möge nun ein Drehstrommotor mit den normalen Daten:

$$D_n = 450\ mkg$$

$$\omega_n = 60 \text{ in der Sekunde}$$

d. h. mit einer normalen Leistung:

$$D_n \cdot \omega_n = 27\,000\ ^{mkg}/_{sec} = 360 \text{ PS}$$

bei 574 $^{Uml}/_{min}$ zu Grunde gelegt werden. Durch die weitern Festsetzungen:

$$D_{max} = \frac{D_n}{0{,}248} \quad ; \quad s_m{}^2 = 0{,}2$$

$$\sigma = 0{,}05$$

ist dieser Motor dann vollständig bestimmt und kann nun seine Arbeitsweise, sowohl für motorischen als generatorischen Betrieb, aus den Gleichungen I, II, III sofort hergeleitet werden. Unsere unübersichtlichen analytischen Ausdrücke erlangen durch die Kurven in Abbildung 94 erst die wünschenswerte Deutlichkeit. Wie die Abbildung lehrt, ergeben sich für die mechanische Leistung, den Primärstrom[1]) und den primären Leistungsfaktor im Endlichen geschlossene Kurven, während die Schlüpfungslinie zwei asymptotisch ins Unendliche verlaufende Aeste aufweist. Solche Kurven, in Abhängigkeit von der elektrischen Leistung, statt wie hier vom Drehmoment, sind zuerst von *A. Heyland* angegeben worden und zwar für den Drehstrommotor, wie er gemäss den Voraussetzungen für das Diagramm nach Heyland aufgefasst ist[2]). Für die

---

[1]) In Abbildung 94 ist anstelle von J_1 der Relativmasstab $\frac{J_1}{J_{1\,max}}$ benützt, um von der Wahl der Spannung E_1 unabhängig zu sein.

[2]) *A. Heyland*: „Eine Methode zu experimentellen Untersuchungen an Induktionsmotoren." 2. Heft des 2. Bandes der Voitschen Sammlung elektr. Vorträge. Stuttgart 1900.

hier geltenden Voraussetzungen sind, wie bereits bemerkt, Drehmoment und elektrische Leistung einfach proportional, während für die Voraussetzungen von Heylands Diagramm dieser Zusammenhang verwickelter ist; er ergibt sich derart, dass das Drehmoment als Funktion der elektrischen Leistung eine ähnlich gelegene Elipse ergibt, wie hier, und dies auch noch, gemäss den Voraussetzungen Heylands, die me-

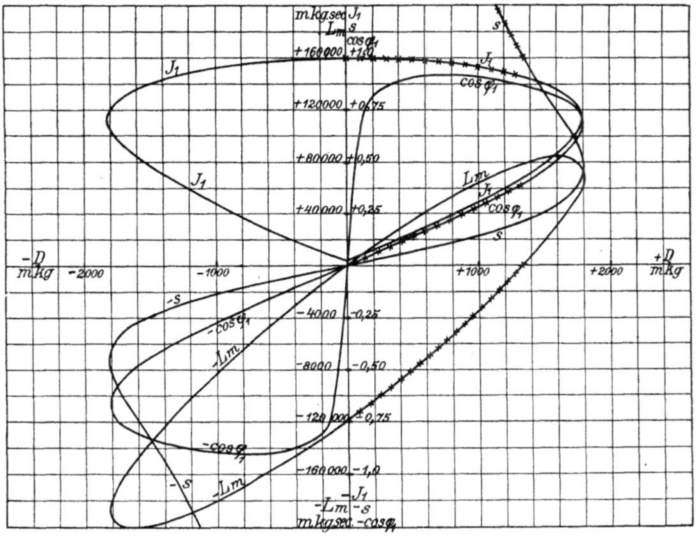

Abb. 94. Schaulinien des motorischen und generatorischen Verhaltens der normalen asynchronen Drehstrommaschine für konstantes D_{max} und s_m.

chanische Leistung. In unserer Abbildung 94 ist nun gerade der Verlauf der mechanischen Leistung, deren Vorzeichen das Kriterium für das Vorhandensein des motorischen, bezw. des generatorischen Verhaltens der Asynchronmaschine bildet, von besonderem Interesse. Die für das motorische Verhalten massgebenden Kurven liegen in Abbildung 94 alle im ersten Quadranten; die im ersten und vierten Quadranten gekreuzelt gezeichneten Kurven beziehen sich auf das generatorische Verhalten der Drehstrommaschine, bei Antrieb entgegen der Drehrichtung als Motor; schliesslich beziehen sich die im zweiten und dritten Quadranten gezeichneten Kurven auf das generatorische Verhalten bei übersynchroner Drehzahl und gleicher Drehrichtung, wie beim motorischen Betrieb. Betriebstechnisch führt der, durch die Kurven des ersten und vierten Quadranten gekennzeichnete Generator-Betrieb den Namen der Gegenstrombremsung, und der, durch die Kurven des zweiten und dritten Quadranten gekennzeichnete Generator-Betrieb den Namen der Nutzbremsung. Dem Schlüpfungswerte $s = 1$ im ersten Quadranten entspricht die charakteristische Nullstelle der Kurve L_m, die den Uebergang vom Betrieb als Motor zum Betrieb als Gegenstrombremse markiert; dem Schlüpfungswert $s = -1$ im dritten Quadranten kommt eine derartige physikalische Bedeutung nicht zu. Man kann eine synoptische Tafel für das gesamte motorische und generatorische Verhalten der asynchronen Drehstrommaschine aufstellen, wobei mit $+ L_m$ die abgegebene, mit $- L_m$ die aufgenommene mechanische Leistung, mit $+ L_e$ die abgegebene und mit $- L_e$ die aufgenommene elektrische Leistung, und mit ↷ und ↶ die beiden Drehrichtungen bezeichnet sind; aus dieser Tafel kann dann übersichtlich das gesamte Verhalten beurteilt werden:

Drehrichtungen	L_m	L_e	Betriebsart
↷	+	—	als Motor
↷	—	+	als Nutzbremse
↶	—	—	als Gegenstrombremse

Die praktische Verwendungsmöglichkeit der verschiedenen Betriebsarten wird vorwiegend durch die Grösse des Primärstroms J_1 bedingt; diese liegt nun bloss für den motorischen Betrieb und für die Nutzbremsung innerhalb zulässiger Werte; es kann jedoch durch Verwendung eines schaltbaren Rotorwiderstandes, also eines variablen w_2, die Grösse von J_1 bei der Gegenstrombremsung eingeschränkt werden, ohne dass jedoch die praktische Brauchbarkeit dieser Betriebsart wesentlich grösser würde, zufolge des Einflusses der in unserer analytischen Betrachtung nicht berücksichtigten Rotor-Eisenverluste, die für den Betrieb als Motor und als Nutzbremse gänzlich bedeutungslos sind, bei einer Gegenstrombremsung für längere Dauer jedoch unzulässig gross ausfallen. Die besonders einfach ausführbare Nutzbremsung bei Drehstrommotoren bildet gelegentlich ein wichtiges Argument für die Wahl des Drehstromsystems zur elektrischen Zugförderung.[1])

[1]) Ueber die verschiedenen Möglichkeiten der elektrischen Bremsung der Drehstrombahnen, und besonders der Drehstrom-Bergbahnen, hat sich der Verfasser eingehender in einem, im Jahre 1908 auf Seite 33 von Band LII der „Schweiz. Bauzeitung“ veröffentlichten Aufsatze geäussert.

Unsere Betrachtung über das Betriebsverhalten der primären Grössen, Stromstärke und Leistungsfaktor, der gewöhnlichen Drehstrommotoren bei Berücksichtigung der magnetischen Streuung haben wir nunmehr auszudehnen auf Drehstrommotoren, bei denen eine Stufenregelung der Geschwindigkeit mittels Polumschaltung oder mittels Kaskadenschaltung angewendet wird.

Es möge beispielsweise die Polumschaltungsmethode für konstante Maximalleistung auf allen Stufen, bei konstantem N_1 und E_1, also gemäss Abbildung 91, in Betracht gezogen werden, wobei jedoch auch der Einfluss der Streuung berücksichtigt werden soll. Neben den primären Grössen J_1 und $\cos\varphi_1$ sollen dann auch das Drehmoment D, die elektrische Leistung L_e und die magnetische Induktion B in die Untersuchung einbezogen werden; dabei vergleichen wir diese Grössen nicht in ihren vollständigen Ausdrücken, sondern nur hinsichtlich der variablen Faktoren, die sie enthalten. Es haben dann für eine, durch den Modul α bestimmte Geschwindigkeitsstufe, die Grössen D, L_e und B Vergleichsausdrücke, die unabhängig von der Schlüpfung sind, nämlich:

$$D \text{ den Ausdruck: } \frac{\alpha}{(1+\sigma_\alpha)^2}$$

$$L_e \text{ den Ausdruck: } \left(\frac{1}{1+\sigma_\alpha}\right)^2$$

$$B \text{ den Ausdruck: } \frac{\alpha}{1+\sigma_\alpha}$$

Anderseits haben dann die Grössen J_1 und $\cos\varphi_1$ Vergleichsausdrücke, die mit der Schlüpfung veränderlich sind, nämlich:

$$J_1 \text{ den Ausdruck: } \frac{1+\sigma_\alpha}{\sqrt{1+\frac{s_m^2}{s^2}}} \cdot \sqrt{1+2\,\sigma_\alpha+\sigma_\alpha^2\cdot\left(1+\frac{s_m^2}{s^2}\right)}$$

$$\cos\varphi_1 \text{ den Ausdruck: } \frac{s_m}{\sqrt{(s_m^2+s^2)\cdot\left(1+2\,\sigma_\alpha+\sigma_\alpha^2\cdot\left[1+\frac{s_m^2}{s^2}\right]\right)}}$$

Die für alle Geschwindigkeitsstufen gleichbleibenden Schlüpfungswerte, für die wir diese Vergleichung durchführen, sind: $s=1$, $s=s_m$ und $s=s_n$. Dabei soll nach Früherem s_n definiert sein durch:

$$s_n = s_m \cdot \sqrt{\frac{1}{63}} \qquad \text{wobei} \qquad (D)_{s\,n} = D_n = 0{,}248 \cdot D_{max}$$

Wir stellen dann eine konkrete Zahlenvergleichung an für

$$\alpha = 1, \; = 1{,}5, \; = 2, \; = 3, \; = 4, \; = 6$$

entsprechend 4, 6, 8, 12, 16 und 24 Polen bei $P = 4$ und für $\alpha = 1$ wobei weiter:

$$\sigma = 0{,}05.$$

Ferner sei für alle α und P:

$$s_m^2 = 0{,}02$$

Dann ergeben sich auf Grund der angeschriebenen Vergleichsausdrücke die folgenden Vergleichszahlen für D, L_e, B, J_1, $\cos\varphi_1$:

α		1	1,5	2	3	4	6
für alle s	D	0,91	1,29	1,64	2,19	2,64	3,06
	L_e	0,91	0,86	0,82	0,73	0,66	0,51
	B	0,95	1,39	1,81	2,57	3,24	4,28
$s = s_n = \sqrt{\frac{0{,}2}{63}}$	J_1	0,13	0,14	0,16	0,19	0,23	0,31
	$\cos\varphi_1$	0,88	0,80	0,72	0,56	0,44	0,28
$s = s_m = \sqrt{0{,}2}$	J_1	0,71	0,71	0,71	0,72	0,72	0,73
	$\cos\varphi_1$	0,67	0,66	0,63	0,60	0,56	0,49
$s = 1{,}0$	J_1	0,91	0,91	0,91	0,91	0,91	0,91
	$\cos\varphi_1$	0,36	0,33	0,30	0,23	0,18	0,12

Für dasselbe Zahlenbeispiel stellen wir nun auch die Werte von $(\cos\varphi_1)_{max}$ für jede Geschwindigkeitstufe nebst den zugeordneten Werten der Schlüpfung zusammen und erhalten die Zahlentafel:

α	1	1,5	2	3	4	6
$(s)_{\cos\varphi_1\,max}$	0,10	0,12	0,14	0,17	0,20	0,24
$\cos(\varphi_1)_{max}$	0,91	0,87	0,83	0,75	0,68	0,56

Die Zusammenstellung der Stromstärkewerte für dieselbe Schlüpfung auf den verschiedenen Stufen gibt das interessante Resultat, dass für die Schlüpfung $s = 1$ auf allen Stufen praktisch derselbe Strom resultiert, dass für die Schlüpfung $s = s_m$ der Strom nur wenig mit dem Modul α der Stufe zunimmt, und dass endlich für die Schlüpfung $s = s_n$ der Strom mit dem Modul α der Stufe erheblich wächst. Aus der Konstanz der Stromstärke bei $s = 1$, welches Resultat für praktische Verhältnisse von s_m unabhängig ist, und also auch für Drehstrommotoren mit sog. Kurzschlussankern gilt, ist zu entnehmen, dass der Anlauf von Stufenmotoren mit Kurzschlussankern auf allen Stufen denselben ersten Stromstoss ergibt; ist die betreffende Stromstärke also bei voller oder reduzierter Spannung, die dann für alle Stufen dieselbe sein soll, dem Motor zuträglich, so kann auf diese Tatsache eine Anfahrmethode gegründet werden[1]).

Es würde keine Schwierigkeit bieten, in ähnlicher Weise nun auch noch das andere Polumschaltungsverfahren zu behandeln; da dieses jedoch für die elektrische Zugförderung von weniger allgemeiner Bedeutung ist, so sei davon Umgang genommen. Dagegen sollen für polumschaltbare Drehstrommotoren sowohl für das eine, als auch für das andere Umschaltverfahren experimentell aufgenommene Betriebskurven vorgeführt und zudem die schalttechnische Operation erläutert werden; es sind hierzu Oerlikon-Motoren mit vier Geschwindigkeiten bei Verwendung von je zwei getrennten Statorwicklungen zugrunde gelegt, von denen jede von der einfachen auf die doppelte Polzahl umgeschaltet werden kann; dabei verwendet man vorzugsweise eine Gruppierung der Wicklungssysteme, wie sie beispielsweise für 12, 8, 6, 4 Pole aus dem Schema nach Abbildung 95 entnommen werden kann, und entweder für eine ungefähr gleichbleibende normale Leistung oder für ein ungefähr gleichbleibendes normales Drehmoment (statt einem Dreh-

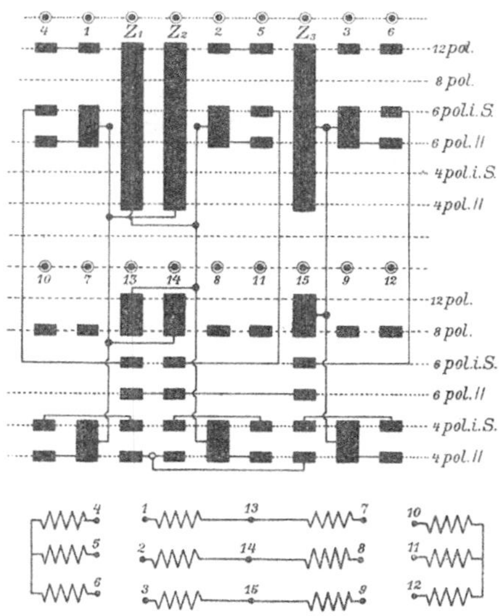

Abb. 95. Schema eines Polumschalters zur Stufenregelung von Drehstrommotoren für Charakteristiken gemäss den Abb. 91 u. 92. (Z_1, Z_2, Z_3 bezeichnen die Zuleitungs-Anschlüsse.)

[1]) Die hier mitgeteilten Beziehungen über den Zusammenhang der mechanischen und elektrischen Grössen auf den verschiedenen Stufen der Drehstrommotoren mit Stufenregelung der Geschwindigkeit sind vom Verfasser erstmals 1907 auf Seite 112 und 153 von Band L der „Schweiz. Bauzeitung“ veröffentlicht worden.

moment proportional zu α, wie dies bei Streuungslosigkeit zu erwarten wäre) bei den vier Geschwindigkeiten praktisch benutzt werden kann. Für das angenommene Beispiel mit 12, 8, 6, 4 Polen besteht dann das Wicklungssystem für 4 und 8 Pole aus 4 Spulengruppen pro Phase, welche auf dreierlei Art geschaltet werden können: Zwei dieser Schaltungen dienen für die Polzahl 4; es bilden im einen Fall die 4 Spulengruppen pro Phase eine Serieschaltung, im andern Fall eine Parallelschaltung mit zwei Zweigen; die dritte Schaltung entspricht der Polzahl 8. In analoger Weise kann das Wicklungssystem für die Polzahlen 6 und 12, das 6 Spulengruppen pro Phase enthält, geschaltet werden. Benötigt man nun für einen gewissen Traktionsbetrieb, wie er vorzugsweise bei Bahnen konstanter Steigung (Bergbahnen) vorkommen dürfte, ein bei allen Geschwindigkeiten ungefähr gleichbleibendes Drehmoment, so braucht man aus den Schaltungsmöglichkeiten nach Abbildung 95, von oben gezählt, nur die erste, zweite, vierte und sechste Stellung, entsprechend 12 Polen, 8 Polen, 6 Polen parallel, und 4 Polen parallel. Benötigt man dagegen für einen Traktionsbetrieb, wie er im allgemeinen Fall vorliegt, einen Stufenmotor mit Koordinierung grösserer Drehmomente bei kleineren Geschwindigkeiten und kleinerer Drehmomente bei grössern Geschwindigkeiten, d. h. also einen Motor von ungefähr konstanter Leistung auf allen vier Stufen, so braucht man aus den Schaltmöglichkeiten der Abbildung 95, von oben gezählt, nur die erste, zweite, dritte und fünfte Stellung, entsprechend 12 Polen, 8 Polen, 6 Polen bei Serieschaltung und 4 Polen bei Serieschaltung. Im allgemeinen wird man also nie alle Schaltstellungen nach Abbildung 95 gemeinsam benützen, sondern nur, je nach den Betriebsverhältnissen, die Stellungen 1, 2, 4, 6 bezw. 1, 2, 3, 5; demgemäss werden auch die Stufenmotoren je nach ihrer Bestimmung entweder für die eine oder für die andere Art der Umschaltung eingerichtet. In Abbildung 96 sind nun die Betriebskurven eines Stufenmotors der Schaltungsart für konstantes N_1 bei konstantem E_1, bezw. für konstante Leistung, dargestellt; es handelt sich um einen kleineren Motor von nur etwa 15 *PS* Dauerleistung auf den einzelnen Stufen, wobei die Unvollkommenheiten zufolge Streuung und Verlusten besonders gut zum Ausdruck kommen. Anderseits sind in Abbildung 97 die Betriebskurven eines Stufenmotors der Schaltungsart für eine gemäss $\left(\frac{\alpha}{\alpha_{max}} \cdot N_1\right)$ veränderliche Windungszahl, bei konstantem E_1, für sog. konstantes Drehmoment dargestellt; der betreffende, ebenfalls nur kleinere Motor, weist bei Dauerbelastung auf jeder Stufe etwa 20 *mkg* Normaldrehmoment auf und ist ebenfalls durch alle Eigentümlichkeiten der Kleinheit der Ausführung gekennzeichnet. Bei den beiden, durch die Schaulinien nach Abbildung 96 und 97 gekennzeichneten Motoren liegen die zwei Wicklungssysteme des Stators je in denselben Nuten; die Rotorwicklungen sind als Kurz-

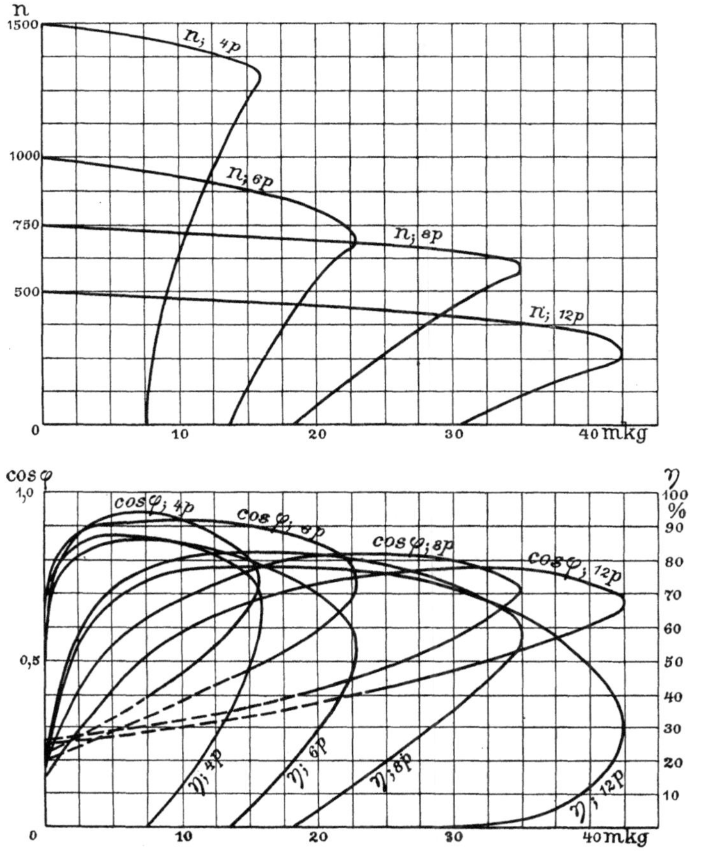

Abb. 96. Tatsächliche Betriebskurven einer Stufenregelung mittels Polumschaltung an Stelle der idealen Kurven nach Abb. 91.

schlusswicklungen gebaut. Es bietet nun ein besonderes Interesse, die experimentell auf dem Versuchsstand ermittelten Schaulinien, nach Abbildungen 96 und 97, zu vergleichen mit den idealen Schaulinien für streuungslose und, abgesehen von den Rotorkupferverlusten, verlustlose Motoren, die in den Abbildungen 91 und 92 dargestellt sind.

Um möglichst einfache Schalterverbindungen zu erhalten, werden bei der praktischen Anwendung der Polumschaltung mit Vorteil die grössern Polzahlen bei Sternschaltung, die kleineren Polzahlen bei

Dreieckschaltung, mit oder ohne gleichzeitige primäre Spannungsregelung, verwirklicht. Neuerdings wird häufig auch eine Verbindung der Polumschaltung mit der Kaskadenschaltung vorgenommen.

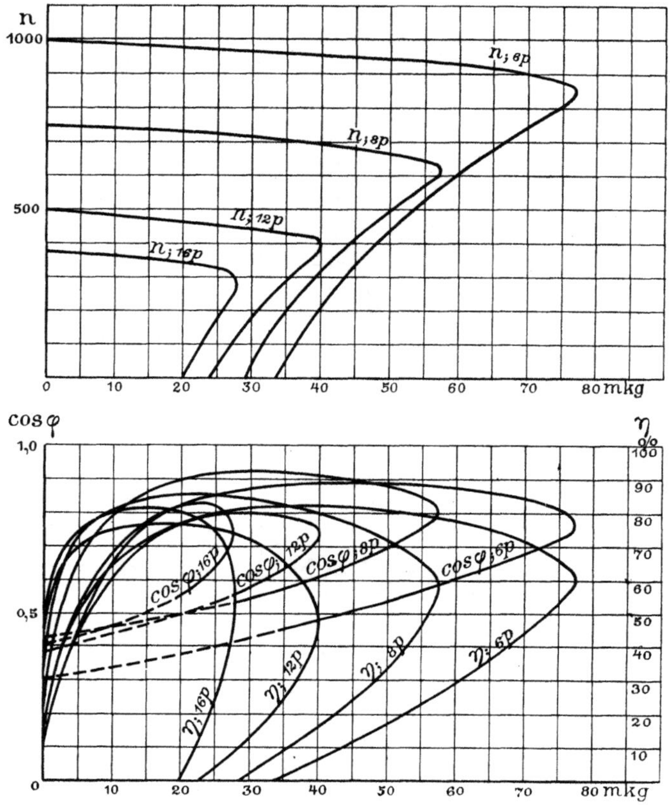

Abb. 97. Tatsächliche Betriebskurven einer Stufenregelung mittels Polumschaltung an Stelle der idealen Kurven nach Abb. 92.

Wir betrachten noch den praktisch bedeutungsvollen Fall der Kaskadenschaltung von Motoren verschiedener Polzahl. Zwei Motoren mit den Polzahlen P_1 und P_2 können zum Fahrzeugsantrieb in der Weise Verwendung finden, dass jeder Motor für sich und ausserdem die Kaskadenschaltung beider Motoren benutzt werden; man kann dann drei Geschwindigkeitsstufen mit Synchronwerten proportional $\frac{1}{P_1}$, $\frac{1}{P_2}$ und $\frac{1}{P_1 + P_2}$ erreichen. Sind die Motoren nun von gleichartiger Ausführung, dann können mit grosser Annäherung die Ansätze gemacht werden:

$$P_1\left(1+\frac{1}{\sigma_1}\right)=P_2\left(1+\frac{1}{\sigma_2}\right)$$

und:

$$\left(1+\frac{1}{\sigma_{1,2}}\right)=\frac{P_1}{P_1+P_2}\cdot\left(\frac{1+\frac{1}{\sigma_1}}{2}\right)$$

wenn mit σ_1 der Streuungskoeffizient für die Polzahl P_1, mit σ_2 derjenige für P_2 und mit $\sigma_{1,2}$ derjenige der Kaskadenschaltung beider Polzahlen bezeichnet wird.

Unter der Annahme $P_1 = 8$, $\sigma_1 = 0{,}05$ erhält man für ein $P_2 = 12$ und die entsprechende Kaskade folgende Vergleichszahlen:

Stufe	$P_1 = 8$	$P_2 = 12$	$P_1 + P_2 = 20$
σ	0,050	0,077	0,312
$\left(\frac{1}{1+\sigma}\right)^2$	0,91	0,86	0,58
$(\cos\varphi_1)_{max}$	0,91	0,87	0,62

Motoren verschiedener Polzahl, die im praktischen Betrieb zu Kaskadenschaltungen Verwendung finden, weisen indessen in elektrischer Hinsicht meist grössere Unterschiede auf, als die hier vorausgesetzten; demgemäss ergeben sich dann auch etwas andere Vergleichszahlen zur Beurteilung der für die verschiedenen Geschwindigkeitsstufen geltenden mechanischen und elektrischen Grössen.

Nun wollen wir, insbesondere für den gewöhnlichen Drehstrommotor, unsere analytischen Beziehungen dazu benutzen, um in einfacher Weise den Zusammenhang der wichtigsten Motordimensionen mit dem normalen Drehmoment, und damit also die Maschinenkonstante C, unter den, unserer Theorie zugrunde liegenden Voraussetzungen festzustellen. Zufolge des Zusammenhanges des normalen mit dem maximalen Drehmomente gehen wir von der Beziehung für D_{max} aus, wobei wir, für den Ansatz:

$$s = s_m$$

erhalten:

$$D_{max}=\frac{E_1\cdot(J_1)_m\cdot m}{2\cdot\omega_o}\cdot\frac{\sqrt{2}}{1+\sigma}\cdot\frac{1}{\sqrt{1+2\,\sigma+2\,\sigma^2}}\cdot\frac{1}{9{,}81}$$

$$=\frac{E_1\cdot(J_1)_m\cdot m}{\omega_o}\cdot\frac{1}{1+\sigma}\cdot\frac{1}{\sqrt{(1+2\,\sigma)^2+1}}\cdot\frac{1}{9{,}81}$$

Bei Einführung der magnetischen Induktion B im Eisen, der Konstruktionskonstanten K und der Hauptdimensionen D_a und b_a folgt:

$$E_1 = 4{,}44 \cdot B \cdot N_1 \cdot \nu \cdot \frac{1}{K} \cdot \frac{\pi \cdot D_a \cdot b_a}{P} (1 + \sigma)\, 10^{-8}$$

und bei Einführung der Ampèreleiter pro 1 cm Ankerumfang beim Strom $(J_1)_m$ des Maximaldrehmomentes mit:

$$Q_m = \frac{m \cdot 2\, N_1 \cdot (J_1)_m}{\pi \cdot D_a}$$

wobei im Stator dieselbe Phasenzahl $m = 3$ wie im Rotor gelten möge, sowie bei Einführung von:

$$\omega_0 = \frac{4\, \pi\, \nu}{P}$$

folgt dann:

$$D_{max} = \frac{1{,}11 \cdot B \cdot Q_m \cdot \pi \cdot D_a^2 \cdot b_a}{2 \cdot \sqrt{(1 + 2\,\sigma^2) + 1}} \cdot \frac{1}{K} \cdot \frac{10^{-8}}{9{,}81}$$

Bei Einführung einer Maschinenkonstanten C_m, die dem aktiven Motorvolumen pro Einheit des maximalen Drehmoments entspricht, lässt sich schreiben:

$$C_m = \frac{1}{D_{max}} \cdot V = \frac{1}{D_{max}} \cdot \frac{\pi}{4} D_a^2 \cdot b_a$$

und folgt dann:

$$C_m = \frac{\sqrt{(1 + 2\,\sigma)^2 + 1}}{2{,}22 \cdot B \cdot Q_m} \cdot K \cdot 9{,}81 \cdot 10^8$$

Für den gewöhnlichen Drehstrommotor wird

$$C_m = 75\ cm^3/mkg$$

als beiläufiger Mittelwert gelten können. Da nun nach unsern frühern Angaben das normale oder nominelle Drehmoment nahezu dem vierten Teil des maximalen Drehmomentes entspricht, so kann, in Uebereinstimmung mit der für die Serienmotoren benutzten Maschinenkonstanten, wiederum das aktive Motorvolumen pro Einheit des normalen Drehmomentes eingeführt werden mit:

$$C = \frac{1}{D_n} \cdot V = \frac{4}{D_{max}} \cdot V = 4 \cdot C_m$$

und für den gewöhnlichen Drehstrommotor beiläufig auf etwa:

$$C = 300\ cm^3/mkg$$

angesetzt werden.

Für einen Stufenmotor mit Polumschaltung bei 2 Polzahlen insgesamt kann etwa:

$$C = 400\ cm^3/mkg$$

für einen Stufenmotor bei insgesamt 4 Polzahlen etwa

$$C = 450\ cm^3/mkg$$

als beiläufiger Mittelwert gelten, wobei jeweilen die Maschinenkonstante für die Stufe mit dem absolut grössten Drehmoment verstanden ist.

Für Motoren, die zur Kaskadenschaltung benützt werden, kommt für die Stufe mit dem höchsten Drehmoment zuweilen die Kaskadenschaltung, zuweilen die Einzelschaltung in Betracht, je nach der besondern Veranlagung der Schaltungs- und Regelungsverhältnisse; es wird der einzelne Motor hinsichtlich der Maschinenkonstanten dann am besten für sich allein, als sog. „gewöhnlicher" Drehstrommotor, beurteilt werden.

4. Leistungsfähigkeit und Leistungsbezeichnung der elektrischen Bahnmotoren.

Schon bei unsern Erörterungen über den Zusammenhang zwischen Triebachsenzugkraft und Motorgrösse, und nun wiederum bei unseren analytischen Untersuchungen über die Arbeitsweise der verschiedenen elektrischen Bahnmotoren, haben wir den Begriff der Maschinenkonstanten C benützt, der die wichtigsten Motordimensionen mit dem normalen Motordrehmoment in feste Beziehungen brachte. Als normales Motordrehmoment wurde wiederholt das bei der normalen oder nominellen Motorleistung abgegebene Drehmoment festgesetzt; was aber unter dieser „normalen" oder „nominellen" Leistung zu verstehen sei, wurde bis anhin nicht gesagt. Es kann nämlich nicht ohne weiteres auf den Begriff der Motorleistung von Elektromotoren im allgemeinen hingewiesen werden, weil die besondern Verhältnisse des Bahnbetriebs für die Beurteilung der Leistungsfähigkeit und Leistungsbezeichnung der elektrischen Bahnmotoren mitberücksichtigt werden müssen.

Indessen sind doch für die Leistungsfähigkeit und Leistungsbezeichnung der Bahnmotoren, ebenso wie bei anderen wohldimensionierten Elektromotoren, Erwärmungsrücksichten massgebend. Dabei sind dann für Bahnen mit häufigem Anfahren und Anhalten die Erwärmungsverhältnisse der Motoren ähnliche, wie bei andern elektrischen Betrieben mit sog. intermittierender Belastung; anderseits sind für Bahnen mit langen Steigungsstrecken, die ohne Zwischenhalte befahren werden, die Erwärmungsverhältnisse der Motoren ähnliche, wie bei andern elektrischen Betrieben mit sog. Dauerbelastung.

Die Erwärmung von Elektromotoren für intermittierenden und für Dauerbetrieb ist nun bekanntlich am einfachsten zu übersehen, wenn die Motoren als thermisch homogene Körper aufgefasst werden, denen eine konstante Wärmemenge während längerer Zeit von Innen her zugeführt wird. Erfolgt die Zufuhr absolut stetig und ohne Zwischenpausen, dann stellt sich, in Abhängigkeit von der Zeit, ein Temperaturanstieg nach einer Exponentialkurve:

$$\tau_m = \tau_{max}\,(1 - e^{-\frac{t}{T}})$$

ein, wobei mit τ_m die zur Zeit t herrschende Temperaturzunahme, mit τ_{max} deren Endwert und mit T die sog. Zeitkonstante bezeichnet ist. Es ist T gegeben aus:

$$\left(\frac{d\tau_m}{dt}\right)_{t=o} = \frac{\tau_{max}}{T}$$

wie aus Abbildung 98 entnommen werden kann. Da für den Ursprung der Temperaturkurve die geometrische Tangente, bezw. der Kurvenanstieg,

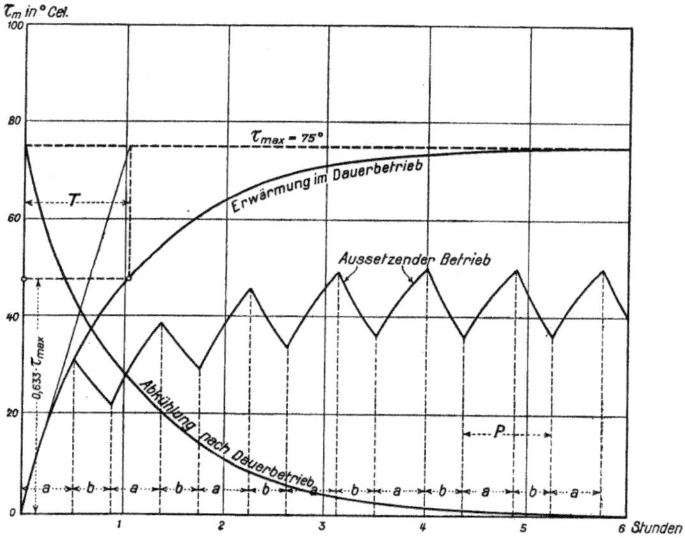

Abb. 98. Erwärmung und Abkühlung eines homogenen Körpers bei Dauerbetrieb und bei aussetzendem Betrieb.

nur abhängig von der Wärmezufuhr und von der Wärmekapazität des thermisch homogenen Körpers ist, so bedeutet T die Zeit, die erforderlich wäre, um dem Körper die Temperaturerhöhung τ_{max} beizubringen, wenn keine Wärmeabgabe nach aussen stattfände. Es besteht daher das Verhältnis:

$$\frac{T}{\tau_{max}} = \frac{\text{Wärmekapazität des Körpers}}{\text{Wärmeerzeugung des Körpers}}.$$

Infolge der Strahlung erfolgt jedoch für $t > 0$ die Erwärmung nicht mehr nach der geometrischen Tangente durch den Ursprung, sondern nach der Exponentialkurve, wobei dann nach Erreichen der stationären Temperaturzunahme τ_{max} die ganze innere Wärmezufuhr auf dem Wege der Strahlung u. s. w. gänzlich nach aussen abgegeben wird; es kann daher gesetzt werden:

$$\tau_{max} = \frac{\text{Wärmeerzeugung}}{\text{Abkühlungsfläche}} \times \text{Konstante der Wärmeabgabe.}$$

Für die Abkühlung eines auf die Temperaturerhöhung τ_{max} erwärmten Körpers gilt die in Abbildung 98 ebenfalls verzeichnete Abkühlungskurve:

$$\tau_m = \tau_{max} \cdot e^{-\frac{t}{T}}$$

Damit sind offenbar die gleichmässige Erwärmung eines homogenen Körpers im Dauerbetrieb samt einer anschliessenden Abkühlung gedeutet. Bei intermittierendem (aussetzendem) Betrieb wechseln kürzere Zeiten der Erwärmung und der Abkühlung ständig ab, wobei (Abb. 98) eine im Zickzack verlaufende Temperaturkurve entsteht, bei der im Beharrungszustande die Temperatur zwischen zwei Grenzen schwankt, indem sie während der Zeit der Wärmezufuhr um ebenso viel zunimmt, als sie in der unmittelbar vorher und nachher liegenden Zeit abnahm, bezw. abnimmt. Eine für diese Betriebsart von *Oelschläger* durchgeführte Rechnung[1]) zeigt, dass dieselbe auf Grund dreier Verhältniswerte beurteilt werden kann, die folgendermassen lauten:

$$\frac{a}{P} = \frac{a}{a+b} = \frac{\text{Dauer der Wärmezufuhr}}{\text{Dauer der Periode}}$$

$$\frac{a}{T} = \frac{\text{Dauer der Wärmezufuhr}}{\text{Zeitkonstante}}$$

$$p = \frac{\tau_{max}}{\tau_m} = \frac{\text{Wärmeerzeugung bei grösster Belastung}}{\text{Wärmeerzeugung bei irgendwelcher Belastung}}$$

Zwischen diesen Verhältnissen besteht dann der analytische Zusammenhang:

$$\frac{a}{P} = \frac{1}{1 - \frac{T}{a}\, lg\left[p - e^{\frac{a}{T}}(p-1)\right]}.$$

Wird b gegenüber a sehr klein, dann wird $\frac{a}{a+b} = \sim 1$ und ver-

[1]) Nach „E. T. Z.", 1900, Seite 1058.

wandelt sich der intermittierende Betrieb in den Dauerbetrieb. Wird a gegenüber T sehr klein, so dass $\frac{a}{T} = \sim o$, so gilt einfach:

$$a \cdot p = P = a + b = \text{konstant},$$

wobei für einen intermittierenden Betrieb ohne weiteres die mittlere Belastung im Sinne einer Dauerbelastung von dieser Grösse wirkt. Ist dagegen T neben a sehr klein, dann gelten unabhängig vom Werte b die Erscheinungen des Dauerbetriebs. Es ist nun T verhältnismässig

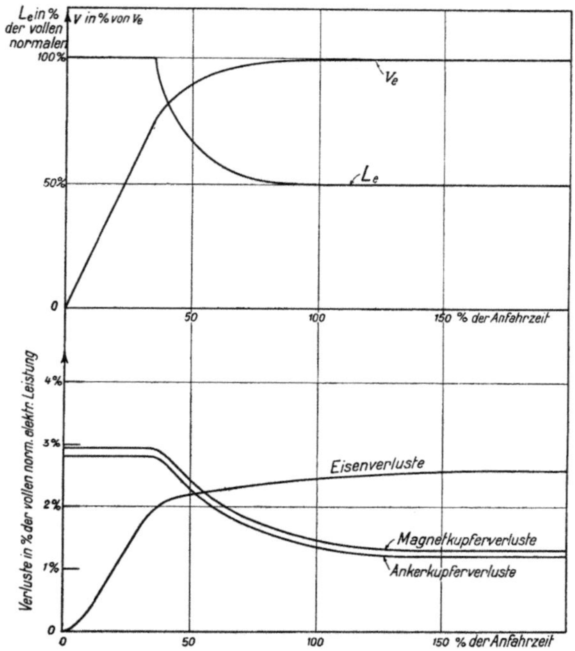

Abb. 99. Die für die Motorerwärmung im Gleichstrom-Bahnbetriebe massgebenden, bezw. mit der Fahrlinie φ (v, t) und der Leistungsaufnahme L_e des Motors samt Anlasser im Zusammenhange stehenden, Verluste.

gross für Motoren, dagegen verhältnismässig klein für Widerstandsmaterialien; bei diesen letztern sind daher nur die Beziehungen der Dauerbelastung von praktischer Bedeutung. Anderseits kann bei Strassenbahnmotoren der Fall $\frac{a}{T} = \sim o$ praktisch eintreten, so dass für diese die mittlere Belastung als mit der zulässigen Dauerbelastung identisch angesehen werden kann.

Es ist aber zu beachten, dass die abstrakten, für homogene Körper geltenden, Kurven der Abbildung 98 nicht einfach auf die Verhältnisse der Bahnmotoren übertragen werden können; auch handelt es sich bei der Erwärmung der Bahnmotoren im Betrieb nicht um konstante Wärmezufuhr. Vielmehr sind die als Wärmemengen auftretenden Energieverluste bei Bahnmotoren in Abhängigkeit von der Betriebszeit, bezw. der Fahrzeit, höchst variabel, wenn nicht gerade der Sonderfall des Befahrens einer längern Steigung ohne Zwischenhalt vorliegt. Die Abbildung 99 zeigt beispielsweise, wie sich die

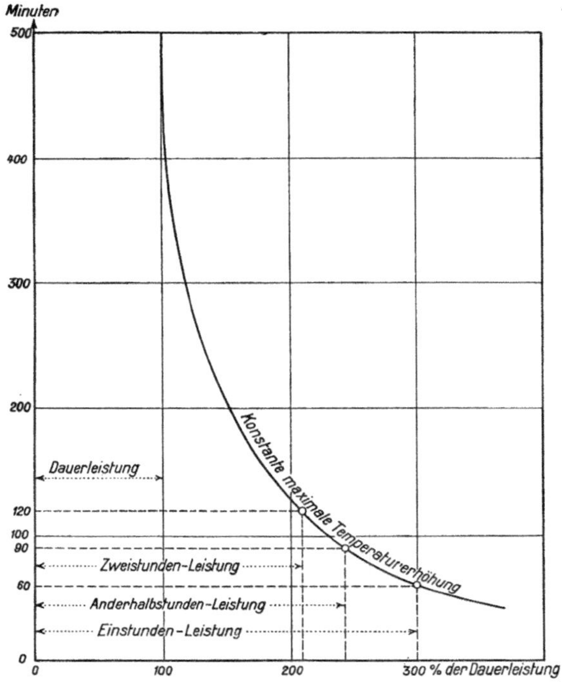

Abb. 100. Erwärmungsverhältnisse eines Gleichstrom-Bahnmotors geschlossener Bauart von etwa 100 *PS* bei natürlicher Kühlung.

Energieverluste eines Gleichstrombahnmotors der geschlossenen Vorgelegebauart während der Anfahrt und unmittelbar nachher in freier Fahrt ändern, wenn eine Geschwindigkeitskurve mit raschem Anstieg zu Grunde gelegt ist. Wird derselbe Bahnmotor zur Anfahrt auf einer besonders starken Steigung verwendet, wo ein rascher Geschwindigkeitsanstieg nicht mehr erzielt werden kann, dann wird auch das Bild des Verlaufes des Energieverlustes wesentlich anders ausfallen.

Um nun die aus den Erwärmungsverhältnissen abzuleitende Beurteilung der Leistungsfähigkeit von Bahnmotoren, trotz deren äusserst verschiedenartiger Verwendungsweise im Bahndienst, gleichmässig durchführen zu können, pflegt man die Motorleistung einerseits als sog. Dauerleistung und anderseits auch als eine kurzzeitige Leistung für eine bestimmte Belastungsdauer, die meist gleich einer Stunde gewählt wird, anzugeben. Diese „Stundenleistung" und die zugehörige „Dauerleistung" werden dabei für dieselbe, als zulässig angenommene Temperaturerhöhung experimentell bestimmt, auf Grund einer Reihe

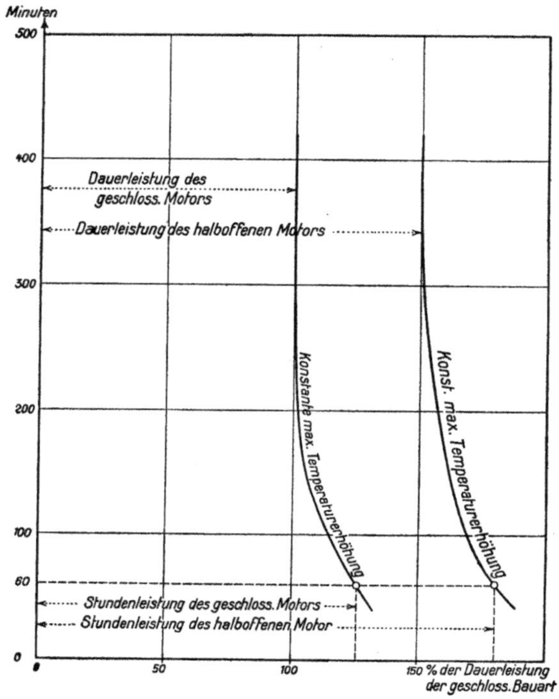

Abb. 101. Erwärmungsverhältnisse eines Drehstrommotors von 10, bezw. 15 *PS* in geschlossenem, bezw. halboffenem Gehäuse bei natürlicher Kühlung.

von Erwärmungsversuchen bei verschiedenen, während jedes einzelnen Versuches konstanter Belastungen, bezw. jeweils konstanter Wärmezufuhr, wobei sich ein Kurvenbild ergibt, wie es in Abbildung 100 für den Fall eines grösseren Gleichstrom-Vorgelegemotors geschlossener Bauart vorgeführt ist. Als zweckmässiger Wert der zulässigen Temperaturerhöhung wird dann 75° bezeichnet werden können; soll ein Unterschied zwischen den, hinsichtlich der verwendeten Isoliermaterialien ungleichwertigen Motorteilen gemacht werden, dann kann für den Kommutator ein Höchstwert der zulässigen Temperaturerhöhung von 95°, für die übrigen Motorteile ein solcher von 75° angenommen werden, wie dies vom amerikanischen Elektrotechniker-Verband (A. I. E. E.) empfohlen wird.

Es ist nun beachtenswert, dass, wie leicht ersichtlich, die Leistungsverhältnisse der offen gebauten Motoren andere sind, als diejenigen der geschlossenen Motoren, und bei den letztern auch wieder andere für natürliche Kühlung, als für sog. künstliche Kühlung mittels äusserer Pressluft-Ventilation.

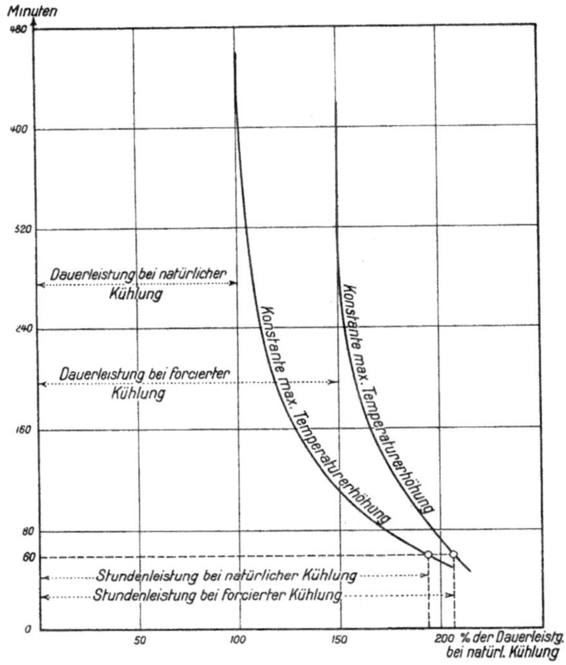

Abb. 102. Erwärmungsverhältnisse eines Einphasen-Bahnmotors geschlossener Bauart von etwa 200 *PS* bei natürlicher und bei forcierter Kühlung.

In Abbildung 101 ist die Temperatur-Leistungskurve veranschaulicht, die ein gewöhnlicher, kleinerer Drehstrommotor aufweist, wenn er das eine Mal mit einem vollkommen geschlossenen, das andere Mal mit einem halboffenen Gehäuse verschiedenen Erwärmungsversuchen ausgesetzt wird; das dabei besonders zu beachtende ist, dass bei der geschlossenen Bauart Stundenleistung und Dauerleistung näher aneinander liegen, als bei der offenen Bauart. Dass die Stundenleistung überhaupt nur wenig über der Dauerleistung liegt, ist für das vorliegende Beispiel in dessen Kleinheit begründet, indem kleinere Motoren in sehr kurzer Zeit auf die maximale Temperaturerhöhung gebracht werden können.

In Abbildung 102 ist dagegen dargestellt, wie sich für einen Einphasen-Seriemotor geschlossener Bauart von etwa 200 PS die Temperatur-Leistungskurve ändert, wenn der Motor das eine Mal mit natürlicher Kühlung, das andere Mal mit forcierter Kühlung, einer Reihe von Erwärmungsversuchen ausgesetzt gewesen war.

Alle die verschiedenen Bauarten der Gehäuse, sowie auch die verschiedenen Arten der Ventilationseinrichtung, kommen tatsächlich für Bahnmotoren zur Anwendung. Die elektrische Zugförderung verwendet aber auch Motoren aller drei Stromsysteme, die sich in Bezug auf die Grösse und die Art der Veränderlichkeit ihrer Verluste nicht ganz übereinstimmend verhalten. Indessen ist für Motoren gleicher Leistung die Stromart der Motoren an sich von kleinerem Einfluss auf deren Erwärmungskurven, als die Gehäusebauart und als das Kühlungsverfahren. Im weitern ist auch zu beachten, dass sehr kleine Motoren rasch die maximale Uebertemperatur annehmen, während dies bei grossen Motoren erst nach längerer Zeit der Fall ist.

In den folgenden Tafeln I, II und III geben wir, geordnet nach den verschiedenen Bauarten und Stromarten, die aus den hauptsächlichsten elektrischen Bahnbetrieben bekannt gewordenen Angaben über Erwärmungsverhältnisse von Bahnmotoren. Zu der Tafel I über die Erwärmungsverhältnisse der Vorgelegemotoren bemerken wir, dass keine Veranlassung besteht, die Bauart näher zu präzisieren, weil Vorgelegemotoren ausnahmslos geschlossen gebaut werden.

In den Tafeln I—III lassen sich eine Reihe bedeutender Ausführungen aus allen Motorarten und allen Stromarten deswegen nicht berücksichtigen, weil es nicht allgemeine Gepflogenheit ist, sowohl die Leistung für Einstundenbetrieb als auch diejenige für Dauerbetrieb bekannt zu geben. Vielmehr wird im allgemeinen nur die Stundenleistung bekannt gegeben; es ist diese Gepflogenheit so allgemein geworden, dass für Bahnmotoren die Stundenleistung als die sog. normale oder nominelle Leistung aufzufassen ist. Infolgedessen ist dann auch, unter Berücksichtigung der bei der Stundenleistung herrschenden Umdrehungszahl, das sog. normale oder nominelle Drehmoment der Bahnmotoren dementsprechend festzulegen.

Folgerichtig hat man daher bei Bahnmotoren auch alle übrigen Kennziffern, insbesondere die sog. Maschinenkonstante C, sowie das pro mkg angegebene Motorgewicht g, auf die Stundenleistung zu beziehen. Die Nachrechnung einiger bedeutenderer Ausführungen ver-

Tafel I: Erwärmungsverhältnisse von Vorgelegemotoren.

Stromart	Bahnanlage	Motorspannung in Volt	Konstruktionsfirma	Kühlungsart	Stundenleistung in PS	Dauerleistung in PS	Verhältnis der Leistungen
Gleichstrom	Sernftalbahn	750	Oerlikon	natürlich	75	25	0,30
	Freiburg - Murten - Ins (T M 20)	750	Oerlikon	natürlich	130	40	0,33
	Freiburg - Murten - Ins	375	Oerlikon	natürlich	100	35	0,35
	Michigan Central	600	General El. Co.	künstlich für Stunden-, natürlich für Dauerleistung	275	123	0,[illegible]5
Drehstrom	Great Northern Ry	500 bei 25 ~	General El. Co.	natürlich	425	250	0,59
				künstlich	475	275	0,79
Einphasen	Spokane & Inland E. Rd.	220 bei 25 ~	Westinghouse	künstlich	125	96	0,77
	Spokane & Inland E. Rd.	220 bei 25 ~	Westinghouse	künstlich	175	140	0,83
	Grand Trunk Ry	235 bei 25 ~	Westinghouse	künstlich	240	190	0,79
	Oranienburger R.-B.	850 bei 25 ~	A. E. G.	künstlich	350	250	0,72

Tafel II: Erwärmungsverhältnisse von Achsmotoren.

Stromart	Bahnanlage	Motorspannung in Volt	Konstruktionsfirma	Bauart und Kühlungsart	Stundenleistung in PS	Dauerleistung in PS	Verhältnis der Leistungen
Gleichstrom	New York Central 1906 . .	600	General El. Co. . .	offen, natürlich	550	290	0,53
	New York Central 1913 . .	600	General El. Co. . .	geschlossen, natürlich	240	175	0,73
Drehstrom	Veltlinbahn (M.-Wagen) . . .	3000 bei 15 ∼	Ganz & Cie. . .	halboffen, natürlich	250	150	0,60
Einphasen .	New Haven 1907	220 bei 25 ∼	Westinghouse .	geschlossen, künstlich	240	200	0,83
	Pennsylvania, No. 10003 von 1909	275 bei 15 ∼	Westinghouse .	geschlossen, künstlich	460	375	0,82

Tafel III: Erwärmungsverhältnisse von Gestellmotoren.

Stromart	Bahnanlage	Motorspannung in Volt	Konstruktions-firma	Bauart und Kühlungsart	Stunden-leistung in PS	Dauer-leistung in PS	Verhältnis der Leistungen
Gleichstrom	Blonay-Les Pléiades	360	Oerlikon	offen, natürlich	110	69	0,63
	Pennsylvania 1910	650	Westinghouse	offen, natürlich	1125	800	0,64
Drehstrom	Jungfraubahn 1912	650 bei 40 ∽	Brown, Boveri & Cie.	halboffen, natürlich	165	125	0,76
	Giovi F. S. 1909	3000 bei 15 ∽	Westinghouse, It.	geschlossen, künstlich	1000	575	0,58
Einphasen	Seebach-Wettingen	350 bei 15 ∽	Oerlikon	offen, natürlich	250	140	0,56
	New Haven 1909	300 bei 25 ∽	Westinghouse	geschlossen, künstlich	315	280	0,89
	New Haven 1910	300 bei 25 ∽	Westinghouse	geschlossen, künstlich	675	565	0,84
	Harlem River 1910	190 bei 25 ∽	Westinghouse	geschlossen, künstlich	150	110	0,73
	Boston & Maine 1911	300 bei 25 ∽	Westinghouse	geschlossen, künstlich	335[1])	295[1])	0,88[1])
	Lötschberg 1913	430 bei 15 ∽	Oerlikon	offen, natürlich	1500	900[2])	0,60[2])

[1]) Derselbe Motor wie für New Haven 1909, nur anders gekühlt.
[2]) Geschätzt.

schiedener Bauarten von Bahnmotoren ohne und mit Zahnrädern ergibt hinsichtlich dieser Kennziffern die in den folgenden Tafeln IV und V aufgeführten Resultate.

Tafel IV: Konstruktionsdaten von Motoren ohne Zahnräder.

Bahnanlage	Stromart	*D* *mkg*	*C* *cm³/mkg*	*ba* *cm*	$\left(\frac{D_a}{D_r}\right)$	*K* *cm/sec*	*g* *kg/mkg*	*ü*
Achsmotoren.								
New York Central 1913	Gleichstrom	480	210	48	0,57	310	?	1
Central London Ry . .	Gleichstrom	720	250	71	0,54	170	7,3	1
New York Central 1906	Gleichstrom	1300	160	48	0,66	375	3,3	1
Baltimore und Ohio 1895	Gleichstrom	2300	175	40	0,71	155	?	1
Berlin-Zossen	Drehstrom	300	600	39,5	0,61	1140	14,0	1
Veltlinbahn, Motorwagen	Drehstrom	600	600	65	0,71	415	6,3	1
Veltlinbahn, Typ 34 . .	Drehstrom	1260	550	69	0,81	240	4,0	1
New Haven 1907 . . .	Einphasen	800	450	46	0,63	535	9,5	1
Pennsylvania, Nr. 10 003	Einphasen	1200	?	?	?	?	7,5	1
Gestellmotoren.								
Milano-Varese, Typ 032 .	Gleichstrom	2700	180	40	0,83	250	4,3	1
Pennsylvania 1910 . .	Gleichstrom	3600	250	58,5	0,78	530	5,7	1
Simplon 1906	Drehstrom	2500	480	80	0,85	560	4,3	1
Simplon 1907	Drehstrom	3000	380	120	0,96	600	4,2	1
Giovi 1909	Drehstrom	3200	260	86	1,03	410	4,2	1
Rhätische Bahn 1913 . (Brown, Boveri & Cie.)	Einphasen	1700	350	27	1,55	440	6,0	1
New Haven 1910 . . .	Einphasen	2350	410	33	1,33	665	8,9	1
Dessau-Bitterfeld 1913 . (Siemens-Schuckertwerke)	Einphasen	3000	300	34	1,15	1170	?	1

Die in den Tafeln I—V aufgeführten Einphasenmotoren sind durchwegs normale, durch Variation der zugeführten Klemmenspannung geregelte Seriemotoren, ausgenommen der Motor der A. E. G. für die Oranienburger Rundbahn (Tafeln I und V), der als Repulsionsmotor mit Ankererregung, System Winter-Eichberg, zu bezeichnen ist, sowie der Motor von Brown, Boveri & Cie. für die Rhätische Bahn (Tafel IV), der einen Déri-Repulsionsmotor mit Regelung durch Bürstenverschiebung darstellt.

Tafel V: Konstruktionsdaten von Motoren mit Zahnrädern.

Bahnanlage	Stromart	D *mkg*	C *cm³/mkg*	*ba* *cm*	$\left(\frac{D_a}{D_r}\right)$	K *cm/sec*	g *kg/mkg*	$\ddot{u}$
Vorgelegemotoren.								
Sernftalbahn	Gleichstrom	100	290	21,5	0,48	370	17*	4,5
Köln-Bonn	Gleichstrom	130	350	28	0,48	540	19	3,1
Freiburg-Murten-Ins (Vier-Motoren-Ausrüstung) .	Gleichstrom	160	240	28	0,38	310	15*	4,0
Rombacher Hütte . . .	Gleichstrom	180	270	15	0,53	690	?	6,7
Wiener Stadtbahn . . .	Gleichstrom	190	310	30	0,43	410	12,5*	4,3
Freiburg-Murten-Ins (Zwei-Motoren-Ausrüstung) .	Gleichstrom	220	360	30,5	0,50	370	14*	4,0
Subway New-York . . .	Gleichstrom	230	300	51	0,60	530	11,5	3,3
Baltimore & Ohio 1903 .	Gleichstrom	450	200	57	0,53	340	9*	4,26
Michigan Central 1910 .	Gleichstrom	550	170	63,5	0,52	380	10*	4,37
Burgdorf-Thun	Drehstrom	72	800	30	0,48	500	21	3,0
Berlin-Zossen	Drehstrom	200	550	30	0,54	1010	10,5	2,1
Great Northern	Drehstrom	950	280	41	0,60	545	7	4,26
Maggiatalbahn	Einphasen	60	700	24	0,55	590	27*	5,25
Spokane & Inland E. Ry.	Einphasen	200	450	36	0,44	415	14	4,65
Lötschberg-Motorwagen .	Einphasen	240	350	38	0,49	600	11	3,45
Grand Trunk Ry . . .	Einphasen	490	340	37,5	0,48	445	13,5	5,31
Oranienburger Rundbahn	Einphasen	550	290	32	0,57	600	10	4,2
Gestellmotoren.								
Blonay-Les Pléiades . .	Gleichstrom	125	230	24	Zahnrad	440	14	doppelt
Seebach-Wettingen (Umformerlokomotive) . .	Gleichstrom	280	230	26	0,53	610	10	3,1
Berner Oberlandbahn .	Gleichstrom	450	280	36	0,74	690	11	doppelt
Burgdorf-Thun 1899 . .	Drehstrom	360	800	26	0,97	600	11	wechselbar
Burgdorf-Thun 1910 . .	Drehstrom	600	550	55	0,71	450	6,5	4,0
Seebach-Wettingen . .	Einphasen	280	470	29	0,71	810	12	3,1
Rhätische Bahn, 1913 (Oerlikon)	Einphasen	450	340	23,5	0,86	945	12,5	4,17
New Haven 1909 (Hohlwellenantrieb) . . .	Einphasen	600	450	33	0,63	625	15*	2,32
Lötschberg 1911 . . .	Einphasen	1300	280	32	0,89	1080	7,2	3,25
Lötschberg 1913 . . .	Einphasen	2500	200	29	1,10	1080	5,5	2,23

In der Tafel V (Daten von Motoren mit Zahnrädern) bedeutet das Zeichen * in der Kolonne *g*, dass im Gewichte pro Einheit des normalen Drehmomentes die Zahnräder inbegriffen seien, während in *g* sonst allein das Gewicht des Motors auf die Einheit des normalen Drehmomentes bezogen ist. Sämtliche, in den Tafeln I—V aufgeführte Motoren beziehen sich auf normalspurige Bahnen, mit Ausnahme der Motoren für die Rhätische Bahn, für die Sernftalbahn, für die Rombacher Hütte, für die Maggiatalbahn und für die Zahnradbahnen Blonay-Les Pléiades und Jungfraubahn.

Den Tafeln IV und V ist zu entnehmen, dass, wie übrigens leicht einzusehen, die Vergleichsziffern *C* und *g* unabhängig von der Bauart und Stromart der Motoren stets umso kleiner, die Motoren selbst also hinsichtlich Raum und Gewicht umso günstiger ausfallen, je grösser das normale Drehmoment der Motoren, bezw. je grösser die Motoren selbst bemessen werden können.

5. Die Stromwendung der Kommutator-Bahnmotoren.

Bei Kommutator-Maschinen bildet der Kommutator das die mögliche Voltampère-Aufnahme einschränkende Element, derart, dass solche Maschinen nicht für dieselben Höchstleistungen erstellt werden können, wie beispielsweise asynchrone Drehstrom-Maschinen. Dabei wirken sowohl die Spannung, als auch die Stromstärke in dem Sinne, dass ihre anwendbaren obern Grenzen verhältnismässig wenig hoch liegen, ohne indessen den Bau von Bahnmotoren von 1000 bis 2000 PS Einzelleistung, entsprechend den grössten zur Zeit benötigten Einzelleistungen, in Frage zu stellen, wobei Gleichstrommotoren und Einphasenmotoren sich nahezu gleich verhalten. Für Einzelleistungen von 1000 bis 2000 PS ist die für den Kommutator höchste zulässige Spannung etwa 600 *V*, während für kleinere Einzelleistungen wesentlich höhere Spannungen für Gleichstrom, dagegen nicht für Wechselstrom (abgesehen von gewissen, praktisch aber unwichtig gewordenen, Motorarten nach dem Induktionsprinzip) möglich sind; für den Bau des Kommutators äussert sich der Einfluss der Spannungsbegrenzung durch die Erfahrungszahl „Volt pro Lamelle". Anderseits liegt in der Arbeitsweise der Stromwendung selbst das die Anwendung höchster Stromstärken einschränkende Element.

Bei *Gleichstrommaschinen* treten während der Stromwendung in den unter den Bürsten durchgehenden Ankerwindungen im allgemeinen zweierlei elektromotorische Kräfte auf, die mit den Schwierigkeiten der Stromwendung, bezw. der Funkenbildung, in ursächlichem Zusammenhange stehen. Einerseits entsteht wegen einer zwischen den Ankernuten etwa vorhandenen, bezw. am Ankerumfang radial gerichteten magnetischen Induktion, bei der Rotation des Ankers eine elektromotorische Kraft E_r der Rotation. Anderseits wechselt das von einer kurzgeschlossenen Ankerspule herrührende Ankerfeld innerhalb der Kurzschlusszeit seine Richtung, wodurch sowohl die absolute Grösse, als namentlich auch die Richtung der an jener Stelle bestehenden resultierenden magnetischen Induktion beeinflusst wird; allfällig parallel zur kurzgeschlossenen Spule liegende Windungen wirken im gleichen Sinne; infolge der hierdurch bewirkten Aenderungen der magnetischen Induktion entsteht eine elektromotorische Kraft der Selbstinduktion und der gegenseitigen Induktion, die die eigentliche elektromotorische Kraft der Stromwendung E_w, oft auch als Reaktanzspannung bezeichnet, darstellt. Die beiden Spannungsgrössen E_r und E_w können elektromagnetisch beseitigt werden, und zwar E_r durch Aufhebung der betreffenden radialen Feldkomponente, E_w durch Herstellung eines Gegenfeldes von genügender Intensität. Bei Maschinen, die nur in einer Drehrichtung umlaufen, wurde früher die elektromagnetische Aufhebung von E_r und E_w durch Bürstenverstellung hervorgebracht, die umso grössere Abweichungen aus der neutralen Stellung erforderte, je grösser die Maschinenbelastung war; bei Maschinen, die bald in der einen, bald in der andern Drehrichtung laufen mussten, konnten E_r und E_w nur bei genügendem Widerstand im kurzgeschlossenen Stromkreis, insbesondere genügendem Widerstand der Stromabnehmer-Bürsten in gewissen Grenzen ohne Nachteil für die Stromwendung zugelassen werden. Die Wiedereinführung der Hülfspole (Wendepole) in den Bau der Gleichstrommaschinen ermöglichte die elektromagnetische Beseitigung von E_r und E_w bei festbleibender Bürstenstellung, was für die, bald in der einen, bald in der andern Drehrichtung arbeitenden Bahnmotoren von besonderem Werte war.

Bei *Wechselstrom-Kommutatormaschinen* tritt nun neben den die Stromwendung beeinflussenden Spannungen E_r und E_w noch eine dritte Spannung E_t auf, die sog. transformatorische Wendespannung, die infolge des periodischen Wechsels der magnetischen Induktion entsteht und in der kurzgeschlossenen Spule auch schon bei Stillstand des Ankers vorhanden ist, während E_r und E_w nur bei dessen Rotation auftreten und der Drehzahl übrigens proportional gehen. Bei Stillstand kann aber E_t in keiner Weise elektromagnetisch beseitigt werden; diese Spannung ist daher nur nach Massgabe des Widerstandes der Stromabnehmer-Bürsten zulässig und muss durch konstruktive Massnahmen möglichst klein gemacht werden. Dies bedingt auch die Bevorzugung gewisser, und zwar möglichst kleiner, Periodenzahlen für den speisenden Wechselstrom, wie man aus folgender Betrachtung[1]) ersehen kann:

Es kann E_t bei Einführung des pro Pol wirksamen magnetischen Kraftflusses Φ, der Zahl W_k der zwischen den Kanten einer Bürste in Reihe geschalteten und kurzgeschlossenen Windungen und der Periodenzahl ν des speisenden Wechselstroms geschrieben werden:

$$E_t = 2 \cdot \pi \cdot \nu \cdot W_k \cdot \Phi \cdot 10^{-8}$$

Nun ist aber, wenn Φ gerade dem Kraftfluss bei normalem Drehmoment und normaler Winkelgeschwindigkeit ω entspricht, auch die gegenelektromotorische Kraft E des Motors durch Φ ausdrückbar, gemäss:

$$E = \frac{\omega}{\pi} \cdot P \cdot W \cdot \Phi \cdot 10^{-8}$$

wobei mit P die Polzahl und mit W die zwischen den Bürsten verschiedener Polarität in Serie geschaltete Windungszahl bezeichnet sind. Es kann nun E durch E_t ausgedrückt werden und folgt:

$$E = \frac{\omega}{\pi} \cdot P \cdot W \cdot \frac{E_t}{2\,\pi\,\nu \cdot W_k}$$

Das Windungszahlverhältnis $\frac{P \cdot W}{W_k}$ schwankt bei rotierendem Anker zwischen einem höchsten und einem niedrigsten Wert und kann im Mittel ausgedrückt werden durch:

$$\frac{P \cdot W}{W_k} = \frac{t_k}{\beta} \cdot z_k$$

wobei t_k die Lamellenteilung des Kommutators, z_k dessen Lamellenzahl und β die Bürstenbreite bezeichnen. Da $t_k \cdot z_k$ gleich dem Kommutatorumfang ist, so stellt der Ausdruck:

$$\frac{\omega \cdot t_k \cdot z_k}{2\,\pi} = v_k$$

die Kommutator-Umfangsgeschwindigkeit dar. Es folgt nun:

$$\omega \cdot P \cdot W \cdot \frac{1}{2\,\pi \cdot W_k} = \frac{v_k}{\beta}$$

und damit:

$$E = E_t \cdot \frac{v_k}{\pi \cdot \nu \cdot \beta}$$

Um grosse E zu erhalten, bezw. grosse Motoren bauen zu können, müssen somit E_t und v_k möglichst gross, ν und β dagegen möglichst

[1]) Nach *E. Arnold,* Wechselstromtechnik, 5. Band II, Seite 543.

klein gemacht werden können. Für die Erfahrungswerte:

$$\begin{cases} E_t = 7 \text{ Volt} \\ v_k = 3300 \text{ bis } 3500 \ cm/sec \\ \beta = 1 \ cm \end{cases}$$

ergibt sich nun ein Zusammenhang zwischen E und ν derart, dass mit:

$$\begin{aligned} \nu &= 50 & E &= 150 \text{ Volt} \\ &= 25 & &= 300 \text{ „} \\ &= 15 & &= 500 \text{ „} \end{aligned}$$

in aller Deutlichkeit hervorgeht, dass bei niedrigen Periodenzahlen höhere gegenelektromotorische Kräfte und damit überhaupt höhere Klemmenspannungen zugelassen werden können.

Für verschiedene Bauarten von Einphasenmotoren liegen nun nicht völlig gleichartige Verhältnisse aus dem Grunde vor, weil das für die massgebende Anlaufszugkraft in E_t auftretende Φ zu dem Φ der normalen Geschwindigkeit nicht immer im gleichen Verhältnis steht, bezw. diese beiden Werte einander nicht unbedingt gleich sein werden, wie hier der Einfachheit halber stillschweigend vorausgesetzt worden war.

Da also die höhere Periodenzahl für Einphasenmotoren spannungsbeschränkend wirkt, so wirkt sie zugleich leistungsbeschränkend pro Polpaar, weil pro Polpaar nach Massgabe der zulässigen Anzahl Ampèreleiter pro 1 *cm* Ankerumfang auch der Stromstärke obere Grenzen gezogen sind. Für grössere Einzelleistungen müssen daher die Einphasen-Kommutatormotoren umsomehr Pole erhalten, je grösser die Periodenzahl des speisenden Einphasenstroms ist.

Beim Lauf der Einphasenmotoren mit irgend einer von Null verschiedenen Geschwindigkeit treten nun in den kurzgeschlossenen Ankerwindungen unter den Bürsten ausser E_t auch noch die elektromotorischen Kräfte E_r und E_w auf, so dass die drei Einzelspannungen entsprechend ihrer Richtung und Grösse eine Resultierende ergeben, die dann als Ursache der Schwierigkeiten der Stromwendung angesehen werden kann. Insofern auf eine elektromagnetische Bekämpfung dieser resultierenden elektromotorischen Kraft verzichtet wird, können die Schwierigkeiten der Kommutierung in etwelchem Masse durch Einbau besonderer Widerstandsverbindungen zwischen den Kommutator-Lamellen und den Ankerleitern behoben werden. Dieses Verfahren zur Verbesserung der Stromwendung von Einphasen-Bahnmotoren wird von amerikanischen Konstrukteuren angewendet. Von europäischen Konstrukteuren wird dagegen die elektromagnetische Bekämpfung der Schwierigkeiten der Stromwendung als die wirtschaftlichere Lösung bevorzugt. Für den wichtigsten Einphasen-Bahnmotor, den gewöhnlichen Seriemotor, erfolgt dies nach den patentierten Verfahren der Maschinenfabrik Oerlikon und der Siemens-Schuckertwerke unter Benützung des phasenverschobenen Hülfsfeldes, zu dessen Speisung entweder direkte Schaltungen

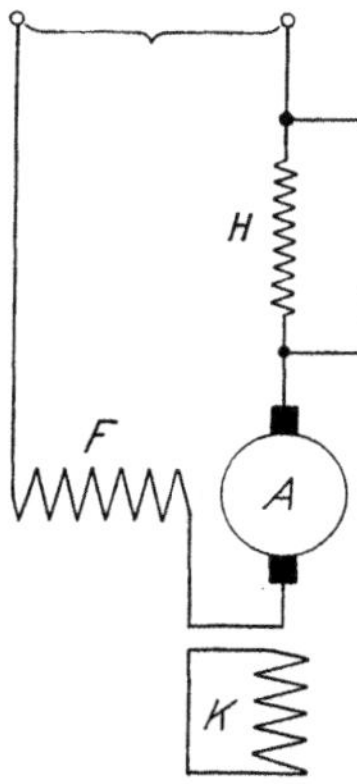

Abb. 103 a.

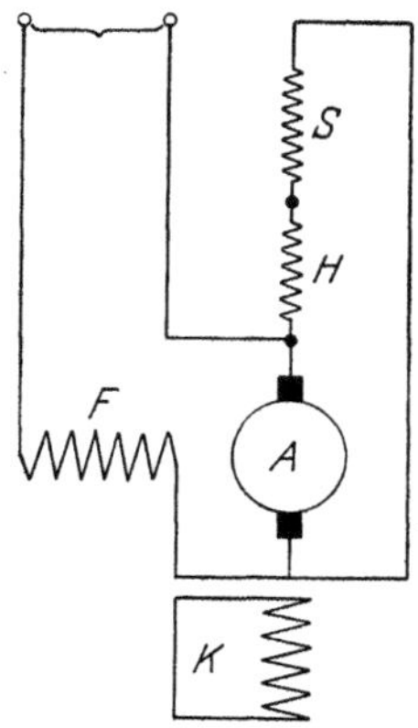

Abb. 103 b.

Direkte Schaltungen mit Widerstand *r* (Abb. 103a) oder mit Selbstinduktion *S* (Abb. 103 b) für Einphasen-Seriemotoren.

A = Ankerwicklung des Motors. *K* = Kompensationswicklung des Motors.
F = Feldwicklung des Motors. *H* = Hülfsfeldwicklung des Motors.

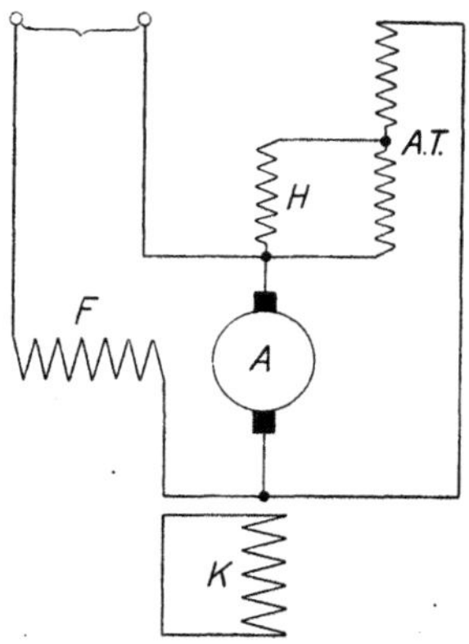

Abb. 104 a.

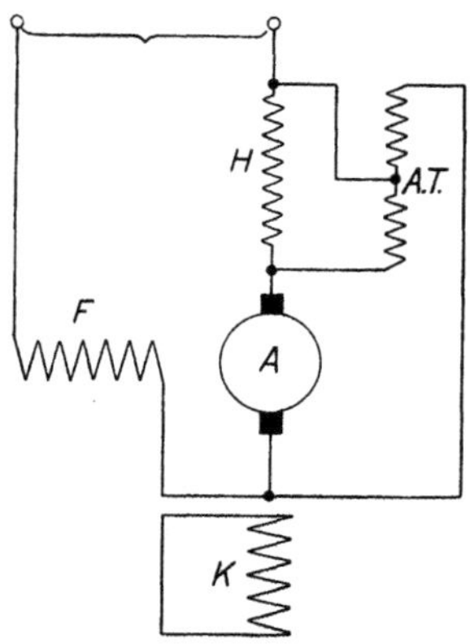

. Abb. 104 b.

Indirekte Schaltungen mit Auto-Transformator (A.T.) für Einphasen-Seriemotoren.

A = Ankerwicklung des Motors. *K* = Kompensationswicklung des Motors.
F = Feldwicklung des Motors. *H* = Hülfsfeldwicklung des Motors.

nach Abbildung 103 oder indirekte Schaltungen nach Abbildung 104 in Frage kommen können. Bei Verwendung indirekter Schaltungen bietet sich die Möglichkeit, mit Hülfe des als Querfeld wirkenden

Hülfsfeldes bedeutendere magnetische Energien umzusetzen, wodurch die Arbeitsweise des Motors teilweise verändert wird; diese Variante eines Seriemotors mit phasenverschobenem Wendefeld wird von der Allgemeinen Elektrizitätsgesellschaft unter dem Namen „Doppeltgespeister Motor" als selbständiger Motortyp betrachtet.

6. Die Stromart der Bahnmotoren und die Adhäsionsverhältnisse der Fahrzeuge.

Gleichstrom-Bahnmotoren liefern ein während der Ankerumdrehung gleichbleibendes Drehmoment; auch Drehstrom-Bahnmotoren ergeben mit grosser Annäherung ein gleichbleibendes Drehmoment, während das Drehmoment von Einphasenmotoren sich im allgemeinen aus einem gleichbleibenden Mittelwert und einem mit doppelter Periodenzahl pulsierendem Zusatzdrehmoment zusammensetzt. Angesichts dieser Unterschiede in der Eigenart der Triebkraft von Motoren verschiedener Stromart ist schon anlässlich der Erörterungen der ersten praktischen Anwendungen der elektrischen Zugförderung mittels Einphasen-Wechselstrom von den Vertretern der Bahnsysteme mittels Gleichstrom und Drehstrom gegen den Betrieb mittels Einphasenstrom der Einwand erhoben worden, das Adhäsionsgewicht von Einphasenlokomotiven mit unmittelbar antreibenden Einphasenmotoren müsse erheblich unter demjenigen von Gleichstromlokomotiven und Drehstromlokomotiven vom selben Totalgewichte liegen, weil zufolge der pulsierenden Triebkraft der Einphasenmotoren ein Gleiten der Triebräder schon bei verhältnismässig niedrigen mittleren Zugkräften am Radumfang eintreten müsse. Diese Ansicht, sowie auch diejenige, dass die Adhäsion der Wechselstromlokomotiven derjenigen der Lokomotiven für Gleichstrom und Drehstrom nicht nachstehe, ist durch gewisse Versuche und Erfahrungen gestützt, sodass eine Klarlegung der Verhältnisse vollauf geboten ist. Eine solche wird nun am besten auf Grund der Betrachtung der elastischen Deformation des Getriebes zwischen Motor und Radumfang einer bei Stillstand anziehenden Maschine durchgeführt, wobei der Einfluss der Stromart verschiedener Bahnmotoren auf die Schwingungen der Zugkraft am Radumfang aus dem Energieaustausch zwischen Elastizität und Massenträgheit festzustellen ist[1]). Dazu muss die Kraftübertragung zwischen Motor und Radumfang an Hand des Schemas

[1]) Diese analytische Untersuchung hat der Verfasser erstmals 1915 auf Seite 129 von Band LXV der „Schweiz. Bauzeitung" veröffentlicht.

eines Triebwerks mit mindestens zwei elastischen Zwischengliedern betrachtet werden. Gemäss der Abbildung 105 sei das Schema eines Triebwerks mit zwei elastischen Zwischengliedern gewählt, das auf den Triebradantrieb elektrischer Fahrzeuge insoweit anwendbar ist, als die Motormasse der treibenden Masse m_1, die Radkranzmasse dagegen der Zwischenmasse m_2 des Schemas entsprechen, und als der Nachgiebigkeitsgrad γ_1 sich auf die Deformation des Getriebes zwischen Motor und Radkranz, der Nachgiebigkeitsgrad γ_2 sich auf die Deformation des Radkranzes an der Berührungsstelle zwischen Rad und Schiene beziehen. Dabei kann für das stillgestellte Fahrzeug das Getriebe ohne Einfluss auf unsere Betrachtung beliebig als ein ideales Getriebe mit nur rotierenden Massen, oder auch als ideales Kurbelgetriebe, z. B. für diejenige Kurbelstellung, der auf beiden Fahrzeugs-Seiten gleiche Stangenkräfte entsprechen, vorausgesetzt werden.

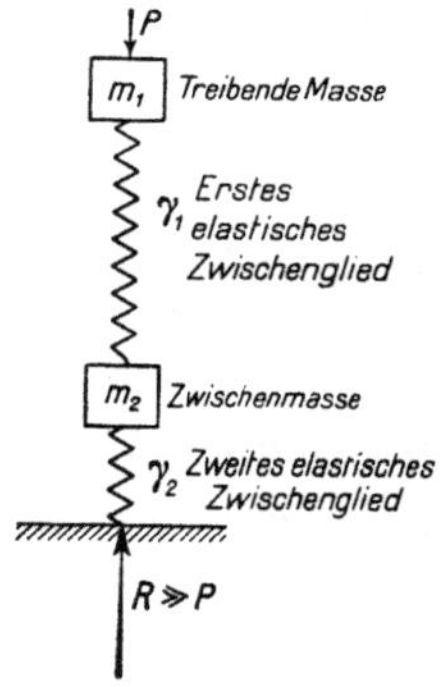

Abb. 105. Schema des Massenvorlaufs bei Triebwerken mit zwei elastischen Zwischengliedern.

Unserem Schema entsprechend, treten nun in den zwei elastischen Gliedern verschiedene Uebertragungskräfte auf, eine Uebertragungskraft K_1 im ersten elastischen Glied und eine Uebertragungskraft K_2 im zweiten elastischen Glied, für die, bei Einführung der Deformationen, bezw. Wege, s_1 am Orte der konzentriert gedachten Masse m_1 und s_2 am Orte der konzentriert gedachten Masse m_2, gesetzt werden kann:

$$K_1 = \frac{s_1 - s_2}{\gamma_1} \qquad \text{und} \qquad K_2 = \frac{s_2}{\gamma_2}$$

Solange nun die Triebkraft P den Widerstand R noch nicht zu überwinden vermag, wie dies eben bei einem forciert stillstehenden, z. B. festgebremsten Zuge der Fall ist, haben wir es mit einem „Massenvorlauf" zu tun, wobei, unserem Schema gemäss, die Massen m_1 und m_2 in Frage kommen. Für diesen Vorlauf gilt das System simultaner Differentialgleichungen:

$$\left\{\begin{aligned} P - m_1 \cdot \frac{d^2 s_1}{dt^2} &= \frac{s_1 - s_2}{\gamma_1} \\ m_2 \cdot \frac{d^2 s_2}{dt^2} &= \frac{s_1 - s_2}{\gamma_1} - \frac{s_2}{\gamma_2} \end{aligned}\right.$$

Den Unterschied im Verhalten von Motoren für verschiedene Stromarten können wir analytisch dadurch zum Ausdruck bringen, dass wir das eine Mal P als konstant voraussetzen, wodurch der Fall von Gleichstrom- oder Drehstrom-Motoren gekennzeichnet wird, während wir das andere Mal, um das Verhalten der Einphasenmotoren im ungünstigsten normalen Grenzfall zu kennzeichnen, für P den Ansatz:

$$P = P_o \left[1 - \cos\,(2\,\omega_o\,t)\right]$$

benutzen, wobei $\frac{\omega_o}{2\,\pi}$ die Periodenzahl des den Einphasenmotor speisenden Wechselstroms darstellt.

Für den letztern allgemeineren Ansatz geht unser System von Differentialgleichungen nach Vornahme der rein rechnerischen Operationen der Homogenisierung und der Eliminierung der Winkelfunktion über in das folgende:

$$\left\{\begin{aligned}
&\gamma_1 \cdot \gamma_2 \cdot m_1 \cdot m_2 \frac{d^7 s_1}{dt^7} + \\
&+ \left[(\gamma_1 + \gamma_2) \cdot m_1 + \gamma_2 \cdot m_2 + \gamma_1 \cdot \gamma_2 \cdot m_1 \cdot m_2 \cdot (2\,\omega_o)^2\right] \frac{d^5 s_1}{dt^5} + \\
&+ \left[(\gamma_1 + \gamma_2) \cdot m_1 \cdot (2\,\omega_o)^2 + \gamma_2 \cdot m_2 \cdot (2\omega_o)^2 + 1\right] \frac{d^3 s_1}{dt^3} + \\
&+ (2\omega_o)^2 \frac{ds_1}{dt} = 0 \\
&\gamma_1 \cdot \gamma_2 \cdot m_1 \cdot m_2 \frac{d^7 s_2}{dt^7} + \\
&+ \left[(\gamma_1 + \gamma_2) \cdot m_1 + \gamma_2 \cdot m_2 + \gamma_1 \gamma_2 \cdot m_1 \cdot m_2 \cdot (2\,\omega_o)^2\right] \frac{d^5 s_2}{dt^5} + \\
&+ \left[(\gamma_1 + \gamma_2) \cdot m_1 \cdot (2\,\omega_o)^2 + \gamma_2 \cdot m_2 \cdot (2\,\omega_o)^2 + 1\right] \frac{d^3 s_2}{dt^3} + \\
&+ (2\omega_o)^2 \frac{ds_2}{dt} = 0
\end{aligned}\right.$$

Würde man in unserem System von Ausgangsgleichungen für P einen konstanten Wert benutzen, also statt des Einphasenmotors den Gleichstrom- oder Drehstrommotor voraussetzen, dann ergäbe die Homogenisierung ein System von Differentialgleichungen fünfter Ordnung, das aus dem obenstehenden System siebenter Ordnung folgt, wenn man $(2\,\omega_o)^2 = 0$ setzt.

Sowohl das eine als auch das andere System homogener linearer Differentialgleichungen ergibt nun eine ausserordentlich einfache und elegante Lösung, wenn in allen Ausdrücken mit

$$(\gamma_1 + \gamma_2) \cdot m_1$$

die Grösse γ_2 neben γ_1 vernachlässigt wird. Angesichts der Eigenart der durch γ_1 und γ_2 gekennzeichneten Nachgiebigkeiten von Triebwerksteilen scheint uns für Lokomotiven und Motorwagen die Vernachlässigung von γ_2 neben γ_1 als allgemein und ausnahmslos zulässig.

Man erhält dann für den Fall des Antriebs mittels Einphasenmotoren als allgemeine Lösungen der beiden Differentialgleichungen die Ausdrücke:

$$s_1 = A_1 + B_1 \cdot \sin \sqrt{a_1} \cdot t + C \cdot \cos \sqrt{a_1} \cdot t + D_1 \cdot \sin \sqrt{a_2} \cdot t + \\ + E_1 \cdot \cos \sqrt{a_2} \cdot t + F_1 \cdot \sin \sqrt{a_3} \cdot t + G_1 \cdot \cos \sqrt{a_3} \cdot t$$

$$s_2 = A_2 + B_2 \cdot \sin \sqrt{a_1} \cdot t + C_2 \cdot \cos \sqrt{a_1} \cdot t + D_2 \cdot \sin \sqrt{a_2} \cdot t + \\ + E_2 \cdot \cos \sqrt{a_2} \cdot t + F_2 \cdot \sin \sqrt{a_3} \cdot t + G_2 \cdot \cos \sqrt{a_3} \cdot t$$

wobei:

$$\sqrt{a_1} = \sqrt{\frac{1}{\gamma_1 m_1}} \; ; \; \sqrt{a_2} = \sqrt{\frac{1}{\gamma_2 m_2}} \; ; \; \sqrt{a_3} = 2 \omega_o$$

Für den Fall des Antriebs mittels Gleichstrommotoren oder Drehstrommotoren ergeben sich für s_1 und s_2 Ausdrücke, die aus denjenigen für Antrieb mittels Einphasenstrom hervorgehen, mit:

$$F_1 = F_2 = G_1 = G_2 = 0.$$

Die Integrationskonstanten interessieren uns nur insoweit, als wir sie zur Bildung des Ausdrucks:

$$K_2 = \frac{s_2}{\gamma_2}$$

benötigen, indem uns ja nur die Schwingungen der Zugkraft am Radumfang, d. h. eben die Schwingungen der Kraft K_2 interessieren.

Nach Durchführung der Bestimmung der Konstanten A_2, B_2, C_2, D_2, E_2, F_2, G_2 ergibt sich für den Fall des Einphasenbetriebs:

$$K_2 = P_o \cdot \left\{ 1 - \left[1 - \frac{1}{(1 + \gamma_1 \cdot m_1 \cdot 4 \omega_o^2)} \cdot \frac{1}{(1 + \gamma_1 \cdot m_2 \cdot 4 \omega_o^2)} \right] \cdot \cos \sqrt{\frac{1}{\gamma_2 \cdot m_2}} \cdot t \right. \\ \left. - \frac{1}{(1 + \gamma_1 \cdot m_1 : 4 \omega_o^2)} \cdot \frac{1}{(1 + \gamma_2 \cdot m_2 \cdot 4 \omega_o^2)} \cdot \cos (2 \omega_o t) \right\}$$

Für den Fall des Antriebs mittels Gleichstrommotoren oder Drehstrommotoren folgt mit Rücksicht auf die alsdann geltenden Konstanten A_2, B_2, C_2, D_2, E_2 der Ausdruck:

$$K_2 = P \cdot \left\{ 1 - \cos \sqrt{\frac{1}{\gamma_2 \cdot m_2}} \cdot t \right\}$$

Für die Vergleichung der Stromarten sind nun massgebend die Zahlenwerte der Ausdrücke $\gamma_1 \cdot m_1$, sowie $\gamma_2 \cdot m_2$ und ω_o bezw. $4 \omega_o^2$. Wir glauben, für den praktisch wichtigsten Fall grösserer Lokomotiven für alle Stromarten schätzen zu dürfen:

$$\gamma_1 \cdot m_1 = \sim 10^{-3} \text{ bis } 10^{-4}$$
$$\gamma_2 \cdot m_2 = \sim 10^{-6} \text{ bis } 10^{-7}$$

unter Zugrundelegung der Einheiten *m, kg* und *sec.* Für Einphasenstrom von etwa 16 Perioden ist weiter:

$$\omega_o = \sim 10^2$$
$$4\,\omega_o^2 = \sim 4 \cdot 10^4$$

Es ist dann im allgemeinen:

$$(\gamma_1 \cdot m_1 \cdot 4\,\omega_o^2) > 1 \quad ; \quad (\gamma_2 \cdot m_2 \cdot 4\,\omega_o^2) < 1$$

und stellt der Ausdruck:

$$\frac{1}{(1 + \gamma_1 \cdot m_1 \cdot 4\,\omega_o^2)} \cdot \frac{1}{(1 + \gamma_2 \cdot m_2 \cdot 4\,\omega_o^2)} = z$$

einen sehr kleinen Bruch mit positivem Zahlenwerte dar, der neben 1 vernachlässigt werden darf, so dass für Einphasenstrom:

$$K_2 = P_o \cdot \left\{1 - \cos \sqrt{\frac{1}{\gamma_2 \cdot m_2}} \cdot t - z \cdot \cos(2\,\omega_o \cdot t)\right\}$$

geschrieben werden kann. Wegen des kleinen Zahlenwertes von z hat aber im Ausdruck K_2 das Glied $z \cdot \cos(2\,\omega_o\,t)$ einen kleinen Amplitudenwert, weshalb K_2 bei Einphasenmotoren im allgemeinen nahezu dieselben Schwingungen ausführen wird, wie bei Gleichstrom und Drehstrom. Aus diesem Grunde wird sich dann auch im allgemeinen für Einphasenlokomotiven dasselbe Adhäsionsgewicht herausstellen, wie für Gleichstrom- und Drehstrom-Lokomotiven vom selben Totalgewicht.

Ausnahmen von diesem, im allgemeinen zutreffenden Verhalten sind jedoch zu erwarten, entweder wenn:

$$\gamma_1 \cdot m_1 \cdot 4\,\omega_o^2 = \sim 1 \quad ; \quad \text{bezw. } 2\,\omega_o = \sim \sqrt{\frac{1}{\gamma_1 \cdot m_1}}$$

oder wenn:

$$\gamma_2 \cdot m_2 \cdot 4\,\omega_o^2 = \sim 1 \quad ; \quad \text{bezw. } 2\,\omega_o = \sim \sqrt{\frac{1}{\gamma_2 \cdot m_2}}$$

Der zweite dieser Sonderfälle dürfte angesichts der Grössenordnung von $\gamma_2 \cdot m_2$ auch bei höheren Periodenzahlen gänzlich ausgeschlossen sein, während anderseits der Sonderfall:

$$\gamma_1 \cdot m_1 \cdot 4\,\omega_o^2 = \sim 1$$

im Bereiche der Möglichkeit liegt und auf:

$$z = \sim \frac{1}{2}$$

führt, wobei dann für Einphasenfahrzeuge:

$$K_2 = P_o \cdot \left\{1 - \frac{1}{2} \cdot \cos \sqrt{\frac{1}{\gamma_2 \cdot m_2}} \cdot t - \frac{1}{2} \cdot \cos(2\,\omega_o \cdot t)\right\}$$

zu setzen ist. Alsdann hat man es mit übereinander gelagerten Einzelschwingungen von K_2 zu tun, die für Werte:

$$\sqrt{\frac{1}{\gamma_2 \cdot m_2}} = 2 \cdot (n \cdot \pi + \omega_0)$$

mit entsprechend hohen ganzzahligen Multiplikatoren n resonanzartig wirken, wobei die Zugkraft am Radumfang grösste Schwingungsweiten aufweist, die mit der Wechselstrom-Triebkraft P synchron schwingen. Ob sich dabei die Uebereinanderlagerungen genau oder nur angenähert demgemäss ausbilden, bleibt sich insoweit gleich, als nun für die schwingende Kraft K_2 Impulse genügender Stärke und von genügend langer Schwingungsdauer vorliegen werden, derart, dass die Adhäsionsgrenze abwechselnd überschritten und unterschritten wird, und das Gleiten der Räder auf den Schienen für kleinere Mittelwerte von K_2 auftritt, als bei Antrieb mittels Gleichstrom oder Drehstrom, wo die Schwingungsdauer von K_2 viel zu kurz ist, um auf die Adhäsion einwirken zu können.

In den Fällen einer bei Einphasenbetrieb ungünstig schwingenden Kraft K_2 am Radumfang ist eine Abhülfe glücklicherweise auf äusserst einfache Weise möglich, indem, wie aus unsern rechnerischen Beziehungen hervorgeht, die einfach zu bewirkende Vergrösserung von γ_1, d. h. ein Einbau besonderer elastischer Uebertragungsmittel zwischen Motor und Radumfang, ohne weiteres die Amplitude der Impulse mit langer Schwingungsdauer unterdrückt.

Anlässlich der Erörterung amerikanischer Versuche ist im Jahre 1906 von *B. G. Bergmann*[1]) bereits auf resonanzartige Störungen der Adhäsion bei Wechselstrombetrieb hingewiesen worden. Bei jenen Versuchen liess man ein mit zwei Einphasenmotoren von je 100 PS ausgerüstetes Drehgestell von etwa 10,6 *t* Totalgewicht mittels einer Druckstange gegen ein feststehendes pneumatisches Dynamometer antreiben, wobei unter Benutzung von je nur einem Motor, der abwechselnd mit Gleichstrom und mit Einphasenstrom von variabler Frequenz gespeist wurde, Zugkräfte bis zum Eintritt des Gleitens der Räder des Drehgestells auf den Schienen entwickelt wurden. Die erzielten Versuchsresultate sind durch Bergmann in ein Kurvenblatt eingetragen worden, das hier, bei Umrechnung der Polwechsel in Perioden und der Zugkraft in *kg*, in Abbildung 106 wiedergegeben wird; dabei sind die Versuchsresultate bei Wechselstrombetrieb durch runde Punkte, genau nach Beobachtung,

---

[1]) El. World, Band XLVIII, Seite 713.

die Versuchsresultate bei Gleichstrombetrieb durch kleine Kreuze unmittelbar über der Abszissenaxe eingetragen. Die ausgezogene Kurve rührt von Bergmann her, der damit einerseits die Annäherung der Adhäsionsverhältnisse bei Wechselstrom hoher Periodenzahl an diejenigen bei Gleichstrom und anderseits, durch den Wendepunkt der Kurve an der Ordinatenachse, den Fall der Resonanz zwischen der

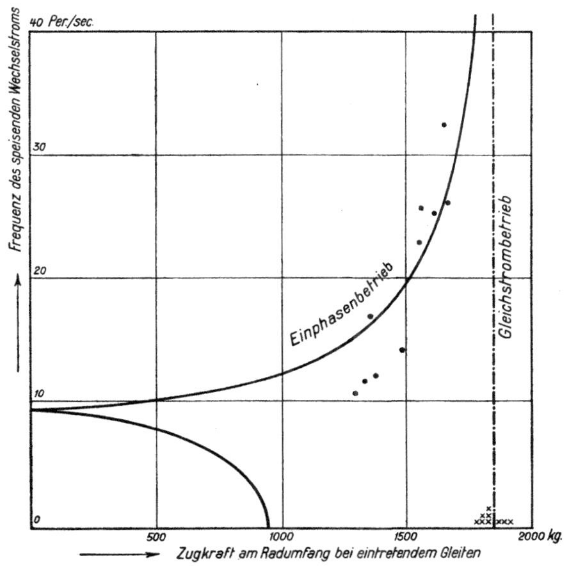

Abb. 106. Versuchsergebnisse und Kurven von B. G. Bergmann über die Adhäsionsverhältnisse bei Motoren verschiedener Stromart.

Pulsation der Wechselstrom-Triebkraft und der Pulsation der schwingenden Kraftübertragung im federnden Antriebsapparat des Drehgestells veranschaulichen wollte. Obwohl die Ueberlegungen von Bergmann nicht, wie die unsrigen, vom Schema eines Triebwerks mit zwei elastischen Zwischengliedern ausgehen, können wir uns in der Hauptsache seinen Deduktionen anschliessen; immerhin sehen wir aber unsere Darstellung als die den tatsächlichen Verhältnissen genauer angepasste und in theoretischer Hinsicht befriedigendere an. Zu der von Bergmann gezeichneten, in Abbildung 106 ausgezogen dargestellten Kurve möchten wir bemerken, dass wir den Wendepunkt der Kurve nicht auf der Ordinatenachse selbst, sondern rechts derselben vermuten, da uns in Anbetracht unserer Rechnung ein vollständiges Verschwinden der Adhäsion bei einer bestimmten Periodenzahl ausgeschlossen erscheint.

Ueber die Adhäsionsverhältnisse elektrischer Fahrzeuge bei Motoren verschiedener Stromart ist somit auszusagen, dass im allgemeinen ein verschiedenes Verhalten bei Motoren verschiedener Stromart nicht zu erwarten ist, dass dagegen bei Einphasenfahrzeugen eine Verschlechterung der Adhäsion bei Uebereinstimmung der Schwingungszahl des federnden Antriebsapparates mit der Frequenz der pulsierenden Antriebskraft eintreten wird, aber durch Erhöhung der Nachgiebigkeit des Antriebsapparates wieder die normale Adhäsion hergestellt werden kann.

Viertes Kapitel.

Lauffähigkeit und Gewichtsverhältnisse der Lokomotiven und Motorwagen.

1. Anforderungen an das Laufwerk der Fahrzeuge.

Die Güte der Lauffähigkeit von Lokomotiven und Motorwagen ist bedingt durch die Eigenart der zwischen dem Geleise[1]) und den Rädern der Fahrzeuge auftretenden Kräfte. Diese Kräfte sind besonders von der Höhe der Fahrgeschwindigkeit, sowie auch von der Fahrzeugsausbildung abhängig; hinsichtlich der Fahrzeugsausbildung kommt vorzugsweise in Betracht: die Anordnung und Lagerung der Achsen, das Trägheitsmoment der Fahrzeuge für die erwünschten Bewegungen und im Zusammenhang damit die Höhenlage des Schwerpunktes. Die zwischen dem Geleise und den Rädern der Fahrzeuge auftretenden Kräfte haben unerwünschte, störende Bewegungen im Gefolge, die auf Grund der langjährigen Erfahrungen im Dampfbetriebe folgendermassen definiert werden können[2]):

1. *Zucken* der Fahrzeuge infolge Verschiebung des Schwerpunktes durch Lageänderung der rotierenden Gangwerksteile.

2. *Schlingern* der Fahrzeuge, d. h. Schwingen um eine vertikale Achse infolge der Radkonizität.

3. *Wogen* der Fahrzeuge infolge zu weicher Federung.

4. *Nicken* der Fahrzeuge, d. h. Schwingen der abgefederten Massen um die horizontale Schwerpunktsachse, die zur Fahrzeugslängsachse senkrecht steht.

5. *Wanken* der Fahrzeuge infolge ungleicher Federschwingungen beider Fahrzeugsseiten.

Einzelne dieser Störungen treten bei Dampflokomotiven in stärkerem Masse auf, als bei elektrischen Lokomotiven, weil bei den

---

[1]) Das in der deutschen Orthographie für *Geleise* benutzte Wort „Gleis" verwenden wir als unrichtig grundsätzlich nicht, weil die das Geleise bildenden Schienen nicht ein Gleiten, sondern ein *Geleiten* des Fahrzeugs bewirken sollen.

[2]) Vergl. z. B. Seite 255 der „Einführung in die Berechnung und Konstruktion von Dampflokomotiven" von *W. Bauer* und *K. Stürzer*. Wiesbaden 1911.

erstern der Einfluss der hin- und hergehenden Triebwerksteile demgemäss zur Geltung kommt. Indessen sind die Anforderungen an das Laufwerk der Fahrzeuge für die elektrische Zugförderung im wesentlichen doch dieselben, wie beim Dampfbetriebe. Demgemäss handelt es sich bei der Gestaltung des Laufwerks elektrischer Fahrzeuge ebenfalls um Anforderungen, die vor allem einen genügend grossen Radstand verwirklichen sollen. Damit aber ein grosser Radstand den gewünschten günstigen Einfluss habe, muss er möglichst mit der sog. *geführten Länge* identisch sein, d. h. mit der Entfernung des, ein vorwärts fahrendes Fahrzeug vorne nach innen ziehenden Punktes von der hintern führenden Achse.

Beim Lauf der Fahrzeuge in der Geraden kommen störende Bewegungen vor infolge der Unregelmässigkeit des Geleises, infolge der Radkonizität, sowie infolge störender Ursachen, die auf das Triebwerk und auf Massenwirkungen zurückzuführen sind.

Beim Lauf der Fahrzeuge in der Kurve kommt neben den Störungsursachen, die schon für den Lauf in der Geraden in Betracht fallen, als weitere und wesentliche Störungsursache noch in Betracht die mit zunehmender Krümmung (bezw. mit abnehmendem Krümmungsradius) zunehmende Spurerweiterung des Geleises, die deswegen notwendig ist, damit Fahrzeuge mit festgelagerten Achsen eine gegebene Geleisekrümmung durchfahren können. Festgelagerte Achsen kommen nun in der Regel bei allen Triebfahrzeugen vor[1]), allerdings bei grösserer Fahrzeugslänge, bezw. grösserer Achsenzahl überhaupt, nur in Verbindung mit besondern Massnahmen zur Erhöhung der Kurvenbeweglichkeit.

Die Beurteilung und Vergleichung der Lauffähigkeit von Fahrzeugen wird am besten auf Grund des Verhaltens der Fahrzeuge bei der Durchfahrt von Kurven vorgenommen. Es ist daher notwendig, sich den Vorgang der Einfahrt eines Fahrzeuges aus der Geraden in die Kurve zu vergegenwärtigen, wozu nach Abbildung 107 das Schema des Fahrzeugs mit zwei festgelagerten Achsen dient. Bei dieser Einfahrt erleidet das Fahrzeug eine Ablenkung aus seiner bisherigen Fahrrichtung um einen Winkel α, der *Ablenk-, Anschneide-* oder *Anlaufwinkel* genannt wird und, gemäss Abbildung 107, bei genau radial stehender Hinterachse des Fahrzeugs durch:

$$\sin \alpha = \frac{A}{R}$$

[1]) Eine Ausnahme bilden zweiachsige Motorwagen mit sog. Lenkachsen.

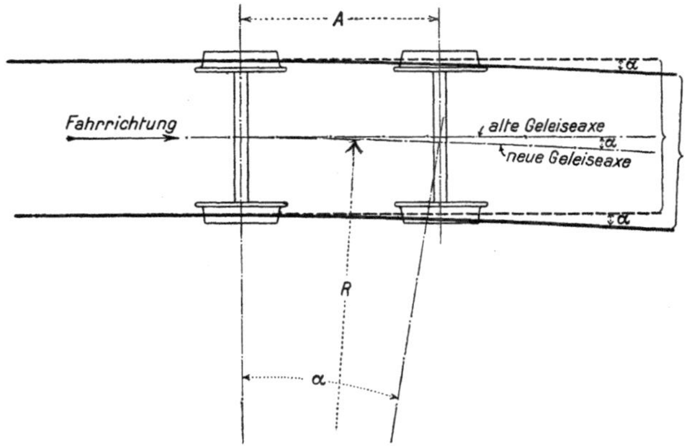

Abb. 107. Der Anschneidewinkel bei Bahnkrümmungen und festem Radstand für radiale Stellung der Hinterachse.

gegeben ist, wobei A den Achsstand (für feste Achsen stets gleich dem Radstand) und R den Krümmungsradius der Kurve bedeuten. Falls aber bei der Einfahrt in die Kurve die Hinterachse nicht mehr radial steht, sondern innen anläuft, dann wird unter dem Einfluss des ganzen Spielraums zwischen Rad und Schiene, in dem die der Kurve entsprechende Spurerweiterung inbegriffen ist:

$$\sin \alpha > \frac{A}{R}.$$

Mit wachsendem Winkel α wachsen aber die Querstösse des Fahrzeugs und damit die Entgleisungsgefahr. Es kann nun die schädliche Grösse von α dadurch verringert werden, dass durch einen sog. Führungsdruck die Hinterachse gezwungen wird, nach aussen anzulaufen. Massnahmen, wie die erörterte, dienen zur Erhöhung der sog. *Kurvenbeweglichkeit* und erweisen sich als notwendig, entweder nur für Einzelachsen oder für vollständige Achsgruppen.

Zur Erhöhung der Kurvenbeweglichkeit von Einzelachsen können als verschiedene Massnahmen in Betracht kommen:

1. *Die seitliche Achsenverschiebung.* Diese ist möglich durch Schwächung der Spurkränze für die betreffenden Achsen oder deren gänzliche Auflassung, sowie insbesondere durch *Seitenspiel.*

2. *Die freie radiale Achseneinstellung.* Diese wird bei Laufachsen angewendet, wobei für die freie Achse der Anlaufwinkel $\alpha = 0$ wird.

3. *Die zwangsläufige Radialstellung.* Diese erheischt Führungsgestelle, und zwar entweder Bisselgestelle mit Deichselführung oder Führungsgestelle für Gelenkführung, bezw. Kurvenführung. Bei allen

Anordnungen für zwangsläufige Radialstellung wird die geführte Achse nach Verlassen der Kurve durch eine Rückstellkraft wieder in die ursprüngliche Lage senkrecht zur Fahrzeugslängsachse zurückgeführt.

Zur Erhöhung der Kurvenbeweglichkeit von Achsgruppen stehen ebenfalls eine Reihe von Anordnungen zur Verfügung und zwar:

1. *Die Drehgestelle.* Diese bilden für sich allein ein eigenes Fahrzeugsgestell, bestehend aus 2 oder 3 Achsen und sind gewöhnlich mit einem, in der Mitte des Gestells liegenden Drehzapfen ausgerüstet, der im Hauptrahmen des Fahrzeugs festgelagert ist (Drehgestelle mit reellem Drehpunkt); Drehgestelle, die den Drehzapfen durch Anwendung von Bogenführungen unterdrücken (Drehgestelle mit ideellem Drehpunkt), haben weniger häufig Anwendung gefunden, als jene mit ausgebildetem Drehzapfen, der dann entweder fest, oder mit Seitenspiel versehen, verschiebbar angeordnet werden kann. Die zur Rückstellung erforderliche Rückstellkraft kann durch Hebelwirkung, Federwirkung oder Keilwirkung hervorgebracht werden.

2. *Achsgruppen mit Triebachsen und Laufachsen.* Drehgestelle dieser Art, im Gegensatz zu den eigentlichen Drehgestellen, die entweder lauter Triebachsen oder lauter Laufachsen umfassen, besitzen zwangsläufige Einstellvorrichtungen für einzelne Achsen der Gruppe, insbesondere mittels Deichselführung (z. B. das „*Krauss-Helmholtz*-Drehgestell"), oder auch mittels Hebel und Lenker (z. B. nach *Klose*).

3. *Achsgruppen mit Voll- und Hohlachsen.* Bei einer Anzahl fest im Rahmen gelagerter Vollachsen können die den äussersten Achsen an jedem Fahrzeugsende zugeordneten Räder je auf einer über der festen Vollachse angeordneten Hohlachse sitzen, die mit der festen Achse zwar in Drehrichtung festgekuppelt ist, sonst aber sowohl Seitenbeweglichkeit, als auch Drehung um die Mittelebene der Hauptachse erlaubt (Anordnung nach *Klien-Lindner*).

Die aufgeführten Massnahmen zur Erhöhung der Kurvenbeweglichkeit einzelner Achsen oder ganzer Achsgruppen kommen, wie schon bemerkt, für Lokomotiven und Motorwagen immer dann in Betracht, wenn der Anschneidewinkel sonst eine unzulässige Höhe erreichen würde; sie sind also bei Fahrzeugen mit mehr als zwei Achsen ohne weiteres unumgänglich, wobei dann einzelne Achsen festgelagert sind, die übrigen aber, einzeln oder irgend wie kombiniert, kurvenbeweglich sein müssen. Grössere Achsenzahlen sind nun beim Entwurf schwerer und leistungsfähiger Lokomotiven besonders unvermeidlich, will man nicht die Einheit der Lokomotive dadurch aufheben, dass man sie aus kurz gekuppelten Einzelfahrzeugen zusammensetzt und nach Art eines Motorwagenzuges mit verschiedenen einzelnen Motorwagen betreibt. Dank der zur Verfügung stehenden Hülfsmittel zur Erhöhung der Kurbelbeweglichkeit vielachsiger Fahrzeuge bietet somit deren Achsenzahl kein unüberwindliches Hindernis für gute Lauffähigkeit.

Insoweit, als die Güte der Lauffähigkeit abhängig ist vom Fahrzeugs-Trägheitsmomente, insbesondere vom Trägheitsmoment um die senkrechte Drehungsachse, ist darauf hinzuweisen, dass dieses Trägheitsmoment durch möglichste Konzentrierung der grossen Massen in die Fahrzeugsmitte klein gehalten werden kann, und damit die mit diesem Trägheitsmoment zusammenhängenden störenden Schlinger-Bewegungen ebenfalls verringert werden. Anderseits ist die Erhöhung des Trägheitsmomentes um die horizontale Längsachse des Fahrzeuges, zu welcher Erhöhung ein Hochlegen der Schwerpunktslage besonders beiträgt, vorteilhaft zur Verringerung der Wankbewegung. Eine gute Lauffähigkeit lässt sich somit auch insoweit erreichen, als die für störende Bewegungen massgebenden Trägheitsmomente in der erwünschten Hinsicht leicht günstig beeinflusst werden können.

Es kann daher den, an gute Lauffähigkeit der elektrischen Fahrzeuge gestellten Anforderungen in jeder Hinsicht leicht entsprochen werden und zwar, mit Rücksicht auf die leichte Teilbarkeit der elektromotorischen Ausrüstung, in einfacherer Weise, als es bei Dampflokomotiven der Fall ist.

Nomenklatur auf Grund der Laufwerksausbildung. Die Laufwerksausbildung der Eisenbahn-Fahrzeuge, insbesondere der Lokomotiven, hat den Anlass zu einer Typenbezeichnung derselben gegeben, die zunächst bei Dampflokomotiven angewandt und hernach auch für elektrische Lokomotiven zur Benutzung gelangt ist. Dabei ist besonders auf die Hervorhebung der Achsenzahl, bezw. Radzahl, und deren Unterteilung in Triebachsen, bezw. Triebräder, sowie Laufachsen, bezw. Laufräder, Wert gelegt worden. Von den Eisenbahnverwaltungen des europäischen Kontinents wurde während langer Jahre als kurze Typenbezeichnung der Lokomotiven ein ächter Bruch benützt, dessen Zähler der Triebachsenzahl und dessen Nenner der Gesamtachsenzahl der zu bezeichnenden Lokomotiven entsprach. Da diese Bezeichnungsweise jedoch ein Laufwerk noch nicht gänzlich zu kennzeichnen vermag, indem beispielsweise die Bezeichnung $^2/_4$ nicht erkennen lässt, ob zwei Triebachsen mit einem vorderen Drehgestell oder mit einer vordern und einer hintern einfachen Laufachse vereinigt sind, so entstand das Bedürfnis nach einer sichereren Nomenklatur. Eine solche ist neuerdings eingeführt worden, bei der die Anzahl der getriebenen Achsen mit Buchstaben, nämlich A = eine Triebachse, B = zwei Triebachsen, C = drei Triebachsen u. s. w., und die Anzahl der Laufachsen mit Ziffern bezeichnet sind, die durch ihre Stellung vor oder hinter den Buchstaben die Lage der Achsen festlegt. In England und Amerika erfolgt die Bezeichnung in ähnlicher Weise, nur dass statt der Zahl der Achsen die Zahl der Räder angegeben wird, und dass weiter sowohl Triebräder, als auch Laufräder durch Zahlen gekennzeichnet werden. Eine Nomenklatur-Uebersicht bietet die folgende Tafel:

Uebersicht der Fahrzeugs-Nomenklatur.

Kennzeichnung der Lauffähigkeit	Zahl der Achsen			Nomenklaturen		
	total	treibende	Laufachsen	alte kontinentale	neue kontinentale	englisch-amerikanische
ohne Laufräder	2	2	0	$^2/_2$	B	0—4—0
	3	3	0	$^3/_3$	C	0—6—0
	4	4	0	$^4/_4$	D	0—8—0
	5	5	0	$^5/_5$	E	0—10—0
vorne eine Laufachse	3	2	1	$^2/_3$	1B	2—4—0
	4	3	1	$^3/_4$	1C	2—6—0
	5	4	1	$^4/_5$	1D	2—8—0
	6	5	1	$^5/_6$	1E	2—10—0
vorne ein Drehgestell	4	2	2	$^2/_4$	2B	4—4—0
	5	3	2	$^3/_5$	2C	4—6—0
	6	4	2	$^4/_6$	2D	4—8—0
	7	5	2	$^5/_7$	2E	4—10—0
vorne und hinten je eine Laufachse	4	2	2	$^2/_4$	1B1	2—4—2
	5	3	2	$^3/_5$	1C1	2—6—2
	6	4	2	$^4/_6$	1D1	2—8—2
	7	5	2	$^5/_7$	1E1	2—10—2
vorne ein Drehgestell hinten eine Laufachse	5	2	3	$^2/_5$	2B1	4—4—2
	6	3	3	$^3/_6$	2C1	4—6—2
vorne und hinten je ein Drehgestell	6	2	4	$^2/_6$	2B2	4—4—4
	7	3	4	$^3/_7$	2C2	4—6—4
	8	4	4	$^4/_8$	2D2	4—8—4
mehrere treibende Drehgestelle	4	4	0	$^2/_2+^2/_2$	B+B	0—4+4—0
	6	6	0	$^3/_3+^3/_3$	C+C	0—6+6—0
sym. Doppel-Lokomotiven m. Kurzkupplung	8	6	2	$^3/_4+^3/_4$	1C+C1	2—6+6—2
	12	8	4	$^4/_6+^4/_6$	2D+D2	4—8+8—4

2. Die normalen Gewichtsverhältnisse elektrischer Fahrzeuge.

Eine Beurteilung der Gewichtsverhältnisse hat bei elektrischen Lokomotiven hauptsächlich im Zusammenhange mit den Leistungs- und den Adhäsionsverhältnissen zu erfolgen, bei elektrischen Motorwagen dagegen hauptsächlich im Zusammenhang mit der Aufnahmefähigkeit von Fördergut.

Gewichtsverhältnisse elektrischer Lokomotiven. Schon für die Bemessung der Triebachsenzugkraft (Seite 40—42) haben wir auf den Zusammenhang der Fahrzeugs-Leistungsfähigkeit und der Adhäsion hingewiesen und für ein Fahrzeug vom normalen Drehmoment D_f in *mkg* und vom Gesamtgewicht G in *kg* den Verhältniswert $\frac{G}{D_f}$ eingeführt, für den wir schreiben durften:

$$\frac{G}{D_f} \geqq \left(\frac{G}{G_o}\right) \cdot \frac{1}{\mu} \cdot \frac{1}{r}$$

wenn weiter mit G_o das sog. Adhäsionsgewicht in *kg*, mit μ der Reibungskoeffizient und mit r der Triebrad-Halbmesser in *m* bezeichnet wird. Neben diesem Verhältniswert haben wir nun noch einen andern zu betrachten, der zwar nicht die physikalische Bedeutung des erstern besitzt, jedoch in der Literatur häufig anzutreffen ist; es betrifft dies den Verhältniswert:

$$\frac{G}{L_f}$$

der ein Fahrzeugsgewicht auf die normale Fahrzeugs-Stundenleistung L_f in PS bezieht. Mit Hülfe der Fahrzeugszugkraft Z_f in *kg* und der Fahrgeschwindigkeit v in *km/h* ergibt sich:

$$Z_f \leqq \mu \cdot G_o$$

$$L_f = \frac{Z_f \cdot v}{270}$$

sodass sich weiter schreiben lässt:

$$\frac{G}{L_f} \geqq \left(\frac{G}{G_o}\right) \cdot \frac{1}{\mu} \cdot \frac{270}{v}.$$

Die beiden Vergleichswerte:

$$\frac{G}{D_f} = k_1 \qquad \text{und} \qquad \frac{G}{L_f} = k_2$$

enthalten somit beide das reziproke Adhäsionsverhältnis $\left(\frac{G}{G_o}\right)$, sowie den Reibungskoeffizienten μ. Neben diesen beiden Grössen kommt in k_1 noch der Triebrad-Halbmesser r, in k_2 die Fahrgeschwindigkeit v vor. Für Lokomotiven, die man auf Grund solcher Verhältniswerte zu beurteilen pflegt, schwankt r im allgemeinen weniger, als v, weshalb die Ziffer k_1 eine tauglichere Vergleichsziffer darstellt, als k_2; gegen den Gebrauch der Vergleichsziffer k_2 oder ihres reziproken Wertes, ist im weitern einzuwenden, dass sie für Lokomotiven mit Stufenregelung der Geschwindigkeit immer dann ein falsches Bild ergibt, wenn nicht, entsprechend dem normalen Bedürfnis des Bahnbetriebes, eine Regelung für ungefähr gleiche Leistung, sondern eine solche für ungefähr gleiches Drehmoment auf den einzelnen Stufen der Geschwindigkeitsregelung vorgenommen wird.

In den folgenden Tafeln stellen wir für eine Reihe bemerkenswerter Ausführungen von Lokomotiven, teils ohne, teils mit Laufachsen, die verschiedenen elektrischen Betriebssystemen angehören, die zur Aufstellung der Vergleichsziffern k_1 und k_2 in Betracht fallenden Daten, sowie diese Ziffern selbst, übersichtlich zusammen:

Gewichts-Vergleichsziffern für Lokomotiven ohne Laufachsen.

Stromart	Bahnanlage	Normaldienst		Gewicht	Vergleichsziffern	
		D_f mkg	L_f PS	G in t	k_1 kg/mkg	k_2 kg/PS
Gleichstrom	Michigan Central . . .	9600	1100	100	10,4	91
	New-York Central 1913 .	3800	1900	100	26,4	53
Drehstrom	Great Northern	3800	1900	105	27,7	53
	Simplon 1907	7200	1700	68	9,5	40
	Giovi 1909	6000	2000	60	10,0	30
Einphasenstrom	Spokane und Inland E. R.	3400	500	52	15,3	104
	Grand Trunk	7800	720	66	8,5	92
	New Haven 1907	3200	960	89	27,8	93
	Lötschberg 1911	8650	2000	90	10,4	45

Gewichts-Vergleichsziffern für Lokomotiven mit Laufachsen.

Stromart	Bahnanlage	Normaldienst D_f mkg	Normaldienst L_f PS	Gewicht G in t	Vergleichsziffern k_1 kg/mkg	Vergleichsziffern k_2 kg/PS
Gleichstrom	New York Central 1906 .	5200	2200	115	22,1	52
	Pennsylvania 1910 . . .	7200	2250	157	21,8	70
Drehstrom	Veltlinbahn 1904	5800	1200	62	10,6	52
	Simplon 1906	4800	1100	62	12,9	56
	Simplon 1914	6700	2800	86	12,8	31
Einphasenstrom	New Haven 1909 . . .	5600	1260	140	25,0	111
	Lötschberg 1913	11000	3000	107	9,7	36

Die Gewichtsausnutzung ist im allgemeinen als eine umso bessere zu bezeichnen, je kleiner sich die Vergleichsziffern k_1 und k_2 für gleiche Regulierfähigkeit der Lokomotiven ergeben.

Neben dem Zusammenhang des Gesamtgewichts mit den Leistungs- und Adhäsionsverhältnissen ist auch bemerkenswert die Zusammensetzung des Gewichts aus dem mechanischen und dem elektrischen Anteil der Konstruktion, über die wir wiederum für ausgeführte Lokomotiven ohne und mit Laufachsen Tafeln aufstellen:

Verteilung des Gesamtgewichtes bei Lokomotiven ohne Laufachsen.

Stromart	Bahnanlage	Gesamtgewicht in t	Gesamtgewicht in %	Mechan. Teil in t	Mechan. Teil in %	Elektr. Teil in t	Elektr. Teil in %
Gleichstrom	Michigan Central . . .	100	100	68	68	32	32
	New York Central 1913 .	100	100	68	68	32	32
Drehstrom	Great Northern	105	100	51	49	54	51
	Simplon 1907	68	100	33	49	35	51
	Giovi 1909	60	100	28	47	32	53
Einphasenstrom	Spokane und Inland E. R.	52	100	30	57	22	43
	Grand Trunk	66	100	35	53	31	47
	New Haven 1907 . . .	89	100	39	44	50	56
	Lötschberg 1911	90	100	46	51	44	49

Verteilung des Gesamtgewichtes bei Lokomotiven mit Laufachsen.

Stromart	Bahnanlage	Adhäsions-verhältnis G_0/G	Gesamtgewicht in t	Gesamtgewicht in %	Mechan. Teil in t	Mechan. Teil in %	Elektr. Teil in t	Elektr. Teil in %
Gleichstrom	New York Central 1906	0,613	115	100	78	68	37	32
	Pennsylvania 1910 . .	0,637	157	100	99	63	58	37
Drehstrom	Veltlinbahn 1904 . . .	0,68	62	100	30	48	32	52
	Simplon 1906	0,71	62	100	33	53	29	47
	Simplon 1915	0,79	86	100	43	50	43	50
Einphasenstrom	New Haven 1909 . . .	0,625	140	100	81	58	59	42
	Lötschberg 1913 . . .	0,747	107	100	48	45	59	55

Aus unsern Tafeln über die Verteilung des Gesamtgewichts bei Lokomotiven ohne und mit Laufachsen scheint hervorzugehen, dass für den Anteil, den die mechanische, bezw. die elektrische Ausrüstung am Gesamtgewicht aufweist, weniger die Anordnung des Laufwerkes als die Stromart und, im Zusammenhang damit, die Regulierfähigkeit den Ausschlag geben.

Gewichtsverhältnisse elektrischer Motorwagen. Als Fördergut zur Beförderung im Motorwagen kommen im allgemeinen Personen und keine Güter, höchstens noch Gepäck neben Personen, in Betracht; infolgedessen sind die Motorwagen elektrischer Bahnen im allgemeinen Personen-Motorwagen. Zur Beurteilung der Gewichtsverhältnisse derselben benutzen wir zweckmässig eine Vergleichsziffer, die als Gewicht pro Sitzplatz oder als Platzzahl pro Gewichtseinheit definiert ist und nur im Zusammenhang mit der mechanischen Leistungsfähigkeit des Motorwagens gewürdigt werden soll, da ja Motorwagen vom gleichen Fassungsvermögen für sehr verschiedenartige Anforderungen des Fahrdienstes in Frage kommen können. In der nachfolgenden Tafel sind für eine Anzahl Motorwagen für verschiedene Stromarten die, für die Beurteilung der Gewichtsverhältnisse in Betracht fallenden Daten zusammengestellt. Aus der daraus sich ergebenden Vergleichsziffer „Gewicht pro Platz" können indessen gar keine weitreichende Schlüsse gezogen werden, denn es ist diese Ziffer nicht nur abhängig von der Wagengrösse und den Leistungsverhältnissen, sondern auch von der Platzart und der Stromart. Hinsichtlich der Platzart geht die Entwicklung allerdings dahin, mehr und mehr die niedrigeren Plätze (III. Klasse, eventuell IV. Klasse) der elektrischen Bahnen in die Motorwagen zu verlegen, da die Fahrt im Motorwagen stets unangenehmer ist, als im Anhängewagen. Das Gewicht des mechanischen Teils von Motorwagen ist stets höher, als das eines Anhängewagens von gleicher Platzzahl und Platzart, da das Motorwagen-Gestell zum Einbau der elektrischen Ausrüstung besonders kräftig gebaut sein muss.

Gewichtsverhältnisse von Motorwagen.

Stromart	Bahnanlage	Normaldienst		Gewichte in *t*			Platzzahl	Gewicht pro Platz *kg*
		Df *mkg*	*Lf* *PS*	total	mech. Teil	elektr. Teil		
Gleichstrom	Freiburg-Murten-Ins (W. mit 2 Motoren)	1700	260	38	30,0	8,0	56	680
	Freiburg-Murten-Ins (W. mit 4 Motoren)	2500	400	42	30,0	12,0	56	750
	Subway New-York	1500	400	50	42,0	8,0	70	710
	Köln-Bonn	800	260	29	20,0	9,0	57	510
	Milano-Varese (W. mit 2 Motoren)	1000	300	45	38,5	6,5	80	560
	Milano-Varese (W. mit 4 Motoren)	2000	600	53	41,0	12,0	80	660
	North Eastern	1300	300	30,3	24,0	6,3	64	475
Drehstrom	Burgdorf-Thun	920	240	36	26,0	10,0	66	545
	Berlin-Zossen	1200	1500	93	60,1	29,9	48	1930
	Veltlinbahn	1170	300	53	30,0	23,0	56	950
Einphasenstrom	Murnau-Oberammergau	1800	200	28	16,3	11,7	46	610
	Hamburg-Altona	1750	360	61	48,5	12,5	125	490
	Lötschberg	1700	450	55	32,0	23,0	64	860
	Martigny-Orsières	1440	360	46	28,2	17,8	48	960
	Midland-Railway (Westinghouse)	1400	300	37,5	22,5	15,0	72	520

3. Die besonderen Gewichtsverhältnisse der Akkumulatoren-Fahrzeuge.

Die Akkumulatoren-Fahrzeuge erlangen ihre Unabhängigkeit von einer Stromzuführungs-Anlage auf Kosten einer recht bedeutenden Erhöhung des Gewichtes, der jedoch nur ein beschränkter Aktionsradius, d. h. nur eine beschränkte zurücklegbare Bahnlänge zwischen zwei

Akkumulatoren-Aufladungen entspricht. Bei Annahme einer gleichförmigen Bewegung auf einer gleichförmigen Bahn entspreche einem Akkumulatoren-Fahrzeug vom Gesamtgewicht G in t und vom eigentlichen Akkumulatorgewicht G_a in t ein Aktionsradius S in km; für ganze, mittels Akkumulatoren geführte Züge müsste das Symbol G für das Zugsgewicht benutzt werden. Durch Einführung des konstant angenommenen Widerstandskoeffizienten w in kg/t ergibt sich dann mit

$$1000 \cdot G \cdot w \cdot S$$

die Fortbewegungsarbeit in mkg am Radumfang. Bei Einführung des Gesamtwirkungsgrades η_t zwischen Akkumulatorklemmen und Radumfang entspricht dieser Fortbewegungsarbeit eine Arbeitsabgabe A des Akkumulators in kWh von:

$$A = G \cdot w \cdot S \cdot \frac{1}{\eta_t} \cdot \frac{9{,}81}{3600}$$

Indem nun für den, eine Arbeitsabgabe A liefernden Akkumulator vom Gewichte G_a in t ein Gewichtskoeffizient in kWh/t mit:

$$k_A = \frac{A}{G_a}$$

definiert wird, folgt mit:

$$A = k_A \cdot G_a$$

für den Aktionsradius S der Ausdruck:

$$(1). \qquad S = \left(\frac{G_a}{G}\right) \cdot \frac{k_A}{w} \cdot \eta_t \cdot 367.$$

Wird die Zeit der Fortbewegung über den Weg S mit T in h bezeichnet und durch:

$$v = \frac{S}{T}$$

die mittlere Geschwindigkeit in km/h eingeführt, dann entspricht der Fortbewegung eine mittlere Leistung

$$G \cdot w \cdot v \cdot \frac{1000}{3600}$$

in mkg/sec am Radumfang. Bei Einführung des Gesamtwirkungsgrades η_t zwischen Akkumulator und Radumfang entspricht dieser Leistung eine Akkumulatorleistung L in kW von:

$$L = G \cdot w \cdot v \cdot \frac{1}{\eta_t} \cdot \frac{9{,}81}{3600}$$

Indem nun für den, eine Leistung L liefernden Akkumulator vom Gewichte G_a in t ein Gewichtskoeffizient in kW/t mit:

$$k_L = \frac{L}{G_a}$$

definiert wird, folgt mit:

$$L = k_L \cdot G_a$$

für die Fahrgeschwindigkeit v der Ausdruck:

$$(2). \qquad v = \left(\frac{G_a}{G}\right) \cdot \frac{k_L}{w} \cdot \eta_t \cdot 367.$$

Für die meist in Betracht fallenden Bleiakkumulatoren sind nun die Grössen Arbeit und Leistung, bezw. also auch die Koeffizienten k_A und k_L, nicht unabhängig von einander; vielmehr ergibt sich aus dem von *Peukert* aufgestellten Entladungsgesetz ein Zusammenhang:

$$(3). \qquad k_A \cdot k_L{}^n = c$$

wo n und c Konstante bedeuten, und n eine gebrochene Zahl zwischen $\frac{1}{3}$ bis $\frac{1}{2}$ darstellt; die Gleichung gilt für Entladung bei konstanter Stromstärke, bezw. für den auch von uns angenommenen Fall einer gleichförmigen Bewegung auf einer gleichförmigen Bahn. Die Beziehungen (1) und (2) hängen daher derart zusammen, dass gemäss (3) die Grösse des Aktionsradius, der mit einem gegebenen Fahrzeuge oder Zug auf einer gegebenen Bahn gefahren werden kann, stark abhängig ist von der Fahrgeschwindigkeit, und zwar nicht etwa nur wegen der Variation von w oder η_t, sondern ganz besonders zufolge der durch die Beziehung (3) festgelegten Unkonstanz von k_A. Durch Division der Formeln (1) und (2) folgt:

$$\frac{S}{v} = T = \frac{k_A}{k_L}.$$

Die Fahrzeit, bezw. die Entladezeit des Akkumulators, ist demnach ohne weiteres der Parameter, nach dem sich die Abhängigkeit des Aktionsradius von der Fahrgeschwindigkeit bei Annahme konstanter Grössen w und η_t geltend macht[1]).

Durch die Abbildung 108 soll der Zusammenhang der Grössen k_A und k_L experimentell für eine bestimmte Ausführungsform eines Bleiakkumulators festgelegt sein. Indem wir aus der Kurve einzelne Punkte herausgreifen und $T = \frac{k_A}{k_L}$ berechnen, sodann irgend einem T ein ge-

[1]) Vom Verfasser ist der hier entwickelte Zusammenhang zwischen Aktionsradius und Fahrgeschwindigkeit erstmals auf Seite 346 der „E. T. Z." von 1900 veröffentlicht worden.

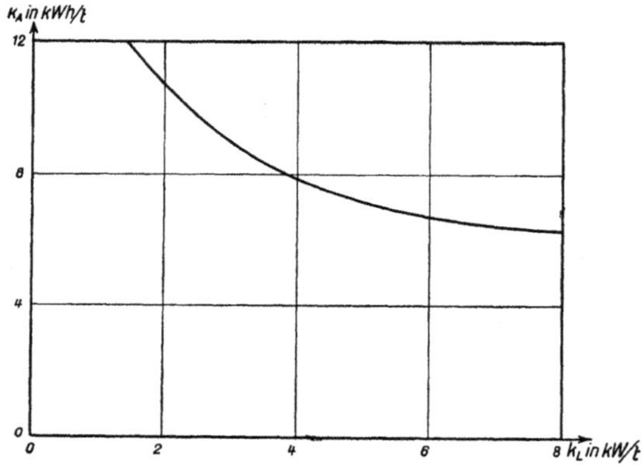

Abb. 108. Zusammenhang der Gewichtskoeffizienten von Bleiakkumulatoren mittlerer Grösse.

wähltes v koordinieren, hierauf die übrigen v und alle S berechnen, ergibt sich für konstante w und η_t beispielsweise der durch die folgende Tafel veranschaulichte Zusammenhang:

k_L kW/t	k_A kWh/t	T h	v km/h	S km
1,5	11,8	7,9	10	79
3,0	8,9	3,0	20	60
4,5	7,4	1,64	30	49
6,0	6,7	1,12	40	45
7,5	6,4	0,86	50	43

Es ist zu beachten, dass unsere Beziehungen (1) und (2) infolge des Herausfallens der Dimensionen, bezw. der Gewichte, von denen die Koeffizienten k_L und k_A, sowie die Verhältnisse G_a/G und η_t stark abhängig sind, nur relative Zahlenwerte der Wege und der Geschwindigkeiten ergeben können, die übrigens für schwere Fahrzeuge oder Züge bedeutend günstiger ausfallen, als für leichtere Fahrzeuge oder Züge.

GPSR Compliance

The European Union's (EU) General Product Safety Regulation (GPSR) is a set of rules that requires consumer products to be safe and our obligations to ensure this.

If you have any concerns about our products, you can contact us on ProductSafety@springernature.com

In case Publisher is established outside the EU, the EU authorized representative is:

Springer Nature Customer Service Center GmbH
Europaplatz 3
69115 Heidelberg, Germany

Batch number: 10682323

Printed by Printforce, the Netherlands